Frauke Link

Problemlöseprozesse selbstständigkeitsorientiert begleiten

VIEWEG+TEUBNER RESEARCH

**Dortmunder Beiträge zur Entwicklung
und Erforschung des Mathematikunterrichts
Band 2**

Herausgegeben von:

Prof. Dr. Hans-Wolfgang Henn
Prof. Dr. Stephan Hußmann
Prof. Dr. Marcus Nührenbörger
Prof. Dr. Susanne Prediger
Prof. Dr. Christoph Selter
Technische Universität Dortmund

Eines der zentralen Anliegen der Entwicklung und Erforschung des Mathematikunterrichts stellt die Verbindung von konstruktiven Entwicklungsarbeiten und rekonstruktiven empirischen Analysen der Besonderheiten, Voraussetzungen und Strukturen von Lehr- und Lernprozessen dar. Dieses Wechselspiel findet Ausdruck in der sorgsamen Konzeption von mathematischen Aufgabenformaten und Unterrichtsszenarien und der genauen Analyse dadurch initiierter Lernprozesse.

Die Reihe „Dortmunder Beiträge zur Entwicklung und Erforschung des Mathematikunterrichts" trägt dazu bei, ausgewählte Themen und Charakteristika des Lehrens und Lernens von Mathematik – von der Kita bis zur Hochschule – unter theoretisch vielfältigen Perspektiven besser zu verstehen.

Frauke Link

Problemlöseprozesse selbstständigkeitsorientiert begleiten

Kontexte und Bedeutungen strategischer Lehrerinterventionen in der Sekundarstufe I

Mit einem Geleitwort von Hans-Wolfgang Henn

VIEWEG+TEUBNER RESEARCH

Bibliografische Information der Deutschen Nationalbibliothek
Die Deutsche Nationalbibliothek verzeichnet diese Publikation in der
Deutschen Nationalbibliografie; detaillierte bibliografische Daten sind im Internet über
<http://dnb.d-nb.de> abrufbar.

Dissertation Technische Universität Dortmund, 2011

Erstgutachter: Prof. Dr. Hans-Wolfgang Henn
Zweitgutachter: Prof. Dr. Werner Blum
Tag der Disputation: 19.01.2011

1. Auflage 2011

ISBN 978-3-8348-1616-0

Geleitwort

Seit TIMSS und PISA ist das Umgehen von Schülerinnen und Schülern mit Aufgaben ein national und international zentrales Thema der didaktischen Diskussion geworden. Die Studien offenbarten wesentliche Defizite von Lehrerinnen und Lehrern bezüglich diagnostischer und methodischer Handlungskompetenz im normalen Mathematikunterricht. In den letzten Jahren wurden und werden Bildungsstandards entwickelt, die Frau Link zur Beschäftigung mit ihrem Thema angeregt haben: Wie kann man den Kompetenzbegriff für den Unterricht konkretisieren und wie kann man im Unterricht förderliche Bedingungen zum Kompetenzerwerb schaffen? Die wesentliche Frage, die sich Frau Link stellte und zu deren Beantwortung die vorliegenden Arbeit beiträgt, war, wie das für den Kompetenzerwerb unerlässliche selbstständigkeitsorientierte Arbeiten von Lernenden durch sach- und situationsadäquate Interventionen der Lehrenden unterstützt werden kann. Neben den Schülerinnen und Schülern studiert Frau Link also insbesondere das Verhalten der Lehrer und fokussiert diese Frage auf Lehrerinterventionen bei innermathematischen Problemlöseprozessen.

Mit ihrer Arbeit ist Frau Link einen weiteren Schritt auf dem Weg zu einer allgemeinen Theorie adaptiver Lehrerinterventionen gegangen. Als unterrichtsnahe Forschungsarbeit, die auf qualitativer Datenerhebung beruht, gehört die vorliegende Arbeit ohne Zweifel zur empirischen Unterrichtsforschung mit einem dezidiert qualitativen Fokus. Genauer ist sie der interpretativen Unterrichtsforschung, die auf Mikroebene empirische Zusammenhänge beschreibt, zuzuordnen. Über eine Klassifikation von Interventionen kann Frau Link durch ihre interpretative Analyse auf Aussagen über die Bedeutung und Auswirkung strategischer Interventionen in Interaktionsprozessen schließen. Neben der Erforschung des Mathematikunterrichts gibt die Arbeit auch Hinweise in Richtung Verbesserung des Mathematikunterrichts, wenn abschließend auf eine mögliche und wünschenswerte Verwendung ihrer Erkenntnisse in Lehrerbildung und Schule hingewiesen wird.

Hans-Wolfgang Henn, TU Dortmund

Vorwort

Zu Beginn meines Mathematikstudiums im Jahr 1999 durfte ich im universitär begleiteten Teilprojekt des PriMa-Projekts[1] in Hamburg, unter der Leitung von Prof. Dr. Marianne Nolte, mit mathematisch besonders begabten Grundschulkindern arbeiten. Das Projekt kann an dieser Stelle nicht ausführlich beschrieben werden. Ich denke aber, dass der Aufgabentypus, an dem die Kinder gearbeitet haben, kurz als reichhaltiges, mathematisches Problem beschrieben werden kann, in dem Sinne, in dem ich diesen Begriff auch in der vorliegenden Arbeit nutzen werde. Meine damalige Aufgabe als Moderatorin, Leiterin, Beobachterin, Protokollantin oder Unterstützerin dieser Gruppe von Kindern war, die Kinder eine Aufgabe eigenständig bearbeiten zu lassen, ihnen zuzuhören, ihre Ideen und Ansätze zu verstehen und die Kinder gegebenenfalls zum Weitermachen zu motivieren und sie in ihrer inhaltlichen Beschäftigung zu unterstützen.

Immer wieder entstanden Situationen, in denen ich helfen wollte, weil ein Kind nicht weiter wusste und ich mich fragte: Welcher Impuls ist jetzt der richtige? Was kann ich zu diesem Kind sagen, so dass es weiterarbeiten kann, aber ohne dass ich ihm einen Lösungsweg verrate? Da wir uns außerhalb der Schule befanden, ging es im Rahmen dieser Kurse ganz sicher nicht ums Belehren. Aber wenn ein Kind überhaupt keine Idee hatte, so wollte ich doch Anregungen geben, die möglicherweise zu neuen Lösungsansätzen verhelfen würden. In der Dissertationsphase hatte ich Gelegenheit, mich ausgiebig und umfangreich auf der theoretischen und der empirischen Ebene mit dem Impulsgeben im Problemlöseprozess zu beschäftigen.

Die Beschäftigung am Dortmunder *Institut für Entwicklung und Erforschung des Mathematikunterrichts*, an dem ich seit 2005 tätig bin, hat meine Perspektive auf die Mathematikdidaktik noch einmal entscheidend geprägt. In Bezug auf meine Person haben zwei Perspektivwechsel stattgefunden. Zunächst führte meine Arbeit am *IEEM* zu der Einsicht, dass die Beschäftigung mit den mathematisch besonders begabten Schülerinnen und Schülern im Kontext der mathematikdidaktischen Forschung relativiert werden sollte. Ungeachtet der Tatsache, dass ich die Begabtenförderung (unter gewissen Rahmenbedingungen) für sinnvoll halte, scheinen mir doch Untersuchungen relevanter, die den regulären Schulunterricht

---

[1] http://www.mint-hamburg.de/PriMa/prima.html, Stand: Oktober 2010

betreffen. Zum Zweiten führte die Auseinandersetzung mit der Betonung auf der *Entwicklung* von Mathematikunterricht im Namen des Instituts zu der Frage, was dieses im Rahmen der (eigenen) Forschung bedeuten kann. Auch diese Perspektive spiegelt sich in meiner Arbeit wider.

Eine Dissertation ist das Werk einer einzelnen Person. Für die Unterstützung und Begleitung habe ich dennoch zahlreichen weiteren Personen zu danken. Besonderer Dank gebührt Prof. Dr. Hans-Wolfgang Henn und Prof. Dr. Werner Blum für die Betreuung und Begutachtung meiner Arbeit. Darüber hinaus bin ich allen Kolleginnen und Kollegen am IEEM in Dortmund für die gute Arbeitsatmosphäre und den konstruktiven Dialog dankbar. Im Arbeitsprozess, der zu der vorliegenden Arbeit führte, haben mich zwei angehende Lehrerinnen und ein angehender Lehrer unterstützt, die die Interviews durchgeführt haben. Im vorliegenden Text habe ich sie Bettina, Sara und Robert genannt. Ohne ihren Einsatz und ihre Offenheit in Hinblick auf die eigene Weiterentwicklung und Fortbildung wäre die vorliegende Arbeit nicht zustande gekommen. An der Interpretation der Daten waren Anna Uvermann und Maike Dobbelstein beteiligt, auch denen bin ich zu Dank verpflichtet. Dank gebührt auch meiner Familie und meinen Freundinnen und Freunden, die ich hier nicht alle namentlich nennen kann. Letztendlich und an ganz besonderer Stelle bleibt meinem Mann und meinen Kindern zu danken für die Organisation des Alltags während meiner geistigen Abwesenheit.

Frauke Link

Inhaltsverzeichnis

Abbildungsverzeichnis

Tabellenverzeichnis

1 Einleitung

Problemlösen ist schon seit langem ein mathematikdidaktisches Forschungsthema. In den 1980er Jahren erreichte die Forschungsintensität zum Problemlösen ihren vorläufigen Höhepunkt (vgl. Schoenfeld 1992; Burkhardt 1988; Lester 1982; Lester 1994; Pehkonen 1991). Seit Mitte der 90er Jahre ist die Forschung in diesem Bereich etwas in den Hintergrund gerückt. Neben politischen Gründen nennt Lester (1994) die neu aufkommende Popularität des Konstruktivismus, den Forschende vielfach zunächst mit Problemlösen gleichsetzen und die sich durchsetzende Erkenntnis, dass Problemlösen komplexer und vernetzter ist, als man vielfach angenommen hatte, als mögliche Erklärungen für den Rückgang von veröffentlichten Artikeln zum Problemlösen in der Mathematikdidaktik. Tabelle 1.1 enthält eine Übersicht der genutzten Forschungsmethoden zu wissenschaftlichen Untersuchungen zum Problemlösen in den Jahren 1970-1994.

Der Begriff des Problemlösens ist kulturell geprägt und hat seine Bedeutung mitunter auch innerhalb einer Kultur geändert (Törner et al. 2007). In Bezug auf das Problemlösen habe ich für diese Arbeit Literatur von Autorinnen und Autoren aus Deutschland, den USA, Australien und dem UK und in einer Auswahl schweizerischer, schwedischer und niederländischer Autorinnen und Autoren herangezogen. Der japanische Ansatz des *open-ended-approach* (Hino 2007; Becker und Shimada 1997) kann aufgrund seiner, insbesondere im Schulalltag sichtbaren, kulturellen Verschiedenheit in dieser Arbeit nicht berücksichtigt werden.

Eine grundsätzliche Schwierigkeit im Umgang mit Literatur zum Problemlösen ist die Verwendung des Begriffes selbst. Während sich im deutschsprachigen Raum „Problemlösen" als eigenständiger Begriff durchgesetzt hat, ist in der englischsprachigen Literatur „problem-solving" kein eindeutig auf Problemlösen spezifizierter Begriff. Vielmehr kann „problem-solving" auch schlicht Aufgabenlösen bedeuten. Die Bedeutung ist nur aus einer konkreteren Beschreibung der Interpretation des Begriffs durch die jeweiligen Autorinnen und Autoren ersichtlich.

Im Vereinigten Königreich (UK, 1976) und in Australien (um 1990) war Problemlösen in den Curricula schon zentral verankert worden. Missverständnisse in der Umsetzung, mangelnde Lehrerausbildung im Problemlösen, Schwierigkeiten, Problemlösen in Prüfungsaufgaben umzusetzen und insbesondere die Einführung normierter, zentraler Tests für alle Schülerinnen und Schüler (UK 1987) führten allerdings im UK dazu, dass das Problemlösen aus dem Unterrichtsalltag weitge-

Tabelle 1.1 Überblick über Schwerpunkte der Problemlöseforschung und ihrer Methoden (Lester 1994, S. 664)

An Overview of Problem-Solving Research Emphases and Methodologies: 1970-1994		
Dates*	Problem-solving research emphases	Research methodologies used
1970-1982	Isolation of key determinants of problem difficulty; identification of characteristics of successful problem solvers; heuristics training	Statistical regression analysis; early ‚teaching experiments‘
1978-1985	Comparison of successful and unsuccessful problem solvers (experts vs. novices); strategy training	Case studies; ‚think aloud‘ protocol analysis
1982-1990	Metacognition; relation of affects/beliefs to problem solving; metacognition training	Case studies; ‚think aloud‘ protocol analysis
1990-1994	Social influences; problem solving in context (situated problem solving)	Ethnographic Methods

*Of course, the dates shown are only approximate. However, the chronology is reasonably accurate.

hend wieder verschwand (Burkhardt und Bell 2007). Auch in Australien wurde und wird die Problematik der Bewertung des Problemlösens im Schulalltag und in Prüfungen diskutiert (Stacey 1995; Stacey 2005; Clarke et al. 2007). In den USA gab es nach der ersten Empfehlung der NCTM[1] zum Problemlösen (1980) zunächst Probleme bei der Umsetzung in den Schulalltag (Schoenfeld 2007a). Die NCTM führten ihre Ideen jedoch in der Veröffentlichung der kompetenzorientierten „Standards"[2] 1989 fort. Seit Mitte der 90er Jahre wird deren Umsetzung in die Curricula der Länder allerdings durch politische Debatten, genannt „Math wars" gestoppt. Vorläufig hat dies zur Folge, dass in vielen Staaten wieder Curricula bevorzugt werden, die das Training von mathematischen Basisfertigkeiten betonen (Schoenfeld 2007a; Lesh und Zawojewski 2007).

In Deutschland wurde das Problemlösen 2003 aus den Präambeln der Lehrpläne hin zu den zentral zu vermittelnden mathematischen Inhalten gerückt. Die allge-

---

[1]National Council of Teachers of Mathematics
[2]Originaltitel: Curriculum and Evaluation Standards for School Mathematics

meine Kompetenz „Probleme mathematisch lösen"[3] ist seither als Unterrichtsziel gleichwertig zu den inhaltlichen Kompetenzen in den Bildungsstandards verankert, die die Kultusministerkonferenz (KMK) veröffentlicht hat (vgl. KMK 2003; KMK 2004). Die verpflichtende Umsetzung des Problemlösens im Schulalltag erfolgt daher mit zeitlichem Abstand zu den ersten schulrelevanten Forschungsergebnissen und laut Reiss und Törner (2007) weniger euphorisch als in den oben genannten Beispielen, was Anlass zur Hoffnung gibt, dass das Problemlösen tatsächlich sinnvoller und regulärer Bestandteil des Schulalltags wird. Die Relevanz der Forschung in diesem Bereich bleibt also aktuell, insbesondere in Hinblick auf schulpraktische Dimensionen.

Auch in der Psychologie und in der Pädagogik sowie in den benachbarten Fachdidaktiken spielt das Thema Problemlösen eine Rolle, wobei jedoch die Vorstellung davon, was unter Problemlösen zu fassen sei, unterschiedlich ist. Die Auffassung über den Sinn des Problemlösens und die Art der Ausprägung der Probleme ist z. B. in der Medizin anders als in der Mathematik. Ich beschränke mich hier auf das mathematische Problemlösen.

Innerhalb des mathematischen Problemlösens ist noch nicht geklärt, ob und inwieweit sich Problemlöseprozesse in den verschiedenen mathematischen Fachrichtungen wie beispielsweise Geometrie, Stochastik oder Analysis unterscheiden lassen. Auch die Frage, inwieweit die Kompetenz Problemlösen und das Fachwissen der Problemlöserin oder des Problemlösers miteinander vernetzt sind, ist offen.

In der Unterrichtspraxis gibt es Lehrpersonen, die berichten, dass Kinder, die Problemlöseaufgaben erfolgreich bearbeiten, nicht immer diejenigen sind, die im Mathematikunterricht allgemein gute Leistungen zeigen. Gründe für diese Diskrepanz können bislang nur vermutet werden. Insgesamt ist relativ wenig darüber bekannt, wie Problemlöseprozesse ablaufen.

Als Problemlöseprozess bezeichnen Mathematikdidaktikerinnen und -didaktiker die kognitive Verarbeitung während der Problemlösung, aber ebenfalls das, was sichtbar wird. Das Sichtbare ist einfach beschreibbar, gibt jedoch wenig Auskunft über singuläre kognitive Prozesse. Der Zugriff auf das Denken ist im Rahmen der Methoden der Mathematikdidaktik[4] beschränkt, auch wenn sich Mathematikdidaktikerinnen und -didaktiker psychologischer Methoden wie z. B. *lautes Den-*

---

[3] Außerdem werden als allgemeine mathematische Kompetenzen „mathematisch Modellieren", „mathematische Darstellungen verwenden", „Kommunizieren", „mathematisch Argumentieren" und „mit symbolischen, formalen und technischen Elementen der Mathematik umgehen" genannt (vgl. KMK 2003; KMK 2004).

[4] In Experimenten im Rahmen der psychologischen Disziplin werden vergleichsweise ausgeklügelte Versuchsanordnungen installiert, um Zugriff auf Denkprozesse zu erhalten.

ken[5], *recall*[6], *stimulated recall*[7] oder *klinisches Interview*[8] bedienen, um wenigstens einen kleinen Einblick in Gedankenstrukturen im Arbeitsprozess zu erhalten (vgl. Wagner et al. 1977; Lester 1982).

Auch Modellieren gehört zu den allgemeinen Kompetenzen, die in den Bildungsstandards als relevant festgehalten wurden (vgl. KMK 2003; KMK 2004). Da sich die Tätigkeiten Modellieren und Problemlösen in einigen Punkten unterscheiden, in etlichen Facetten aber ähneln, werde ich die Möglichkeiten der Abgrenzungen in Kapitel 2.3 vertiefen und mathematikdidaktische Forschungsarbeiten zum Modellieren dort heranziehen, wo es sinnvoll erscheint.

Dem geringen Wissen darüber, was genau beim Problemlösen passiert, steht gegenüber, dass sich Mathematikdidaktikerinnen und -didaktiker weitgehend einig darüber zu sein scheinen, wie ein Problemlöseprozess ablaufen soll: Frei von Zwängen, kreativ, motiviert und beharrlich. Die Rolle der Lehrperson in diesem Prozess bleibt allerdings eine zentrale Frage, die von den Forschenden immer wieder gestellt wird (Lester 1994; Pehkonen 1991; Mason 1991).

Im Schulalltag geht es der Lehrperson darum, Probleme zu stellen und geeignet zu unterrichten. Dabei üben eine ganze Reihe von Faktoren Einflüsse auf die Umsetzung des Problemlösens durch die Lehrperson und die Kompetenzentwicklung der Schülerinnen und Schüler aus. Auch die Frage danach, was „gute" Probleme sind, stellt sich in der Schulpraxis. Wälti-Scolari (2001, S. 17) beschreibt die Abhängigkeit zwischen den von ihm wahrgenommenen Einflussgrößen mit einem Diagramm (Abb. 1.1). Hier stehen die Rahmenbedingungen im Zentrum. Die Lehrpersonen bestimmen die Aufgaben. Die oder der Problemlösende profitiert von ihrer bzw. seiner persönlichen Einstellung zum Problemlösen. Kompetent sind schließlich die Lernenden. Sie werden kompetent durch die Arbeit an sorgfältig ausgewählten mathematischen Problemen.

Abbildung 1.1 zeigt die komplexen und umfangreichen Abhängigkeiten, die im Unterrichtsalltag bestehen, wenn Lehrpersonen Problemlösen in ihren Unterricht integrieren wollen. Einige dieser Probleme werden im weiteren Verlauf aufgegrif-

---

[5] Beim lauten Denken wird die Probandin bzw. der Proband zu Beginn des Gespräches aufgefordert, die Untersucherin bzw. den Untersucher durch das Aussprechen dessen, was ihr oder ihm durch den Kopf geht, teilhaben zu lassen.

[6] Beim *recall* wird der Probandin bzw. dem Probanden die eben von ihr bzw. von ihm aufgenommene Szene noch einmal vorgespielt. Die Person äußert sich dabei zu ihren Erinnerungen über das, was sie im Moment der Szene dachte.

[7] Beim *stimulated recall* versucht die Beobachterin bzw. der Beobachter die beobachtete Person dazu zu bewegen, an bestimmten Stellen genauere Auskünfte über ihre Gedanken zu geben.

[8] Das *klinische Interview* ist eine Methode, die auf Piaget zurückgeht. Es wird versucht, die beobachtete Person durch einen zurückhaltenden, fragenden Beobachtenden möglichst wenig zu beeinflussen und trotzdem gezielt nach Gedanken und Vorgehensweisen des Beobachteten zu fragen (vgl. Kapitel 7.3).

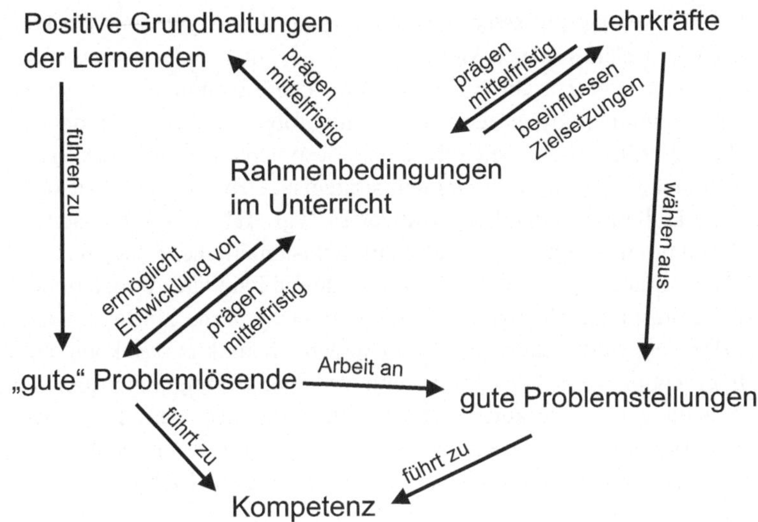

Abbildung 1.1 Einflüsse auf die Umsetzung des Problemlösens im Unterrichtsalltag nach Wälti-Scolari (2001)

fen (vgl. Kap. 2.6.1), um die Problematik der Rahmenbedingungen des Problemlösens im Schulalltag zu beschreiben. Kern meiner Arbeit ist jedoch die Auseinandersetzung mit dem direkten Einfluss der Lehrperson mit der oder dem Problemlösenden.

Wenn eine Lehrperson also mathematische Probleme im Unterricht bearbeiten lässt, bleibt die Frage nach einer geeigneten Interaktion zwischen ihr und den Schülerinnen und Schülern offen. Probleme lösen ist eine Kompetenz, die man nicht im klassischen Sinne „lehren" kann, soweit man davon unter konstruktivistischer Perspektive noch sprechen darf.

Anschaulich gesprochen sind „Impulse" der Lehrperson wünschenswert, die die Schülerinnen und Schüler beispielsweise dazu anregen, weiterzuarbeiten oder neue Ideen zu entwickeln. Grundsätzlich sollen Schülerinnen und Schüler über den Problemlöseprozess (ohne Hilfe) zum Ziel gelangen. Wenn die Lehrperson allerdings helfen muss, dann soll diese Hilfe minimal sein, sich am besten am Vorwissen der Schülerin bzw. des Schülers orientieren und auf keinen Fall das Ergebnis vorweg nehmen oder über einen Lösungsweg belehren. Das Wort Impuls macht zudem deutlich, dass es sich nur um eine kurze Intervention handeln soll, nach der die Schülerin bzw. der Schüler selbstständig weiterarbeitet.

Zech (1977) schlägt mit seiner „Taxonomie der Interventionen" ein konkretes Verfahren vor, welches seiner Meinung nach geeignete Interventionen bei Problemlöseprozessen beschreibt (vgl. Kap. 4.6). Die Taxonomie sieht vor, die folgenden Interventionen in der genannten Reihenfolge vorzunehmen, da sie in der Stärke ihres Einflusses auf den Inhalt des Gesprächs wachsen: (1) Motivation, (2) Antworten auf Fragen, (3) allgemein-strategische Hilfen, (4) inhaltsorientierte strategische Hilfen, (5) inhaltliche Antworten (vgl. Tabelle 4.3 auf Seite 84). In diesem Kategoriensystem sind Impulse auf nicht-inhaltlicher Ebene nur über Motivation oder strategische Hilfen möglich. Während ich klare Assoziationen habe, wie Motivation sprachlich angeregt werden könnte, war mir zu Beginn der Arbeit weniger deutlich, was strategische Hilfen sprachlich konkret sein könnten. Strategische Interventionen erscheinen mir somit als Untersuchungsgegenstand reizvoll. In Untersuchungen wurde allerdings wiederholt deutlich, dass selbst besonders kompetent erscheinende Lehrpersonen sehr selten *strategisch* intervenieren (Leiss 2007; Webb et al. 2006). Dieses Phänomen wird in Kapitel 4.5 genauer beschrieben.

Es stellt sich die Frage, ob Lehrpersonen überhaupt in der Lage sind, strategisch zu intervenieren. Ob ein solcher Impuls möglich und wirkungsvoll ist, kann ich erst feststellen, wenn jemand tatsächlich so vorgeht. Falls dies der Fall sein sollte, steht die Frage im Raum, ob strategische Interventionen die zentrale Rolle, die Zech (1977) ihnen in seiner Taxonomie zuweist, im Gespräch tatsächlich einnehmen und wenn ja, warum.

Im Rahmen der Vorarbeiten zu diesem Forschungsprojekt ergab sich die Schwierigkeit, dass strategische Interventionen seitens der Lehrpersonen in einer Vorstudie tatsächlich nur in sehr kleiner Anzahl gefunden wurden (vgl. Kap. 6.2). Die Frage, welche Rolle strategische Interventionen in einem Problemlöseprozess spielen, kann allerdings nur beantwortet werden, wenn diese tatsächlich wesentlicher Bestandteil des Gespräches sind. Die an der Studie beteiligten Lehrpersonen wurden daher in das Forschungsthema eingeweiht und in Bezug auf ihre allgemeine Gesprächskompetenz fortgebildet. Die Beschreibung und Diskussion dieses Ansatzes findet sich in den Kapiteln 6 und 5.4.

Diese Arbeit soll neue Erkenntnisse darüber sichern, ob und inwiefern strategische Interventionen geeignete „Impulse" im Problemlöseprozess für Schülerinnen und Schüler darstellen. Die mich antreibenden Forschungsfragen lauten:

1. Welche Rolle spielen strategische Interventionen in Problemlöseprozessen?

   • Auf welche Weise setzen Lehrpersonen strategische Interventionen in Problemlöseprozessen ein?

- Welche Bedeutung haben strategische Interventionen im Problemlöse-Gespräch?

2. Wie sehen Gesprächsstrukturen (unter Berücksichtigung strategischer Interventionen) aus, die konstruktiv in Hinblick auf den Problemlöseprozess erscheinen?

Theoretische Grundlage zur Beantwortung dieser Fragen ist in dieser Arbeit eine Auffassung von Gesprächen im Sinne des symbolischen Interaktionismus nach Blumer (vgl. Kap. 5.3). Unter diesem Blickwinkel lassen sich Gespräche besonders umfassend deuten – sowohl in Hinblick auf Strukturen von Interventionen, als auch in Hinblick auf dabei ablaufende Lernprozesse und Bedeutungskonstruktionen (vgl. Bauersfeld 1994). Die in dieser Arbeit beobachteten Lernstrukturen zu mathematischen Problemaufgaben und die gefundenen Strukturen strategischer Interventionen sowie die Klärung der Rolle, die diese einnehmen, finden sich in den Kapiteln 10 und 11.

Die vollständigen Transkripte sind auf Anfrage bei der Autorin[9] erhältlich.

---

[9] Die Autorin ist erreichbar über die Email-Adresse: ieem@mathematik.tu-dortmund.de

Teil I

Theoretische Grundlagen

2 Problemlösen

Das Wort „Problem" wird im Duden als eine „schwierige, zu lösende Aufgabe" bzw. eine „unentschiedene Frage" beschrieben (Scholze-Stubenrecht 1997, Duden, S. 658; Stichwort: Problem). Da sich diese Arbeit auf die Mathematikdidaktik bezieht, wäre ein mathematisches Problem damit zunächst einmal eine unentschiedene mathematische Frage bzw. eine schwierige Mathematikaufgabe. Üblicherweise wird aber mathematisches Problemlösen in der Mathematik und in der Mathematikdidaktik noch genauer charakterisiert. Schoenfeld betont zudem, dass die Anzahl der vorliegenden Publikationen zum Thema Problemlösen sehr groß ist und die Vorstellungen vom Problemlösen international traditionell variieren (vgl. Schoenfeld 1992, S. 334). Es ist also mehr denn je wichtig, genau zu benennen, auf welchen Aspekt die oder der Forschende seine Fragen bezieht und welche Grundvorstellung er oder sie vom Problemlösen hat (vgl. Schoenfeld 1992, S. 364). In den folgenden Kapiteln wird der Begriff „Problemlösen" aus verschiedenen Perspektiven beleuchtet. Neben Forschungsergebnissen spielen dabei auch die schulpraktischen und bildungspolitischen Rahmenbedingungen eine Rolle. Abschließend wird eine aufgabenorientierte Charakterisierung mathematischen Problemlösens vorgenommen.

2.1 Mathematisches Problemlösen nach Polya

Der Begriff des mathematischen Problemlösens wurde für Mathematikerinnen und Mathematiker gleichermaßen wie für Mathematikdidaktikerinnen und Mathematikdidaktiker im deutsch- und englischsprachigen Raum ursprünglich maßgeblich durch Polya geprägt.

Polya charakterisiert das Lösen von Aufgaben[1] als Suche nach einem „Ausweg aus einer Schwierigkeit", nach einem „Weg um ein Hindernis herum" bzw. als „Weg um ein Ziel zu erreichen, das nicht unmittelbar erreichbar war" (Polya 1966, S. 9).

---

[1] Aufgabe wird in den zitierten Ausgaben seines Werkes als Ausdruck für das benutzt, was in dieser Arbeit als „mathematisches Problem" oder „Problemlöseaufgabe" bezeichnet wird. Das, was in dieser Arbeit als „Aufgabe" bezeichnet wird, würde Polya demgegenüber „Hilfsaufgabe" oder „Routineaufgabe" nennen.

Aufgaben sind laut Polya auch im Alltag anzutreffen und zwar immer dann, wenn die Alltagsrituale unterbrochen werden durch nicht alltägliche Situationen, wie z. B. die Abwesenheit von Nahrung im Kühlschrank. Eine Aufgabe zu haben bedeutet für ihn also allgemein, „bewußt nach einer Handlungsweise zu suchen, die dazu angetan ist, ein klar erfaßtes, aber nicht unmittelbar erreichbares Ziel zu erreichen" (Polya 1966, S. 173).

Bei der Beschreibung und Analyse von Aufgaben bezieht sich Polya jedoch klar auf *Mathematik*aufgaben, die er nach „Bestimmung von Unbekannten" und „Beweisaufgaben" klassifiziert (Polya 1966, S. 176ff.). An diesen beiden Kategorien wird deutlich, dass er aus der Perspektive eines Mathematikers auf das Aufgabenlösen blickt.

Polya stellt Prototypen von Mathematikaufgaben vor und beschreibt und analysiert sein eigenes Vorgehen beim Lösen dieser Aufgaben. Davon ausgehend gibt er Hinweise, wie seines Erachtens das Lösen von Aufgaben, auch in der Mittelstufe, unterrichtet werden sollte. Besonders bekannt ist Polyas „Problemlöseplan", der vier Arbeitsphasen unterscheidet:

1. Aufgabe verstehen
2. Plan ausdenken
3. Plan ausführen
4. Zurückschauen

Mason et al. (2006) übernehmen diese Idee und illustrieren das Vorgehen anschaulich (Abb. 2.1) für Laien. Den Schritt „Aufgabe verstehen" vernachlässigen sie in ihrer Darstellung. Während Polyas Problemlöseplan eine Anleitung zum Aufgabenlösen darstellt, versuchen Dewey (1933) und Hadamard (1954), Entdeckungs- bzw. Denkprozesse zu beschreiben.

Dewey (1933) führt ein fünfstufiges Modell an, welches die Stadien „Unzufriedenheit", „Identifizierung des Problems", „Aufstellen von Hypothesen", „Logische oder empirische Verifikation" und „Akzeptieren der Lösung" umfasst. Das Modell beruht auf Untersuchungen mit Hilfe der Methode des lauten Denkens in einer experimentell gestellten Problemsituation.

Hadamard (1954) analysiert die Beschreibungen verschiedener Mathematiker, und findet die Denkprozessstufen „Präparation", „Inkubation", „Illumination" und „Verifikation". Er versucht, unbewusste und bewusste Stadien dieser mathematischen Denkprozesse ausfindig zu machen.

Abbildung 2.1   Problemlöseplan von Mason et al. (2006)

In der psychologisch orientierten Kreativitätsforschung werden solche linearen Denkprozessmodelle in den 1970er Jahren aufgegriffen und systematischer untersucht (Seiffge-Krenke 1974, S. 15ff.).[2]

Sowohl Polyas konkrete Darstellungen von Mathematikaufgaben, die seines Erachtens lösenswert sind und seine introspektiven Beiträge zum Aufgabenlösen, als auch seine Ideen zum Einsatz von Heurismen und zur Art des Lehrens und Lernens können heute als klassische Abhandlung über das mathematische Problemlösen gelesen werden. Durch das ausführliche Beschreiben seiner eigenen Lösungswege zu verschiedenen Aufgaben gelang es ihm, die Prozesse des Aufgabenlösens sichtbar zu machen.

So wertvoll Polyas Analyse zum Problemlösen auch ist, so lässt sie viele Fragen offen. Eine dieser Fragen ist die Übertragbarkeit seiner Ideen auf den alltäglichen Mathematikunterricht in der Schule. Winter widmet Polyas Heuristik des Problemlösens in seinen Ausführungen zum entdeckenden Lernen einen ganzen Abschnitt und überarbeitet eine von Polya vorgeschlagene Aufgabe mit dem Ziel, sie unterrichtstauglicher zu machen (Winter 1989, S. 178ff.). Die „Heuristik ist in

---

[2] Seiffge-Krenke arbeitet dabei mögliche Unterschiede zwischen dem kreativen Denkprozess und dem Problemlöseprozess heraus. Während die Beschreibungen kreativer Prozesse das unbewusste Denken hervorheben, wird beim Problemlöseprozess das systematisch-logische Denken stärker betont (Seiffge-Krenke 1974, S. 24). Da sich die Studien zur Kreativitätsforschung jedoch in der Regel inhaltlich von der Mathematik entfernen, wird im Rahmen dieser Arbeit dieser Forschungszweig nicht weiter thematisiert.

ein umfassenderes Konzept von Lehren und Lernen einzubringen", schreibt Winter und erläutert die Schwierigkeiten, Polyas Ideen in den Unterrichtsalltag zu bringen (vgl. Kap. 2.6).

Schoenfeld kritisiert, dass die mathematikdidaktische Forschung zum Problemlösen sich zu sehr auf die von Polya vorgestellten Aufgaben beruft und damit verpasst, sich in allgemeiner Weise damit zu beschäftigen, was das Problemlösen auszeichnet.

> „The point is that the mathematics education community has a very narrow perspective on what 'problem solving' means. One need only look at the 1980 NCTM Yearbook to see that virtually all the authors discuss the same kinds of 'nonroutine' problems, if not the same problems themselves" (Schoenfeld 1982, S. 30).

In den folgenden Abschnitten soll genauer beschrieben werden, welche Bezugsbereiche das Problemlösen tangiert und wie innerhalb dieser Arbeit mit der Abgrenzung dieser Bereiche umgegangen wird.

2.2 Abgrenzungen der Begriffe Wissen und Kompetenz

Problemlösen wird bildungspolitisch unter dem Oberbegriff „Kompetenz" einsortiert. Dieser Begriff wird im Folgenden genauer präzisiert. Gleichermaßen interessant ist die Abgrenzung des Problemlösens zum Begriff „Wissen".

2.2.1 Wissen

Der Begriff Wissen tangiert von den mathematikdidaktischen Bezugswissenschaften[3] zunächst die Psychologie und die Philosophie, deren Perspektiven genauer untersucht werden sollen.[4]

Die Psychologie befasst sich mit der Frage, wie sich der Verlauf des Denkens im (menschlichen) Kopf abspielt. Hier spielen die Modellierung kognitiver Strukturen

---

[3]Mit Bezugswissenschaften sind die Wissenschaften gemeint, die Erkenntnisse liefern, die im Rahmen der mathematikdidaktischen Forschung von Interesse sind. Dazu gehören die Mathematik, die Pädagogik und die Psychologie, aber auch die Sozialwissenschaften, die allgemeinen Didaktiken und die Fachdidaktiken der anderen schulrelevanten Fächer. Auch weitere Bezugswissenschaften sind je nach Fragestellung denkbar.

[4]Später folgen im Rahmen dieser Arbeit noch die Sozialwissenschaften, die ihren Teil dazu beigetragen haben, dass wir heute u. a. von „sozial geteiltem Wissen" sprechen.

oder die psychometrische Herausarbeitung von Variablen eine Rolle. In Bezug auf das Wissen wird in der Psychologie wesentlich zwischen implizitem, also unbewusstem und explizitem, also bewusstem Wissen unterschieden. Ähnlich kann das Kurzzeit- und das Langzeitwissen kontrastiert werden, wobei innerhalb des Langzeitwissens zwischen deklarativem Wissen, das sich auf Fakten bezieht, und prozeduralem Wissen, welches vorhanden sein muss, um automatisierte Handlungen auszuführen, unterschieden wird (Chi 1984). Die beiden letztgenannten Wissensformen finden wir in den mathematikdidaktischen Begriffen Kenntnisse (deklaratives Langzeitwissen) und Fertigkeiten (prozedurales Langzeitwissen) wieder.

Auch innerhalb der Philosophie wird zwischen diesen beiden Wissensformen unterschieden. Aus philosophischer Perspektive steht allerdings die Beantwortung u. a. folgender Fragen im Vordergrund:

- Aristoteles: Wie *soll* ich denken, damit ich zu wissenschaftlicher Erkenntnis gelange? Ich muss in wahren Begriffen denken, Schlussfolgerungen ziehen und schließlich beweisen (Störig 1997, S. 177).
- Kant: Was *kann* ich wissen? Was kann ich als wahr erkennen? Wie ist mein Geist im Vergleich zur Welt gebaut? (Störig 1997, S. 401ff.).

Diese Perspektive lehnt sich stark an das Konstrukt der Wahrheit an und betrifft das Faktenwissen. Demgegenüber finden sich auch in der Philosophie die Fertigkeiten, die hier insbesondere Tätigkeiten und Handlungsroutinen umfassen. Die philosophischen Fragestellungen führen in diesem Bereich allerdings eher in den Bereich der Ethik[5].

Der Erwerb von Faktenwissen ist eines der Ziele des Mathematikunterrichts. In schriftlichen mathematischen Tests müssen diese Kenntnisse außerdem explizit gewusst werden, um sie an der richtigen Stelle wiederzugeben. Problemlösen, wie es im vorigen Kapitel beschrieben wurde, scheint zunächst mit dem Faktenlernen nichts zu tun zu haben. Es erscheint jedoch schlüssig, dass das Faktenwissen eng mit dem Problemlösen zusammenhängt, denn ein umfangreiches Faktenwissen sollte die Möglichkeit schaffen, Problemaufgaben vielseitiger anzugehen.

Prozedurales Wissen innerhalb der Mathematik wird in der Mathematikdidaktik häufig „Fertigkeiten" genannt. Hier handelt es sich um mehr oder weniger automatisierte Abläufe (Algorithmen), die angewendet werden können, um Standard-Aufgaben zu lösen.

In Bezug auf die vorliegende Arbeit geht eine detaillierte Beschäftigung mit den beiden Bezugswissenschaften Philosophie und Psychologie zu weit, da dadurch der Abstand zum Forschungsgegenstand „Unterrichtspraxis" in Untersuchung und Aussagekraft der Ergebnisse zu groß werden würde. Es genügt zunächst festzu-

---

[5]Eine ethische Grundfrage ist z. B. die Frage, nach welchen Grundsätzen gehandelt werden sollte.

halten, dass über psychologische Studien verschiedene Wissensformen festgestellt wurden und dort Ansätze zur Untersuchung des Zusammenhangs von Wissen und Problemlösen vorhanden sind, die positive Korrelationen erahnen lassen (Funke 2003, S. 158f.).

2.2.2 Kompetenz

Polya (1966) charakterisiert das Problemlösen zunächst, als sei es hinreichend durch den Begriff der Fertigkeiten dargestellt.

> „Das Lösen von Aufgaben ist eine praktische Kunst wie Schwimmen oder Skilaufen oder Klavierspielen: Sie lässt sich nur durch Nachahmung und Übung erlernen" (Polya 1966, S. 9).

Dabei nimmt er Kenntnisse und Fertigkeiten ganz natürlich als zusammengehörig wahr.

> „Unser Wissen auf irgendeinem Gebiet besteht aus zwei Komponenten: aus *Kenntnis der Tatsachen* und *praktischem Können* (Polya 1966, S. 12).

Als „Praktisches Können" beschreibt Polya allerdings auch die Fähigkeit, „Aufgaben zu lösen, nicht bloß Routineaufgaben, sondern solche, die einen gewissen Grad von Unabhängigkeit, Urteilsfähigkeit, Einsicht, Originalität und schöpferische Tätigkeit verlangen" (Polya 1966, S. 12f.). Daraus lässt sich schließen, dass Polyas Verständnis des Problemlösens über die prinzipiell erlernbaren Wissensformen deklaratives und prozedurales Wissen hinausgeht.

Schoenfeld (1988) hält vier Bereiche für wichtig, um Problemlöseprozesse zu bewerten: Wissen, heuristische Strategien, (Selbst-) Kontrolle und eigene Einstellungen (*belief-systems*).

> „One must deal with (1) whatever mathematical information problem solvers understand or misunderstand, and might bring to bear on a problem; (2) techniques they have (or lack) for making progress when things look bleak; (3) the way they use, or fail to use, the information at their disposal; and (4) their mathematical world view, which determines the ways that the knowledge in the first three categories is used" (Schoenfeld 1988, S. 14).

Was also Problemlösen, im Sinne des Begriffs „Kompetenz", neben den in Kapitel 2.2.1 vorgestellten Begriffen Kenntnisse / Tatsachen / deklaratives Wissen /

Faktenwissen und auf anderer Seite Fertigkeiten / prozedurales Wissen / algorithmisches Wissen auszeichnet, ist nicht einfach zu erfassen.

Im Rahmen der PISA-Studien wurde der Problemlösebegriff als Untersuchungsgegenstand präzisiert. Die Autorinnen und Autoren der PISA-Studie 2000 distanzieren sich in aller Deutlichkeit von einem Wissensbegriff, der mit Faktenwissen gleichgesetzt wird, sondern legen der Problemlösefähigkeit einen Kompetenzbegriff zugrunde, der „prinzipiell erlernbare, mehr oder minder bereichsspezifische Kenntnisse, Fertigkeiten und Strategien" umschließt, die alle „mitteil- und vermittelbar" sind (vgl. Baumert et al. 2001, S. 22). Dem entgegengesetzt werden „komplexe *Handlungs*kompetenzen, die auf dem Zusammenspiel kognitiver, motivationaler und emotionaler Komponenten beruhen", worunter das selbstregulierte Lernen, Kommunikations- und Kooperationsfähigkeit fallen. „Die Erfassung solcher Handlungskompetenzen ist vergleichsweise schwierig und wird sich in der Regel auf Teilaspekte konzentrieren müssen" (Baumert et al. 2001, S. 22). Hier wird deutlich, dass Problemlösen zwar die Anwendung von „Strategien" einschließt, nicht jedoch den etwas vageren Begriff „Fähigkeiten". Die Abgrenzung zur Handlungskompetenz macht deutlich, dass sich Problemlösen primär nicht im Prozess, d. h. der Handlung zeigt, sondern im Ergebnis einer Aufgabenlösung erkannt werden kann.

Die von Weinert vorgeschlagene Charakterisierung von Kompetenz für Schulleistungsstudien, auf die sich die Autorinnen und Autoren von PISA beziehen, umfasst „die bei Individuen verfügbaren oder durch sie erlernbaren kognitiven Fähigkeiten und Fertigkeiten um bestimmte Probleme zu lösen sowie die damit verbundenen Bereitschaften und Fähigkeiten um die Problemlösungen in variablen Situationen erfolgreich und verantwortungsvoll nutzen zu können" (Weinert 2002, S. 27).

Weinert erklärt in seiner Übersicht zu verschiedenen Charakterisierungen des Begriffes Kompetenz zusätzlich den Begriff der „Handlungskompetenz", der die o. g. Charakterisierung von Kompetenz einschließt. Darüber hinaus umfasst die Handlungskompetenz jedoch auch „allgemeine intellektuelle Fähigkeiten im Sinne von ‚Dispositionen'" und „Kompetenz im Sinne motivationaler Orientierungen". Schließlich ergänzt Weinert diese Handlungskompetenz durch die „Meta-Kompetenzen als Wissen, Strategien oder auch Motivationen, die Erwerb und Anwendung von Kompetenzen in verschiedenen Inhaltsbereichen erleichtern" (Weinert 1999 zitiert nach Funke 2003, S. 230f.).

Während sich ausschließlich schriftliche Testverfahren darauf beschränken, Lern*ergebnisse* festzuhalten, werden in dieser Arbeit Lern*prozesse* untersucht. Es wird also ein Kompetenzbegriff zugrunde gelegt, der das Handeln ausdrücklich umfasst. Das Einbinden der Handlungskompetenz in das Verständnis des Problemlösens im Schulalltag könnte zudem wichtig für die Förderung der Schülerinnen und Schüler sein.

In psychologischen Studien zum „komplexen Problemlösen, wie sie vorwiegend in der Bundesrepublik durchgeführt werden" (Waldmann und Weinert 1990, S. 149) bedient man sich häufig einer Computersimulation, um die Probanden mit einem bestimmten Realitätsausschnitt zu konfrontieren und sie dort vor die Aufgabe zu stellen, bestimmte Ziele innerhalb dieses Systems zu realisieren. Aus diesen Studien gibt es Hinweise darauf, dass das Berücksichtigen der Handlungskompetenz der Probanden einen positiven Einfluss auf die Verbesserung ihres Steuerungsverhaltens hat (vgl. Funke 2003, S. 236).

Aus psychologischer und mathematikdidaktischer Perspektive bleibt die Frage interessant, welcher Zusammenhang zwischen Wissen und Handeln besteht. Zum Zusammenhang zwischen Wissen und Problemlösefähigkeit gibt es einige kontextspezifische psychologische Untersuchungen, z. B. die Abhängigkeit von Wissenserwerb und Wissensanwendung in linearen Strukturgleichungsmodellen[6] (Funke 2003, S. 155ff.), die auf eine positive Korrelation von Wissenserwerb und -anwendung hinweisen, die aber geringer ist, je schwieriger das zu steuernde System ist (Funke 2003, S. 168).

Noch weiter führt die Frage der möglichen Umkehrung der Beeinflussung von Handeln zum Wissen, wie sie Weinert und Helmke (1996) folgendermaßen formulieren:

> „Nicht nur im Rahmen der Theorie zur Lehrerexpertise ist es ein interessantes, bisher ungelöstes theoretisches Problem, inwieweit Handeln vom verfügbaren Wissen abhängt und auf welche Weise Handeln umgekehrt den Aufbau des Wissens beeinflußt" (Weinert und Helmke 1996, S. 232).

Die von Weinert für Schulleistungsstudien empfohlene Charakterisierung von Kompetenz im engeren Sinne hielt Einzug in die Expertise zur Entwicklung nationaler Bildungsstandards (Klieme et al. 2007, S. 66). Auch in den Bildungsstandards selbst wurde Bezug zum Kompetenzbegriff der PISA-Studie hergestellt:

> „Die Standards basieren auf fachspezifisch definierten Kompetenzmodellen, die aus der Erfahrung der Schulpraxis heraus entwickelt wurden. Sie beziehen international anerkannte Standardmodelle – u. a. theoretische Grundlagen der PISA-Studie [...] ein" (KMK 2003, S. 3f.).

---

[6]Lineare Strukturgleichungsmodelle können z. B. ökologische Systeme oder technische Systeme wie Anlagensteuerungen abbilden.

Hier wird in allgemeine und inhaltsbezogene mathematische Kompetenzen unterschieden, wobei die allgemeinen mathematischen Kompetenzen „immer im Verbund erworben werden" (KMK 2003, S. 7). Die verschiedenen allgemeinen Kompetenzen, zu denen neben dem „Problemlösen" auch das „Modellieren", das „Argumentieren", das „Kommunizieren", das „Verwenden mathematischer Darstellungen" und der „Umgang mit symbolischen, formalen und technischen Elementen der Mathematik" zählen, sollen also immer gemeinsam erworben und angewendet werden.

Zum Problemlösen wird ausdifferenziert, dass es sich hierbei um die Bearbeitung von vorgegebenen und selbst formulierten Problemen, die Anwendung und Auswahl geeigneter heuristischer Hilfsmittel, Strategien und Prinzipien zum Problemlösen und die Überprüfung der Ergebnisse, das Finden von Lösungsideen und die Reflexion der Lösungswege handelt (KMK 2003, S. 8).

Deutlich wird dabei, trotz der Anlehnung an den Kompetenzbegriff der PISA-Studie, eine Orientierung an der Beobachtung des Arbeits*prozesses* der Schülerinnen und Schüler und somit auch der Einbezug des Handelns.

Zwischen Kompetenz und Inhalt gibt es in Bezug auf die Bildungsstandards keinen Unterschied (vgl. auch Blum et al. 2006, S. 15), das Konzept der Kompetenz bleibt inhaltsgebunden[7].

In der Mathematikdidaktik werden Kenntnisse, Fertigkeiten und Fähigkeiten unterschieden (vgl. Winter 1984, S. 8ff.). Auch hier müsste präzisiert werden, was „Fähigkeiten" sind und welche Rolle sie im Rahmen des Problemlösens einnehmen.

Im Rahmen dieser Arbeit umfasst der Begriff Kompetenz alle von Weinert charakterisierten Kompetenzabstufungen, insbesondere die Handlungskompetenz und auch die Meta-Kompetenz. Solch ein umfassender Kompetenzbegriff ist meines Erachtens für die mathematikdidaktische Beschreibung des Unterrichtsalltags nötig. Zudem ermöglicht er durch die Integration von Handlung, die Brücke zum „Mathematiktreiben" zu schlagen.[8]

Später wird in Kapitel 3.6 begründet, wie zu der gerechtfertigten Annahme gelangt werden kann, dass das Problemlösen die Wissensbasis des Faktenwissens

---

[7]Die allgemeinen mathematischen Kompetenzen sind weniger stark inhaltsspezifisch, die inhaltsbezogenen mathematischen Kompetenzen lehnen sich über ihre Leitideen „Zahl", „Messen", „Raum und Form", „Funktionaler Zusammenhang" und „Daten und Zufall" selbstverständlich nah an die entsprechenden mathematischen Inhalte.

[8]Der aus psychologischer Perspektive hierbei entstehende Mangel der Messbarkeit ist für diese Arbeit unproblematisch, da kein solches Messinstrument entwickelt oder geprüft werden soll. Wie im Weiteren im Theorieteil der Arbeit dargelegt werden wird, geht es mir um ein ganzheitliches Verständnis des mathematischen Problemlöseprozesses und damit auch der Charakterisierung von Kompetenz.

beeinflusst. Es wird angenommen, dass im sozialen Austausch Gegebenheiten geschaffen werden, die die Konstruktion neuer mathematischer Begriffsassoziationen auslöst.

2.3 Problemlösen und Modellieren

Problemlösen und Modellieren sind die beiden Aufgabentyp-spezifischen mathematischen Kompetenzen, die für die Sekundarstufe I derzeit in Deutschland parallel durch die Bildungsstandards gefordert werden (KMK 2003; KMK 2004). Die Begriffe Modellieren und Problemlösen werden jedoch innerhalb der Mathematikdidaktik in sehr unterschiedlicher Art und Weise voneinander abgegrenzt. Einige dieser Möglichkeiten sollen hier exemplarisch vorgestellt werden.

Es gibt in der Mathematikdidaktik verschiedene Schemata zur Beschreibung von Modellierungsprozessen (vgl. Meier 2009), denen gemeinsam ist, dass ihnen eine deutliche Trennung zwischen der Mathematik und dem „Rest der Welt" (vgl. Pollak 1979) zugrunde liegt. Ein Beispiel für ein solches Schema ist der Modellierungskreislauf von Blum (2006, S. 9) in Abbildung 2.2.

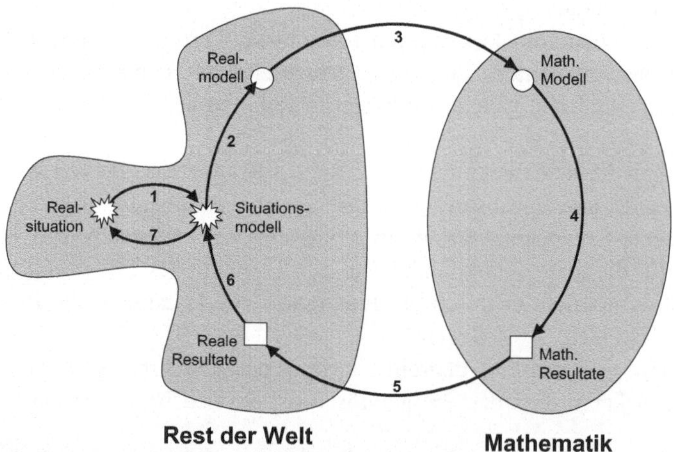

Abbildung 2.2   Modellierungskreislauf nach Blum (2006).

Legende: 1 := Verstehen, 2 := Vereinfachen/Strukturieren, 3 := Mathematisieren, 4 := Mathematisch arbeiten, 5 := Interpretieren, 6 := Validieren, 7 := Vermitteln

Die verschiedenen Arbeitsstadien im Modellierungsprozess sind durch Punkte, Quadrate bzw. Sterne gekennzeichnet. Die Pfeile verdeutlichen die Tätigkeiten, die erfolgen (sollen), um von einem Stadium zum nächsten zu gelangen. Das Mathematisieren bezeichnet hier beispielsweise die Tätigkeit, von einem Realmodell zu einem mathematischen Modell zu gelangen.

Ein solches Schema des Modellierens kann einerseits dazu genutzt werden, die jeweiligen Arbeitsprozesse der Schülerinnen und Schüler zu beschreiben. Andererseits ist es zudem hilfreich als Handreichung und Erklärungsstütze für Lehrerinnen und Lehrer im Rahmen von Fortbildungen zur Unterrichtsentwicklung. In Bezug auf beides ist aber zu betonen, dass die lineare Darstellung nur eine Vereinfachung der tatsächlichen kognitiven Abläufe sein kann (vgl. Borromeo Ferri 2010).

Winter (2003, S. 6f.) führt das Modellieren als Bestandteil einer wünschenswerten mathematischen Allgemeinbildung auf.

> „Der Mathematikunterricht sollte anstreben, die folgenden drei Grunderfahrungen, die vielfältig miteinander verknüpft sind, zu ermöglichen:
>
> (G 1) Erscheinungen der Welt um uns, die uns alle angehen oder angehen sollten, aus Natur, Gesellschaft und Kultur, in einer spezifischen Art wahrzunehmen und zu verstehen,
>
> (G 2) mathematische Gegenstände und Sachverhalte, repräsentiert in Sprache, Symbolen, Bildern und Formeln, als geistige Schöpfungen, als eine deduktiv geordnete Welt eigener Art kennen zu lernen und zu begreifen,
>
> (G 3) in der Auseinandersetzung mit Aufgaben Problemlösefähigkeiten (heuristische Fähigkeiten), die über die Mathematik hinaus gehen, zu erwerben.“

Eine Auffassung vom Modellieren wie sie Blum (2006) darstellt, kann in die Grunderfahrung (G 1) eingebettet werden. Das Problemlösen wird in der Grunderfahrung (G 3) von Winter nicht explizit genannt.[9] Es wird auch nicht deutlich, ob Winter den Erwerb von Problemlösefähigkeiten mit Aufgaben aus (rein) realem Kontext in Zusammenhang bringt, ob er das Problemlösen für ein innermathematisches Feld hält oder ob er sich bewusst nicht auf eine der beiden Möglichkeiten festlegt.

Eine Abgrenzung der Begriffe Modellieren und Problemlösen kann über die Art der Aufgabenstellung erfolgen. Ausgehend von der Darstellung von Pollak

---

[9]Es wäre prinzipiell auch möglich, dass mit anderen Aufgabentypen als Problemaufgaben heuristische Fähigkeiten erworben werden.

(1979), dass Modellieren sich immer auf den „Rest der Welt" bezieht, lässt sich Problemlösen als innermathematisches Feld auffassen.

In diesem Sinne trennen Hagland et al. (2005) Aufgaben mit realem[10] Kontext und innermathematische Aufgaben. Sie betonen, dass es wichtig sei, Schülerinnen und Schülern Aufgaben mit realem Kontext bearbeiten zu lassen. Sie bemerken aber auch, dass es gleichermaßen wichtig sei, eine Wissensbasis für innermathematische Modelle, d. h. eine Sammlung von Faktenwissen reiner Mathematik zu besitzen (vgl. G 2), damit das Verständnis für die Mathematik als Wissenschaft der Strukturen aufgebaut werden kann, um die Umwelt damit adäquat modellieren zu können. Darüber hinaus sehen sie das Verständnis innermathematischer Strukturen als allgemeine Strategie (vgl. G 3), um diese auf verschiedenste Alltagskontexte anwenden zu können[11] (Hagland et al. 2005, S. 37).

In den Bildungsstandards wird Problemlösen insbesondere über den Einsatz von Heurismen und Strategien (vgl. G 3) charakterisiert. Das Modellieren wird als nützlich zur mathematischen Darstellung der Erfahrungswelt und realer Situationen beschrieben (vgl. KMK 2004, S. 12f.).

Büchter und Leuders (2005) stellen zwei verschiedene Abgrenzungen zwischen Modellierungs- und Problemlöseprozessen dar. Sie orientieren sich dabei am Arbeitsprozess. „Problemlösen im weiteren Sinn" wird als eigener Arbeitsprozess charakterisiert, der von einer innermathematischen Fragestellung startet. Als „Problemlösen im engeren Sinn" bezeichnen sie einen rein innermathematischen Vorgang der sich innerhalb des Modellierungsprozesses abspielt.

Es gibt auch Ansätze, die Modellieren und Problemlösen auf theoretischer Ebene erst gar nicht zu trennen versuchen. Ein Beispiel für ein entsprechendes Schema findet sich in Abbildung 2.3. Klieme et al. (2001, S. 144) bilden den Prozess des *Mathematisierens* ab in dem *sowohl* „Modell" *als auch* „Problem" erscheinen. Mit „Modell" ist hierbei ein innermathematisches Modell gemeint, ein „Problem" bezieht sich auf die ganze linke Seite der Graphik, umfasst also Situationen in der Welt, Mathematisieren, mathematisches Modell und den Beginn der Verarbeitung dieses Modells. Modell und Problem finden sich demnach in jedem mathematischen Arbeitsprozess und können nicht voneinander getrennt werden. Diese Darstellung spiegelt auch den Bezug zur Theorie Freudenthals wieder, in der von

---

[10]Hier bedeutet „real" umwelt- und alltagsbezogen.

[11]Hier ist der Perspektivwechsel von der Psychologie-orientierten zur stärker Mathematik-orientierten Mathematikdidaktik sichtbar. Aus psychologischer Sicht ist die allgemeine Strategie wichtig, weil sie universell auf jeden Fachinhalt beziehbar scheint. Aus mathematischer Sicht ist die mathematische Strategie zentral, weil sie universell auf viele inner- und außermathematische Situationen anwendbar ist.

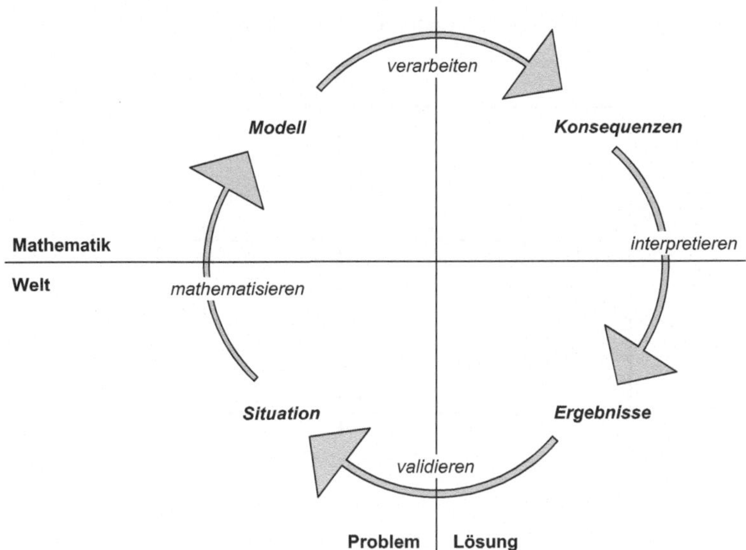

Abbildung 2.3   Prozess des Mathematisierens nach Klieme et al. (2001)

einer realistischen[12] Problemstellung ausgegangen wird, an der „entlang systematischer Teilprobleme mathematische Begriffe entwickelt werden" (vgl. Klieme et al. 2001, S. 142). Im Vergleich des Modells von Klieme et al. mit dem oben erwähnten Modellierungskreislauf von Blum lässt sich feststellen, dass der Begriff „Modell" in der Mathematikdidaktik nicht einheitlich verwendet wird und zu Diskussionen führen kann, je nachdem ob der Begriff allgemein (wie bei Klieme et al.) oder in Bezug auf reale Kontexte (wie bei Blum „reales Modell") genutzt wird. Das Gleiche trifft auf den Gebrauch des Begriffes „Mathematisieren" zu.

Für die Beschreibung des Ablaufes eines Problemlöseprozesses liegen ebenso wie für das Modellieren Schemata vor. Die vier Schritte des Problemlösens nach Polya wurden bereits in Kapitel 2.1 aufgeführt, genauso wie die gekürzte Fassung dieses Plans von Mason et al. (2006).

Eine Erweiterung des Problemlöseplans von Polya stellt das „Selbstregulatorische Modell zum Problemlösen" von Bruder et al. dar (Abb. 2.4), welches in einer Unterrichtszeitschrift veröffentlicht wurde (Bruder et al. 2002, S. 59).

---

[12]Der Begriff realistisch darf hier nicht mit „real" im Sinne von „alltagsbezogen" verwechselt werden sondern meint die Abgrenzung von realen Bildern zu schematischen Skizzen. Reale Bilder können auch innermathematischer Natur sein, wie z. B. geometrische Muster.

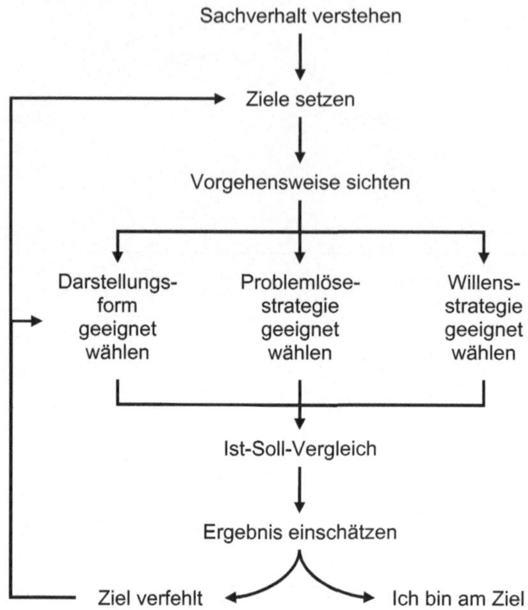

Abbildung 2.4   Selbstregulatorisches Modell zum Problemlösen nach Bruder et al. (2002)

Dieses Diagramm dient zur Beschreibung des (möglichen) kognitiven Ablaufs des Problemlösens. Bruder legt sich wiederum beim Problemlösen nicht auf innermathematische Kontexte fest, sondern nutzt den Begriff „Problemlösen" für die Beschreibung des Arbeitsablaufs allgemeiner (komplexer) Aufgabenstellungen mit inner- als auch außermathematischem Kontext.

In dieser Arbeit wird zwischen Modellieren und Problemlösen nach dem Grad des Realitätsbezuges der Aufgabe differenziert. Aufgaben, die der Lebenswirklichkeit der Schülerinnen und Schüler entstammen, insbesondere ihrem Alltag außerhalb der Schule, werden als Modellierungsaufgaben bezeichnet. Problemaufgaben sind dagegen Aufgaben mit weitgehend innermathematischem Kontext, abgesehen von Einkleidungen[13].

---

[13]Unter Einkleidungen werden Aufgaben verstanden, die im Nachhinein in einen realen Kontext gebettet werden, ohne dass dieser primär etwas mit der mathematischen Fragestellung zu tun hat. Dies geschieht mit der Intention, die Aufgabe interessanter zu machen.

2.4 Mathematik treiben und verstehen

Die Auffassung, dass Mathematik als Wissenschaft nur dann verstanden werden kann, wenn sie auch selbst in ähnlicher Art und Weise (wie in der Wissenschaft) betrieben wird, ist in der Mathematikdidaktik verbreitet.

> „For Polya, mathematical epistemology and mathematical pedagogy are deeply intertwined. Polya takes it as given that for students to gain a sense of the mathematical enterprise, their experience with mathematics must be consistent with the way mathematics is done" (Schoenfeld 1992, S. 339).

Wittmann beschreibt dies als „Komplementarität von Mathematik als *Produkt* und Mathematik als *Prozeß*" (Wittmann 2002, S. 43).

> „Die Mathematik hat sich entwickelt und ist rekonstruierbar ausgehend von allgemein zugänglichen elementaren Problemstellungen, deren Bearbeitung und Lösung elementare Theorien liefert, aus denen neue Probleme erzeugt werden können, die z. B. durch Erweiterung, Analogisierung, Verallgemeinerung und Begründung zu ‚fortgeschritteneren' Theorien führen, aus denen wiederum neue Probleme erzeugt werden können usw." (Wittmann 2002, S. 43).

Diese Prozesshaftigkeit von Mathematik soll den Schülerinnen und Schülern erfahrbar gemacht werden. Polya und Wittmann sehen dafür gleichermaßen ein Potential in geeigneten (elementaren) innermathematischen Problemstellungen.

Lester (1982) betont, dass der erste Schritt in Polyas Problemlöseplan, „Aufgabe verstehen", Lehrende und Forschende dazu bewegt hat, dieses Thema zu fokussieren. Verstehensprozesse sind jedoch komplex und beeinflussen alle anderen Schritte im Problemlöseplan (Lester 1982, S. 65).

Auch die Ausdrücke „Mathematisches Verständnis entwickeln" bzw. „Mathematisches Denken entwickeln" werden insbesondere mit dem Problemlösen in Zusammenhang gebracht (Schoenfeld 1992). Deutlich wird, dass aus dieser Perspektive die Bezugswissenschaft Mathematik die zentrale Rolle spielt.

Auch Hugener et al. (2009) beziehen sich auf den Zusammenhang zwischen Problemlösen, Lernen und Mathematik verstehen:

> „Deep understanding is seen in this regard [konstruktivistische Sichtweise, Anm. d. Aut.] as the goal of all learning processes [...]. Deep understanding is assumed to be fostered by problem-solving" (Hugener et al. 2009, S. 66).

Winter (1999) sieht das Rekonstruieren mathematischer Zusammenhänge jedoch auch kritisch:

> „In aller Regel kann es sich in der Schule ‚nur' um subjektiv neue Entdeckungen handeln; es geht um Nacherfinden, um Wiederentdecken längst bekannter Zusammenhänge" (Winter 1999, S. 214).

Aus Schoenfelds Perspektive sollte der Umgang mit dem Begriff „Mathematisch denken" nicht nur domänenspezifisches Wissen und Problemlösestrategien umfassen, sondern noch darüber hinausgehen.

> „In this emerging view, metacognition, belief, and mathematical practices are considered critical aspects of thinking mathematically, but there is more. The person who thinks mathematically has a particular way of seeing the world, of representing it, of analyzing it. Only within that overaching context do the pieces – the knowledge base, strategies, control, beliefs, and practices – fit together coherently" (Schoenfeld 1992, S. 353).

Die Komplexität des Verständnis-Erwerbs von Mathematik wird in einem problemorientierten Interview zwischen einer Lehrerin (Ball) und ihrem Schüler (Brandon) deutlich, welches Schoenfeld analysiert.

> „But first one must stress that the point of their exchange, and of this chapter, is not to evaluate Brandon. Rather, it is to see what one can learn from their conversation [Ball and Brandon, Anm. d. Aut.]. One point that comes through with great force is the complexity of what it means to learn and understand a topic such as fractions. Knowing is not a zero-one valued variable" (Schoenfeld 2007b, S. 276).

Steinbring betont, dass mathematische Begriffe beziehungsreiche Strukturen einschließen, die sich Schülerinnen und Schülern nicht auf den ersten Blick erschließen können. Er entwirft eine Perspektive, die es ermöglicht, zu verstehen, warum mathematisches Verständnis zu entwickeln so schwierig ist. Mathematische Begriffe beinhalten nach Steinbring selbst schon komplexe Strukturen, die im Laufe der Zeit von den Schülerinnen und Schülern erst aufgebaut werden müssen.

> „The mathematical signs are no mere ‚names or abbreviations for objects (of any, also abstract kind)', but they contain structures, patterns and relations themselves that have to be constructed by the learner. Thus the quantity ‚12.38 km' is a mathematical sign with structure

which can for instance be represented by the decimal place value table, in which every position is in relation with the others: Tens (T), Units (U), tenths (t), hundredths (h), thousandths (ts) etc" (Steinbring 2006, S. 141f.).

Schülerinnen und Schülern die Mathematik als Wissenschaft und Arbeitsprozess nahezubringen, im Gegensatz zur Präsentation von Mathematik als abgeschlossenes und unveränderbares Produkt, schließt also ein, sich auch mit den speziellen Hürden innerhalb dieser Prozesse auseinanderzusetzen. Dazu zählen nicht nur die inhaltlichen Barrieren der Aufgaben, sondern auch motivationale Aspekte und persönliche Welt- und Wertvorstellungen der Schülerinnen und Schüler. Problemlösendes Lernen wird dennoch vielfach als potentielle Ausgangsbasis für das Lernen von Mathematik als Prozess und das Verstehen von Mathematik dargestellt.

2.5 Problemlösen in der Begabtenförderung

Die Förderungsansätze für mathematisch besonders begabte Schülerinnen und Schüler in Deutschland ist vielfältig. Neben Wettbewerben wie den Mathematik-Olympiaden, dem Bundeswettbewerb Mathematik oder Jugend forscht bzw. Schüler experimentieren, gibt es Schülerzirkel, Mathematikzentren, das Juniorstudium Mathematik an vielen Universitäten, an Schulen stattfindende Mathe-AGs, Talentförderungen oder Mathematikförderungen (vgl. Schiemann 2009).

Jede oben genannte, zum Mathematikunterricht parallele Veranstaltung, hat zum Problem, dass der Fachinhalt der Aufgaben den Schulstoff nicht vorweg greifen darf, da sonst mathematisch begabte Schülerinnen und Schüler im alltäglichen Mathematikunterricht zusätzlich demotiviert würden. Es wird also z. B. im Hamburger Modell[14] vermieden, den Mathematikunterricht „zu tangieren und Schulstoff vorwegzunehmen" (Kießwetter 1985, S. 303). Kießwetter (S. 304ff.) schlägt somit mathematische Problemfelder zur Bearbeitung vor, wie z. B. verschiedene Beweise zu finden dafür, dass in einem gleichseitigen Dreieck die Summe des Abstand zwischen einem Punkt innerhalb des Dreiecks und den Seiten konstant ist. Für die Entwicklung dieser Aufgabenfelder greift Kießwetter wiederum auf die Aufgabensammlungen von Polya zurück.

---

[14]Das „Hamburger Modell für Begabungsforschung und Begabtenförderung im Bereich der Mathematik" entstand 1981 als kooperatives Forschungsprojekt verschiedener Disziplinen an den Standorten Hamburg und Baltimore. Das Projekt existiert bis heute und finanziert sich mittlerweile aus Stiftungsgeldern. Es werden mathematisch besonders begabte Jugendliche ab Klassenstufe 7 aufgenommen und außerhalb der Schulzeit gefördert (vgl. www.hbf-mathematik.de, Stand: Oktober 2010

Die Problematik des Übergangs von den theoretischen Ausführungen Polyas zum alltäglichen Mathematikunterricht wurde bereits in Kapitel 2.1 erläutert.

Um Problemlösen auch für (weniger) begabte Schülerinnen und Schüler im Schulalltag zum Gegenstand machen zu können, müssen selbstverständlich die damit einhergehenden Bedingungen ernst genommen werden.

> „Vor allem erscheint es notwendig, die Perspektive nicht vorzeitig auf den Stoff (die schönen Probleme, die eleganten Lösungen) und die tollen Problemlöser in der Klasse zu verkürzen, sondern sich einer weiten humanwissenschaftlichen Sicht zu öffnen, und wahrnehmungsfähiger gegenüber den Wirklichkeiten des Schullernens zu werden" (Winter 1989, S. 189).

Eine Möglichkeit besteht darin, auch mathematisch nicht ganz so umfangreiche Problemstellungen als Probleme wahrzunehmen und somit dem Niveau der Schülerinnen und Schüler anzupassen, wie es Törner vorschlägt.

> „In der Mehrzahl der Unterrichtssituationen haben wir es aber mit schulalltäglichen Problemstellungen zu tun, die als Probleme nicht verschmäht werden sollten, lassen sich hieran doch auch erworbene heuristische Strategien und Schemata belegen" (Törner und Zielinski 1992, S. 259).

Anders herum kann es darum gehen, die „Problemlösefähigkeiten [der Schülerinnen und Schüler] ganz bewusst auch unter Machbarkeitsaspekten [zu beschreiben], um das Elitäre, das mit diesem Begriff oft noch verbunden wird, in Frage zu stellen" (Bruder 2002, S. 4f.). Es soll also mehr auf das Entwicklungspotential der Schülerinnen und Schüler geachtet werden und auf ihre verschiedenen Lösungsansätze als auf möglichst vollständige Lösungen.

Pamperien schlägt dagegen vor, gelegentlich komplexere Problemstellungen im alltäglichen Unterricht einzubringen, da die „Chancen, die auch für schwächere Schüler und Schülerinnen in diesem doch etwas anders ausgerichtetem Mathematikunterricht liegen" nicht unterschätzt werden dürften. „Nicht zuletzt, weil der Versuch von Kindern, Prozeduren zu erwerben ohne Einsicht in Verständnis zu entwickeln, ein großes Problem in der Schule darstellt" (Pamperien 2008, S. 172).

So bleiben außerschulische Projekte der Begabtenförderung zunächst ein eigenständiges Phänomen, das sich nicht ohne weiteres auf den alltäglichen Mathematikunterricht übertragen lässt.

Die Forschungsergebnisse, die sich im Bereich Problemlösen auf mathematisch besonders begabte Schülerinnen und Schüler beziehen, liefern trotzdem wichtige Hintergrundinformationen.

So ist beispielsweise aus psychologischen Studien zum komplexen Problemlösen und dem Vergleich zwischen guten und schlechten Problemlöserinnen und Problemlösern belegt, dass der *Intelligenzquotient* (IQ) einer, aber nicht der entscheidende Prädikator für Erfolg ist.

> „Dabei liegt die Hypothese nahe, daß der IQ diese Unterschiede zu einem großen Teil aufklären könnte. Entgegen den Erwartungen fallen allerdings die Befunde zum Zusammenhang zwischen IQ und Problemlöseleistung sehr unterschiedlich aus, wobei der gewählte Aufgabentyp eine entscheidende Rolle zu spielen scheint" (Waldmann und Weinert 1990, S. 152f.; vgl. auch Kießwetter 1985).

Im Rahmen der Begabtenforschung wird immer wieder danach gesucht, welche affektiven, kognitiven und metakognitiven allgemeinen Fähigkeiten sogenannte gute[15] Problemlöserinnen und Problemlöser über die Intelligenz hinaus haben. Einige dieser vermuteten Fähigkeiten sind in Tabelle 2.1 aufgelistet.

Tabelle 2.1 Fähigkeiten guter Problemlöserinnen und Problemlöser

Fähigkeit	*Beschreibung*
Ausdauer	Sie investieren Zeit in das Sammeln von Informationen und das Eingrenzen eines Problems, sie sind stressresistent (Funke und Zumbach 2006)
Flexibilität	Algorithmische und heuristische Herangehensweise, Wechseln von Ansätzen (Funke und Zumbach 2006; Heinrich 2004; Stein 1996)
Metakognition	Selbstständige Überwachung des eigenen Tuns, Erkennen von sinnvollen und weniger sinnvollen Ansätzen (Funke und Zumbach 2006; Heinrich 2008; Stein 1999)
Genauigkeit	Genauigkeit ist ihnen wichtiger als z. B. Geschwindigkeit (Funke und Zumbach 2006; Heinrich 2008)
Repräsentieren	Sie stellen ihre Ideen geeignet dar (Funke und Zumbach 2006)

[15]Im Sinne der Expertiseforschung ist eine gute Problemlöserin bzw. ein guter Problemlöser der Experte, gegenüber dem Novizen, der erst Experte werden muss. Laut Funke und Zumbach (2006) können gute Problemlöserinnen und Problemlöser, die noch keine Experten sind, vermutet werden, wenn sie die genannten Fähigkeiten besitzen.

Tabelle 2.1 Fähigkeiten guter Problemlöserinnen und Problemlöser

Fähigkeit	*Beschreibung*
Organisation	Sie systematisieren ihr Material (Funke und Zumbach 2006; Heinrich 2008)
Vorwissen	Sie können Vorwissen einbringen, insbesondere zur Beurteilung des Problems und ihrer Lösung. (Funke und Zumbach 2006; Heinrich 2008)
Begründen und Beweisen	Sie können ihre Ansätze und Ideen begründen (Stein 1999)
Superzeichenbildung	Sie erkennen und nutzen allgemeine Zusammenhänge (Kießwetter 1985; Funke und Zumbach 2006; Stein 1995)

Es bleibt allerdings fraglich, ob das Lehren solcher Fähigkeiten auch weniger gute zu guten Problemlöserinnen und Problemlösern machen würde.

2.6 Problemlösen im Schulalltag

2.6.1 Argumente gegen und für Problemlösen im Unterricht

Wie im letzten Abschnitt beschrieben, sollte das Problemlösen nicht nur den mathematisch besonders interessierten, talentierten oder begabten Schülerinnen und Schülern vorbehalten sein. Die Umsetzung des Problemlösens im Schulalltag birgt allerdings Schwierigkeiten, von denen einige im Folgenden aufgelistet werden sollen.

Mögliche Probleme der Umsetzung des Problemlösens im Schulalltag

- Problematisch ist die Motivation, die zum Problemlösen vorhanden sein muss und zwar bei *allen* Schülerinnen und Schülern (Winter 1989, S. 188f.; Werning und Kriwet 1999, S. 9).

- Damit das Problemlösen nicht nur ein Zeitvertreib für Vertretungsstunden bleibt, muss die Integration von produktiven Übungen und die Einordnung des Problemlösens in das systematisch geordnete Wissen gewährleistet sein (Winter 1989, S. 188f.; Zimmermann 1983, S.8).

- Grundsätzlich ist fraglich, ob Problemlösen tatsächlich lehrbar ist bzw. ob Strategien lehrbar sind (Winter 1989, S. 188f.; Werning und Kriwet 1999, S. 8; Lompscher 1992; Aebli et al. 1986).

- Die Rolle der Kommunikation während des Problemlöseprozesses innerhalb einer Gruppe oder Klasse ist noch nicht geklärt, ebenso die Frage danach, welche Form von Kommunikation sich eignet (Winter 1989, S. 188f.).

- Weiterhin ist ungeklärt, welche Inhalte der Problemstellungen dazu geeignet sind, um bei den Schülerinnen und Schülern tragfeste und relevante Begriffe auszubilden (Winter 1989, S. 188f.).

- Die Zeitintensivität des Problemlösens ist ein Problem im Schulalltag (Werning und Kriwet 1999, S. 9).

- Die Unkalkulierbarkeit der Ergebnisse bei offenen Aufgabenstellungen erfordert einen geeigneten Umgang im Unterricht (Werning und Kriwet 1999, S. 9).

Diese Probleme sind nach wie vor nicht hinreichend gelöst. Sollte es jedoch gelingen, das Problemlösen weiter zu erforschen und in den Unterricht zu integrieren, dann ergeben sich daraus Chancen.

Mögliche Vorteile des Problemlösens im Schulalltag

- Die Schülerinnen und Schüler werden mit problemhaften Situationen konfrontiert, die sie nicht durch Abarbeiten von bekannten Schemata lösen können. Diese Situation tritt durchaus auch im alltäglichen Leben auf (Törner und Zielinski 1992, S. 254ff.; Zimmermann 2003, S. 42ff.; Werning und Kriwet 1999, S. 7).

- Wenn Problemlösestrategien entwickelt werden, dann können diese auch beim Modellieren helfen (Törner und Zielinski 1992; Hagland et al. 2005).

- Einigen mathematisch kreativen oder durch sensiblen Umgang seitens der Lehrperson sogar allen Schülerinnen und Schülern wird durch Unterrichtseinheiten im Problemlösen Raum zum produktiven und freudvollen Arbeiten gegeben (Törner und Zielinski 1992, S. 254ff.; Werning und Kriwet 1999, S. 8).

- Die Mathematik kann als Wissenschaft erfahrbar gemacht werden (Törner und Zielinski 1992, S. 254ff.; Zimmermann 2003, S. 42ff.).

- Das selbständige Entdecken von Strukturen kann nicht nur im Rahmen des Lernprozesses hilfreich sein, sondern auch Selbstbewusstsein erzeugen (Zimmermann 2003, S.42ff; Werning und Kriwet 1999, S. 8).

Vorteile und Nachteile des Arbeitens an mehr oder weniger komplexen Problemen im regulären Unterricht müssen also bedacht und gegeneinander abgewogen werden. Da Problemlösen als allgemeine Kompetenz in den Bildungsstandards verankert ist, können sich Lehrpersonen nicht mehr zur Gänze dem Problemlösen entziehen (vgl. KMK 2003; KMK 2004). Es steht ihnen nur noch offen, über die Intensität dieses Aspekts des Mathematikunterrichts zu entscheiden.

2.6.2 Problemlösen im Rahmen der Bildungsstandards

In Bezug auf die Lehrpläne, die bis dahin für das Fach Mathematik in der Sekundarstufe I gültig waren, leiteten die von der Kultusministerkonferenz 2003 veröffentlichten Bildungsstandards in zweierlei Hinsicht eine Wende ein. Zum einen wurden entgegen der vorher üblichen Stoffverteilungspläne inhaltliche und allgemeine Ziele vorgeschrieben, die am Ende einer Jahrgangsstufe erreicht sein sollen. Dies wird beschrieben als Übergang von einer Input- zu einer Output-Orientierung in den Lehrplänen.

Zum anderen wurden zentrale allgemeine Kompetenzen, die vormals in den Präambeln der Lehrpläne als besondere Ziele vermerkt waren, direkt in das Zentrum der Lehrpläne gerückt. Sie stehen jetzt sowohl in der Vermittlung als auch in der Bewertung gleichberechtigt neben den inhaltlichen Kompetenzen (vgl. KMK 2003; KMK 2004).

Zum Problemlösen gehört für den mittleren Bildungsabschluss und den Hauptschulabschluss laut der Bildungsstandards:

- Vorgegebene und selbst formulierte Probleme bearbeiten,

- geeignete heuristische Hilfsmittel, Strategien und Prinzipien zum Problemlösen auswählen und anwenden,

- die Plausibilität der Ergebnisse überprüfen sowie das Finden von Lösungsideen und die Reflexion der Lösungswege.

In den Aufgabenbeispielen zu den Bildungsstandards sind alle allgemeinen mathematischen Kompetenzen noch einmal in Anforderungsbereiche untergliedert, die in Tabelle 2.2 für das Problemlösen beispielsweise expliziert werden.

Bildungspolitisch muss man also davon sprechen, dass das Problemlösen im letzten Jahrzehnt noch stärker in den Fokus des Unterrichtsalltags gerückt wurde.

Tabelle 2.2 Anforderungsbereiche im Problemlösen nach den Bildungsstandards der KMK

Reproduzieren	*Zusammenhänge herstellen*	*Verallgemeinern und Reflektieren*
Routineaufgaben lösen („sich zu helfen wissen").	Probleme bearbeiten, deren Lösung die Anwendung von heuristischen Hilfsmitteln, Strategien und Prinzipien erfordert.	Anspruchsvolle Probleme bearbeiten.
Einfache Probleme mit bekannten, auch experimentellen, Verfahren lösen.	Probleme selbst formulieren.	Finden von Lösungsideen und Lösungswege reflektieren.
	Die Plausibilität von Ergebnissen überprüfen.	

In Australien wurde schon in den frühen 1980er Jahren Problemlösen als zentraler Unterrichtsgegenstand in die Lehrpläne integriert. Zwei der acht Bereiche, denen Bewertungsprofile der Schülerinnen und Schüler zugeordnet werden, waren „Mathematical Inquiry" und „Choosing and Using Mathematics" (vgl. Stacey 1995). Problemlösen wird dort im Sinne der PISA-Studie charakterisiert. Häufig wird betont, dass es sich bei den Problemstellungen um „real world problems" handelt.

Stacey nennt in ihrem Erfahrungsbericht die Schwierigkeiten, dem Problemlösen genügend zeitlichen Raum zu geben und die Probleme, die durch den Bewertungszwang des Problemlösens verursacht werden.

> „Two questions arise: where is the appropriate balance between technical mathematical skill and being able to approach a wide variety of problems in a useful way for a particular population and what arrangements lead to maximising the benefits and minimising the losses?" (Stacey 1995, S. 66).

Eine Untersuchung über die bildungspolitische Umsetzung des Problemlösens in den Curricula von Australien, den USA, dem UK und Singapur lässt Stacey schließen, dass es nach wie vor nahezu unmöglich ist, den Problemlöseprozess an etwas Konkretem festzumachen und zu bewerten.

> „With a pervasive approach to learning mathematics which values speaking, writing, and doing mathematics within communities of inquiry, open problem solving is not easily pinned down but is more an amalgam of skills, attitudes, and appreciations across a broad front of doing mathematics" (Stacey 2005, S. 349).

In mancherlei Hinsicht bleibt laut Stacey das von den Curricula propagierte Problemlösen eher eine Unterrichtsmethode, die ein wenig Öffnung zulässt, im Grunde aber nur als Beiwerk zum Training von Kenntnissen und Fertigkeiten dient (Stacey 2005, S. 347).

2.6.3 Kompetenzmessung in der Schule

Wie und ob die relativ komplizierte und hintergrundreiche *large scale* Kompetenzmessung PISA auf die konkrete Kompetenzmessung im Schulalltag übertragbar ist, bleibt innerhalb der PISA-Studie offen.

A Campo und Elschenbroich (2007) geben Hinweise, wie die Evaluation mittels Kompetenztests auch in den Schulen genutzt werden könnte. Sie betonen, dass eine konstruktive Evaluationskultur das Gespräch der Kolleginnen und Kollegen einschließt und gleichzeitig ausschließen muss, dass diese die Evaluation als „Zertifizierung" ihrer Leistung als Lehrerin oder Lehrer verstehen (vgl. a Campo und Elschenbroich 2007).

Ebenso betonen sie (a Campo und Elschenbroich 2007, S. 20), dass die zentralen Tests nur ein „Blitzlicht auf den momentanen Leistungsstand von Schülerinnen und Schülern" sind und „wenig über den individuellen Lernfortschritt" aussagen.

> „Entweder müssen die Ergebnisse durch andere, langfristige Beobachtungen oder individualisierte Bewertungen ergänzt werden, oder es werden Tests zu gezieltem Aufdecken von Defiziten oder besonderer Begabung eingesetzt. Anschließend bedarf es darauf abgestimmter Fördermaßnahmen. Eine solche Form des systematisch auf Diagnose und Förderung ausgerichteten Unterrichts ist zurzeit in Deutschland noch nicht gewährleistet. Eine Änderung in diese Richtung kann nicht allein durch zentrale Testinstrumente erreicht werden, sondern fußt auf einer fundierten Aus- und Weiterbildung von Lehrkräften und dem Vorliegen geeigneter organisatorischer Rahmenbedingungen an den Schulen" (a Campo und Elschenbroich 2007, S. 20).

Eine genauere Analyse dessen, wie Kompetenzmessung im Unterricht vor sich gehen soll, findet sich hier nicht, insbesondere nicht für die allgemeinen mathematischen Kompetenzen. Schon Winter (1975) hatte Ähnliches betont.

> „Allgemeine Lernziele lassen sich nicht so abtesten wie operationalisierte Feinlernziele; sie beziehen sich auf die gesamte Schulzeit und der Grad ihrer Verwirklichung läßt sich eher in einer gewissen Haltung erkennen, in der ein Schüler an mathematische Fragen herangeht" (Winter 1975, S. 116; vgl. auch Winter 1972).

Schoenfeld schließt allgemein:

> „Anyone who thinks that understanding is simple does not understand understanding. That is why assessment is such a subtle art" (Schoenfeld 2007b, S. 277).

Eine wissenschaftlich fundierte Form einer Kompetenzmessung, die im Schulalltag stattfinden kann, die über die Form von Vergleichsarbeiten hinausgeht und konstruktiv auf den Unterricht Einfluss nimmt, ist noch nicht gefunden.

2.6.4 Lehrerfortbildungen zum Problemlösen

Neben bildungspolitischen Maßnahmen sind Lehrerfortbildungen eine weitere Maßnahme, die allgemeinen mathematischen Kompetenzen näher in das Zentrum der im Mathematikunterricht alltäglichen Lehr- und Lerntätigkeit zu rücken. Zwei langfristig angelegte und wissenschaftlich begleitete Lehrerfortbildungen im deutschsprachigen Raum[16], die explizit das Problemlösen thematisieren, sollen hier kurz vorgestellt werden.

Hugener et al. (2007) stellen eine Lehrerfortbildung vor, die auf Unterrichtsvideos zum Problemlösen basiert. In sechs Lektionen werden jeweils drei Unterrichtsausschnitte einer alltäglichen, schweizerischen Unterrichtsstunde zu einer Problemlöseaufgabe gezeigt. Der erste Ausschnitt bezieht sich auf die Arbeitsorganisation und die Erläuterung der Problemstellung, der zweite auf die Arbeitsphase der Problembearbeitung in Gruppen und der dritte auf die Besprechung der Lösungswege. Den Lehrerinnen und Lehrern in den Fortbildungen, für die diese Videoaufnahmen zur Verfügung gestellt werden, werden zu jedem Ausschnitt spezifische Arbeitsanregungen gegeben, die das Gesehene reflektieren sollen. Ein

---

[16]Das erste vorgestellte Fortbildungskonzept zum Problemlösen wird von Hugener, Reusser und Pauli von der Universität Zürich (Schweiz) begleitet. Das zweite Konzept stammt von Bruder und wird an der TU Darmstadt (Deutschland) umgesetzt.

Theorieteil zum Problemlösen ergänzt das Arbeitsmaterial (Hugener et al. 2007). Er repräsentiert in Kurzfassung die ausführlichen Darstellungen Reussers (2005), der sich in Bezug auf das Problemlösen und die Didaktik des problemorientierten Unterrichts auf Aebli, Duncker und Mandl bezieht.

Der Lehrerfortbildung mit Unterrichtsvideos messen die Autorinnen und Autoren eine große Bedeutung zu.

> „Durch ihre Unmittelbarkeit und die Fülle von Informationen ermöglichen Videos als Fenster zum Unterrichtsgeschehen eine *authentische Auseinandersetzung* mit realen Unterrichtssituationen und -prozessen; mit dem Vorteil, dass man beim Betrachten der Videos [...] nicht unter Handlungsdruck steht" (Krammer und Reusser 2005, S. 36).

> „Die Konfrontation mit fremdem Unterricht führt zu Anlässen und Anreizen, den eigenen Unterrichtsstil zu hinterfragen und zu verändern" (Ratzka et al. 2005, S. 3; Krammer und Hugener 2005, S. 59; vgl. auch Reusser 2005, S. 175ff.).

Die Fortbildung dauerte ein Jahr und kombinierte Online- und Präsenzfortbildungen. Es gab fünf ein- bis zweitägige Präsenzphasen, die sich mit zwei bis viermonatigen Onlinephasen abgewechselt haben (Ratzka et al. 2005, S. 3ff.).

Im Unterrichtsalltag spielt die Lernumgebung im Rahmen des Problemlösens eine große Rolle. De Corte (2003) berichtet über eine Designstudie, in der eine Lernumgebung erarbeitet wurde, die effektiv das Problemlösen unterstützt. Die Besonderheit der Lernumgebung besteht aus vier theoretisch gut begründeten Elementen (vgl. De Corte 2003, S. 26). Die Schülerinnen und Schüler werden durch die Arbeit in Kleingruppen oder im Rahmen von Klassendiskussionen aktiviert. Sie werden stets dazu angehalten, ihre Ideen zu artikulieren und ihre Lösungswege zu reflektieren. Schließlich wird der Fokus auf die Selbstregulation gelegt. Diese wird zunächst durch die Instruktion von Heurismen gestärkt und durch die Lehrperson mit Hilfe von metakognitivem Fragen gelenkt. Mit der Zeit wird dieses von den Schülerinnen und Schülern verinnerlicht. Die inhaltliche Grundlage bilden hier authentische, offene und komplexe Problemstellungen.

Hugener et al. (2009) nehmen diese Ergebnisse zum Anlass, insgesamt 39 Klassen aus Deutschland und der Schweiz noch einmal auf diese Lernumgebungsgestaltung und daraus folgenden kognitiven, motivationalen und emotionalen Auswirkungen zu überprüfen. Sie finden die drei Unterrichtsmuster „Vortrag" (lecturing), „Entwickeln" (developing) und „Entdecken" (discovery).

„The discovery pattern includes most of the instructional features of recent design experiments describing powerful learning environments for mathematical problemsolving" (Hugener et al. 2009, S. 75).

Die Ergebnisse des Lernerfolgs über den Prä- und Posttest stimmen allerdings nicht mit den viel versprechenden Daten des Designexperiments von de Corte (2003) überein. Als möglicher Grund wird angegeben, dass die Lehrpersonen in dieser Studie nicht besonders geschult wurden. Die Autorinnen und Autoren vermuten, dass genau der Aspekt der Instruktionsqualität der Lehrenden ein wesentlicher Bestandteil der Wirksamkeit der Lernumgebungen ist (Hugener et al. 2009, S. 75f.).

Innerhalb Deutschlands gibt es die Möglichkeit der Fortbildung zum Thema „Problemlösenlernen und Selbstregulation" unter der Leitung von Regina Bruder an der TU Darmstadt. Die Online-Fortbildung nimmt 12 Wochen in Anspruch.

„Ziel ist eine Unterstützung der Lehrkräfte bei der Umsetzung eines Konzeptes zum Problemlösen lernen in Verbindung mit Selbstregulation im eigenen Mathematikunterricht"[17].

Bruder stellt umfangreiche Materialien zum Problemlösen auf ihren Internetseiten[18] zur Verfügung. Den theoretischen Hintergrund zum Problemlösen bilden hier u. a. Lompscher und Vygotsky mit ihrem „ganzheitlichen, tätigkeitsorientierten" Ansatz (Komorek et al. 2006, S. 241).

Innerhalb der Förderung zur Selbstregulation geht es „darum, sich *vor dem Lernen* Ziele zu setzen, das Lernen zu planen und sich selbst zu motivieren. *Während des Lernens* soll durch das Anwenden von volitionalen Strategien und durch Selbstmotivierung die Handlungsausführung überwacht und aufrecht erhalten werden. *Nach dem Lernen* ist das Ergebnis zu überprüfen und zu bewerten, der Bearbeitungsprozess ist zu reflektieren und gegebenenfalls ist eine Strategieanpassung vorzunehmen" (Komorek et al. 2006, S. 244, Hervorhebungen i. Orig.).

Einbezogen in das Fortbildungskonzept sind außerdem langfristig angelegte Hausaufgaben. Anforderungen an die Lehrkräfte in Bezug auf das Erstellen von Hausaufgaben sind in diesem Projekt „das Festlegen von Lernzielen, eine Auswahl geeigneter Lerninhalte, eine zweckdienliche Organisation der Hausaufgaben, eine Integration der Hausaufgaben in den Unterrichtsprozess sowie eine konstruktive und effektive Zusammenarbeit mit den Eltern" (Komorek et al. 2004a, S. 59f.). Im

---

[17]Online-Kurs zum Thema „Problemlösenlernen und Selbstregulation" unter www.did.mathematik.tu-darmstadt.de/moodle/, Stand: Oktober 2010

[18]Vgl. www.problemloesenlernen.de und www.math-learning.com, Stand: Oktober 2010.

Forschungsprojekt „PROSA – ‚Problemlösen und Selbstregulation fördern – Ausbildungsprogramm'" wurde das Fortbildungsprogramm zwischen 2000 und 2005 konstruiert und evaluiert.

Ergebnisse der Studie sind z. B., dass das Problemlösen und die Selbstregulation im Unterricht durch die Lehrpersonen im Sinne der Fortbildung umgesetzt wurden, wobei die Selbstregulation eher in Gymnasialklassen Akzeptanz fand. Weiterhin war die Akzeptanz der Lehrkräfte in Bezug auf die Konzeptinhalte und -ziele zum Problemlösen größer als zur Selbstregulation. Die mit Mathematiktests gemessene Lernleistung verbesserte sich (Komorek et al. 2006, S.264 f.; Bruder et al. 2002, S. 62; Komorek et al. 2004b, S. 305). Schülerinnen und Schüler, denen Selbstregulation und Problemlösenlernen verknüpft gelehrt wurde, zeigten bessere Fortschritte in Bezug auf die Selbstregulation als diejenigen, die nur in Selbstregulation unterrichtet wurden (Perels et al. 2003, S. 35ff.).

Zusammenfassend lässt sich feststellen, dass das wissenschaftlich begleitete Fortbildungsangebot zum Problemlösen für Lehrerinnen und Lehrer derzeit sehr gering ist. Die vorgestellten Konzepte zu Lehrerfortbildungen und deren Ergebnisse zeigen jedoch, dass ein komplexes Thema wie das Problemlösen ein breit und langfristig angelegtes Fortbildungskonzept benötigt.

2.7 Charakterisierung des Problemlösens über Aufgaben

Neben der Erfassung des kognitiven Anspruchs, über den schon im Rahmen des Problemlösens in der Begabtenförderung gesprochen wurde (vgl. Kapitel 2.5), lässt sich Problemlösen auch über die inner- und außermathematischen Bezüge sowie die Darstellung in Text- und Bildform als spezifischer Aufgabentyp charakterisieren.

Der kognitive Anspruch, den Problemlöseaufgaben auch im Schulalltag besitzen sollen, zeigt sich in der Charakterisierung der Problemlöseaufgabe als Handlungsauftrag (vgl. Bruder 1992, S. 6). Büchter und Leuders formulieren dies folgendermaßen:

> „Problemaufgaben sind die Aufforderung, eine Lösung zu finden, ohne dass ein passendes Lösungsverfahren auf der Hand liegt" (Büchter und Leuders 2005, S. 28).

Diese Charakterisierung kann als mathematikdidaktische Ableitung des von Dörner (1976) vorgeschlagenen Problemlösebegriffs verstanden werden.

„Ein Individuum steht einem Problem gegenüber, wenn es sich in einem inneren oder äußeren Zustand befindet, den es aus irgendwelchen Gründen nicht für wünschenswert hält, aber im Moment nicht über die Mittel verfügt, um den unerwünschten Zustand in den wünschenswerten Zielzustand zu überführen." (Dörner 1976, S. 10).

Wenn Aufgaben nun als Handlungsaufforderung betrachtet werden, dann gilt also: Problemlöseaufgaben sind Aufforderungen zum Problemlösen.

An dieser Stelle ist es wichtig, dass das Wort „Zielzustand" oder „Lösung" richtig interpretiert wird. Im Aufgaben-Kategoriensystem[19] von Bruder (2000) finden wir Problemlöseaufgaben wieder als Aufgaben, bei denen der „Anfangszustand" gegeben ist, der „Weg" und der „Endzustand" aber nicht.

Eine Aufgabe, bei der Anfangs- und Zielzustand gegeben sind, so wie Dörner es formuliert, wird von Bruder „Begründungs- oder Beweisaufgabe bzw. Strategiefindungsaufgabe" benannt (Bruder 2000a, S. 70).

Der „Zielzustand" im Sinne von Dörner bezeichnet eine emotionale Befriedigung. Dagegen meint Bruder mit „Endzustand", dass in der Aufgabenstellung das Ergebnis der Aufgabe vorgegeben ist.

Diese Beschreibung von Problemlöseaufgaben reicht allerdings noch nicht aus, um gute Problemlöseaufgaben auszuwählen. Jede nicht weiter im unterrichtlichen Kontext verankerte mathematische Fragestellung wäre hiernach ein Problem.

Leuders (2003) geht mit der Beschreibung der „guten" Problemlöseaufgabe noch weiter. Er nennt „einige Kriterien für gute Probleme", in seinem Fall sind dies vier.

„1. Ein Problem führt auf allgemeine mathematische Ideen und macht übergreifende Zusammenhänge verständlich. Dabei macht es gegebenenfalls neue Begriffsbildungen nötig und zugleich einsichtig.

2. Ein Problem gibt Anlass zu divergentem Arbeiten und individuellen Erkundungen. Dabei sollte es vor allem unterschiedliche Ansätze – auch auf unterschiedlichem Niveau – erlauben.

3. Ein Problem bietet einen (inner- oder außermathematischen) Kontext für ein mathematisches Konzept. Dabei sollte es vor allem leicht zugänglich sein, die Problemsituation muss den Lernenden unmittelbar verständlich sein.

---

[19]In diesem Kategoriensystem klassifiziert Bruder Mathematikaufgaben in Hinblick auf den Grad ihrer „Offenheit".

4. Ein Problem besteht aus einer Situation, in der Schülerinnen und
Schüler erst die Strategie selbst entwickeln müssen. Dabei können sie
aus vorhandenen Kenntnissen schöpfen und diese neu kombinieren"
(Leuders 2003, S. 123).

Dieser Ansatz verbindet die inhaltliche Beschreibung der Aufgabenstellung mit
kognitiven Aspekten, die sich auf die Lerngruppe beziehen. Die Forderung von
Leuders, dass ein Problem auf „allgemeine mathematische Ideen" führt und „neue
Begriffsbildungen nötig und zugleich einsichtig" macht, lässt vermuten, an welcher Stelle im Ablauf einer Unterrichts- bzw. Lernsequenz sich Problemlöseaufgaben dieser Art möglicherweise besonders gut eignen.

Wittmann spricht dem problemhaften Kontext eine besondere inhaltliche Stellung zu Beginn der Unterrichtssequenz zu.

> „Zur unterrichtlichen Erschließung eines Themas suche man *Pro-*
> *blemkontexte*, welche die Inhalte des Themas in *typischen Verwen-*
> *dungssituationen* zeigen und im weiteren Verlauf des Unterrichts eine
> *Leitfunktion* übernehmen können" (Wittmann 2002, S. 150, Hervor-
> hebung i. Orig.).

Auch andere Autorinnen und Autoren mit schulpraktischem Hintergrund stellen auf diese Weise einen Zusammenhang zwischen dem Problemlösen und den
begrifflichen Inhalten her (Flewelling 2004; Henning und Schuster 2000). Dieser
wird in Kapitel 3.5 auf theoretischer Ebene genauer analysiert.

2.8 Zusammenfassung

Zunächst wurde im Rahmen der Theorie geklärt, was unter mathematischem Problemlösen verstanden werden kann.

Der Begriff Kompetenz wird nicht einheitlich verwendet und dies erschwert die
Implementation des Problemlösens im Unterricht.

Dort sind zudem weitere Hürden im Umgang mit dem problemlösenden Lernen zu überwinden. Abseits der gegenwärtigen politischen Diskussion um das
Problemlösen als Kompetenz, die in Kapitel 2.6.2 beschrieben wurde, lässt sich
Problemlösen auch verstehen als „Mathematik treiben". Hierbei wird das mathematische Handeln in den Vordergrund gerückt.

Winter (1996) beschreibt die Entwicklung von Problemlösefähigkeiten als
Grunderfahrung (G 3), die zur mathematischen Allgemeinbildung gehört, und bestärkt damit die Forderung, Problemlösen trotz aller Widrigkeiten in den Mathematikunterricht zu integrieren.

Meiner Auffassung nach sind Modellieren und Problemlösen sinnvoll trennbar, wenn man mit „Problemaufgaben" komplexe innermathematische Fragestellungen bezeichnet und mit „Modellierungsaufgaben" solche Fragen, die sich mit dem „Rest der Welt" (vgl. Kap. 2.3) beschäftigen. Aus dieser Perspektive heraus kann auch die zweite Grunderfahrung Winters (bei Berücksichtigung geeigneter Aufgabenstellungen) von den Schülerinnen und Schülern beim Problemlösen gemacht werden.

Im Rahmen der PISA-Studie stimmt diese Sichtweise des Problemlösens mit dem überein, was dort als „Mathematisieren" bezeichnet wird (vgl. Abb. 2.3 auf Seite 2.3). „Dieser ist sicher unter allen vorkommenden Teilprozessen der komplexeste, weil vielfältige Arten des Verstehens involviert sein können" (Klieme et al. 2001, S. 144).

Problemlösekompetenz ist meiner Auffassung nach etwas, was nicht in einer Momentaufnahme messbar gemacht werden kann. Es kann darüber hinaus nur während des Arbeitsprozesses der Schülerin oder des Schülers erkannt werden, ob diese bzw. dieser sich gerade tatsächlich mit einem Problem auseinandersetzt.

Dieser Arbeitsprozess unterliegt Rahmenbedingungen. Er kann nur entstehen, wenn geeignete Aufgaben vorliegen.

Einige Aspekte des Problemlösens lassen sich dann in Bezug auf die Aufgabe charakterisieren, im Weiteren ist jedoch nicht von der Hand zu weisen, dass wir bestimmte kognitive Kriterien, die eine Problemaufgabe erfüllen soll, erst in dem Moment festhalten können, in dem die Aufgabe von Schülerinnen und Schülern bearbeitet wird (vgl. Bruder 1992, S. 6). Dies trifft z. B. in Leuders' Kriterien auf Punkt vier zu, in dem es heißt, dass „Schülerinnen und Schüler erst die *Strategie selbst entwickeln* müssen" (Leuders 2003, vgl. Kap. 2.7). Dies kann nur a posteriori beurteilt werden.

Für die vorliegende Arbeit wird daher zur Auswahl von Problemlöseaufgaben ein zweidimensionales Modell genutzt. Dieses sieht die zwei Dimensionen „Aufgaben" und „Individuen" vor.

1. *Charakterisierung eines mathematischen Problems in Hinblick auf die Beurteilung der Aufgabe*

   a) Ein Problem kann über verschiedene Lösungswege sinnvoll bearbeitet werden.

   b) Ein Problem ist innermathematisch gestellt und mathematisch substantiell.

2. *Charakterisierung eines mathematischen Problems in Hinblick des Einsatzes der Aufgabe in Bezug auf eine Bearbeitergruppe*

a) Ein Problem ist leicht verständlich.

b) Ein mathematisches Problem stellt für die Schülerinnen und Schüler die Aufforderung dar, eine Lösung zu finden, ohne dass ein passendes Lösungsverfahren auf der Hand liegt.

c) Schülerinnen und Schüler können durch das Arbeiten an dem Problem ihre mathematischen Kenntnisse und Fähigkeiten erweitern.

Hagland et al. (2005) haben im Rahmen einer Untersuchung zum Problemlösen ein Lehrerhandbuch herausgegeben, in dem eine ganze Reihe exemplarischer Problemlöseaufgaben zu finden ist, die diesem Verständnis vom Problemlösen entsprechen und aus denen eine Auswahl für die empirische Untersuchung in dieser Arbeit verwendet wird.

Der Schwierigkeitsgrad der Aufgaben in dieser Sammlung orientiert sich nicht am oberen Leistungsspektrum der Schülerinnen und Schüler. Es sind klassische Problemlöseaufgaben, die in reduzierter Art und Weise allen Schülerinnen und Schülern zugänglich gemacht wurden, so wie es u. a. von Winter gefordert wird (vgl. Kapitel 2.6.1).

3 Problemlöseprozesse als Erkenntnisprozesse

Problemlöseprozesse werden im Rahmen dieser Arbeit und der Perspektive „Mathematik treiben" insbesondere als Erkenntnisprozesse wahrgenommen. Dabei bleibt zunächst unklar, *was* erkannt beziehungsweise gelernt wird. Zur Auswahl stehen unter anderem: Das Problemlösen an sich, allgemeine oder spezifische Strategien oder sogar Faktenwissen oder Fertigkeiten. Das folgende Kapitel soll einen Überblick darüber verschaffen, welche Forschungsergebnisse zu Lernprozessen im Rahmen des Problemlösens aktuell vorliegen und welche Gründe dafür sprechen, Problemlöseprozesse unter epistemologischer Perspektive zu betrachten.

3.1 Lerntheoretische Betrachtungen

Lernen wird heute gemeinhin als aktiver, konstruktiver und kumulativer Prozess beschrieben, der wesentlich vom Lerner und seinen individuellen Voraussetzungen abhängt. Lernen funktioniert gut und ist „generatives, produktives, verständnisvolles Lernen", wenn konstruktiv, situiert, kontextuiert, intrinsisch motiviert, selbstorganisiert und selbstkontrolliert gelernt wird. Im Falle der passiv aufgenommenen und mechanisch verarbeiteten Information kommt es zu einem „trägen, wenig transferierbaren und nicht flexibel nutzbaren Wissen" (Weinert 1996a, S. 8; vgl. auch Weinert 2000, S.46). Im Gegensatz dazu steht das mittlerweile veraltete Bild vom Lernenden als Rezipienten, der im besten Fall noch als „individuell auswechselbare ‚Regel-Exekutions-Maschine' der universell gültigen Lerngesetze" angesehen wurde, den man aber im Rahmen von Instruktionstheorien auch gern ganz ausgeblendet hat (Weinert 1996a, S.7).

Die konstruktivistische Sichtweise wirft aus lerntheoretischer Perspektive die Frage auf, inwieweit Wissen selbst entdeckt werden kann. Einzusehen ist, dass in den Wissenschaften immer wieder und objektiv neue Erkenntnisse gewonnen werden.

Bruner (1981, S. 16) erweitert jedoch die Sicht auf das einzelne Subjekt, dem individuell neue Entdeckungen gelingen. Er schließt unter dem Begriff der Entdeckung „fast alle Formen des Wissenserwerb mit Hilfe des eigenen Verstandes ein".

Ihrem „Wesen nach" sei die Entdeckung „ein Fall des Neuordnens oder Transformierens des Gegebenen".

Wird davon ausgegangen, dass solch eine Form der Entdeckung möglich ist, stellt sich die Frage, ob und wie Schülerinnen und Schüler im Entdecken unterstützt werden können. Bruners Hypothese ist, dass das Subjekt sich um Entdeckung bemühen und Problemlösen üben muss und, dass es die heuristischen Methoden kennenlernen sollte.

> „Je mehr man [darin] geübt ist, umso eher wird man das Gelernte zu einem Problemlösungs- oder Fragestil verallgemeinern können, der sich auf jede oder fast jede angetroffene Aufgabenart anwenden läßt. [...] Ich habe noch nie gesehen, daß sich jemand durch eine andere Methode in der Kunst und Technik des Fragens verbessert, als sich am Fragen zu beteiligen" (Bruner 1981, S. 26).

Auch wenn die Grundposition des konstruktivistischen und entdeckenden Lernens derzeit wissenschaftlich akzeptiert ist, gibt es Einzelne, die mahnen, das entdeckende Lernen in seiner Bedeutung nicht überzubewerten. Ausubel et al. (1981) kritisieren beispielsweise die „kindzentrierte oder schülerzentrierte Auffassung [...], jeder Mensch sei selbst am besten in der Lage, den Prozeß des Lernens über die eigene Person und ihre Welt zu bestimmen und jede Einmischung in die Autonomie sei daher für die Lernergebnisse per definitionem schädlich" (Ausubel et al. 1981, S. 30). Sie verweisen darauf, dass die umgebende Kultur schon deshalb eine große Rolle bei Lernprozessen spielt, weil das „meiste von dem, was jemand wirklich weiß, [...] aus Einsichten [besteht], die von anderen entdeckt [...] worden sind" (Ausubel et al. 1981, S. 31).

Damit deuten Ausubel et al. einen Punkt an, der neben der konstruktiven Komponente des Lernens eine, wie heute weitgehend akzeptiert, wichtige Rolle spielt: Die soziale Komponente des Lernens.

Die sozialkonstruktivistische Lernauffassung geht davon aus, dass das eigene, selbst konstruierte Wissen im Kontext der sozialen Gruppe abgeglichen wird und werden muss, und dass Begrifflichkeiten durch soziale Aushandlung festgelegt werden. Aber auch darüber hinausgehende kulturelle Einflüsse wie beispielsweise die Muttersprachen der Schülerinnen und Schüler oder die Gestaltung von Lernumgebungen und Unterrichtsmethoden werden in der mathematikdidaktischen Unterrichtsforschung zunehmend für wichtig gehalten. In dieser Arbeit wird die sozialkonstruktivistische Grundposition übernommen.

Im Folgenden wird der Einfluss allgemeiner Lernstrategien und mathematikspezifischer Heurismen auf das Problemlösen beschrieben, so wie Bruner sie gefordert hat. Danach wird die Möglichkeit von Begriffsbildungen in Problemlöseprozessen thematisiert, um schließlich eine Analysemethode für problemlöseorientierte Lernprozesse vorzustellen.

3.2 Lernstrategien im Lernprozess

Schülerinnen und Schüler zu Lernprozessen anzuregen, kann möglicherweise über die Vermittlung sogenannter Lernstrategien erfolgen. Der Begriff der Lernstrategien wird in sehr unterschiedlicher Art und Weise gebraucht. Gemeinsam ist diesen Charakterisierungen nur die Beschreibung als „allgemeine Heran- oder Vorgehensweisen bezüglich der Bewältigung von Anforderungsklassen- oder allgemeiner: auf Entscheidungsstrukturen oder -regeln an Entscheidungspunkten im Handlungsverlauf" (Lompscher 1992, S. 19f.).

Nach Lompscher (1996) sind Lernstrategien „mehr oder weniger komplexe, unterschiedlich weit generalisierte bzw. generalisierbare, bewußt oder auch unbewußt eingesetzte Vorgehensweisen zur Realisierung von Lernzielen, zur Bewältigung von Lernanforderungen", und weiter:

> „Lernstrategien sind nicht identisch mit Lernhandlungen, sondern betreffen die individuelle Art und Weise der Handlungsaufforderung" (Lompscher 1996, S. 3).

Lompscher charakterisiert also den Einsatz einer Lernstrategie als selbstgestellte Aufgabe. Schülerinnen und Schüler nutzen Lernstrategien, wenn sie sich bewusst oder unbewusst verschiedene, zielgerichtete Aufgaben stellen.

Artelt (2000, S. 27f.) schließt sich dem eben genannten Gebrauch des Begriffes Lernstrategie an. Sie betont jedoch, dass im alltagssprachlichen Gebrauch Begriffe wie Heurismen, Taktiken, Operationen, Handlungen, Methoden, Lernaktivitäten genutzt werden, die aber im Wesentlichen dasselbe meinen, was sie als Lernstrategie bezeichnet.

Friedrich und Mandl (2006, S. 1) untergliedern Lernstrategien in „kognitive und metakognitive Strategien, [...] motivational-emotionale Stützstrategien, [...] kooperative Lernstrategien sowie [...] gezielte Nutzung von Lernressourcen wie z.B. Lernzeit und Medien".

Der Einsatz der Lernstrategien zeigt sich erst in der Handlung, auch wenn Lompscher (1996) die Lernstrategie selbst von der Handlung abgrenzt. Auf die dadurch entstehende Problematik der Untersuchungsmethoden geht er jedoch ein: Prinzipiell sei es am besten, die Handlungen „im Hinblick auf deren Ausführungsqualitäten, Strukturen und Ergebnisse" zu untersuchen (Lompscher 1996, S. 4).

Selbst unter dieser Bedingung braucht es geschickte Methoden, um die unter der Handlung verdeckten Lernstrategien aufzuspüren. Die Mehrheit der Untersuchungen zu Lernstrategien wird jedoch mit Fragebögen, theoriegeleiteten Interviews oder Befragungen durchgeführt, die nur das bewusste Strategiewissen umfassen können (vgl. Krapp 1993, S. 296ff.).

Artelt stellt jedoch die Vorteile dieser Untersuchungsmethode in Bezug auf ihre quantitative Erfassbarkeit klar.

> „Zwar kann nicht notwendigerweise davon ausgegangen werden, dass sich das Wissen über effektives Lernen in jeder geeigneten Situation in entsprechenden Handlungen niederschlägt. Das erfasste Lernstrategiewissen stellt jedoch ein Maß der strategischen Kompetenz beim [...] Lernen dar" (Artelt 2006, S. 343).

Aus der Reihe der Untersuchungsergebnisse zu Lernstrategien seien hier nur drei genannt. Baumert (1993) kommt in seinen Untersuchungen zu dem Schluss, dass die „Nutzung elaborierter kognitiver und metakognitiver Lernstrategien [...] nur im Zusammenhang motivationaler Dynamik zu verstehen" sei. „Zielpräferenzen oder allgemeiner die inhaltliche Gerichtetheit der Motivation beeinflussen maßgeblich Form und Qualität des Lernprozesses, jedenfalls soweit die Nutzung von Lernstrategien darüber Auskunft gibt" (Baumert 1993, S. 348). Lernstrategien werden also möglicherweise durch einen anderen, stärkeren Parameter dominiert.

Artelts Literaturanalyse ergibt, dass sich bis „zum Zeitpunkt des spontanen und effektiven Einsatzes von Strategien [...] unterschiedliche Phasen des Strategieerwerbs unterscheiden [lassen], die deutlich machen, dass der Erwerb von Strategien erst durch vielfältige Nutzung und Erfahrung erfolgt und Strategien erst danach spontan eingesetzt werden" (Artelt 2006, S. 345). Das Strategiewissen muss also zunächst übend in konkreten Handlungssituationen angewandt werden, bevor es in strategischen Handlungen sichtbar wird.

Weinert (1996a) hält inhaltsunabhängiges Training allgemeiner Strategien generell für ungünstiger gegenüber dem inhaltsvernetzten Erwerb.

> „Begreift man Lernen lernen als den Erwerb unterschiedlich allgemeiner Regeln, Strategien und Methoden des Lernens und Problemlösens, der in enger Verbindung mit dem Aufbau verschiedener inhaltsspezifischer Wissenssysteme stattfindet (‚bottom-up'), so ist dies nicht nur eine mögliche, sondern auch eine wirksame Strategie zur Verbesserung der verallgemeinerbaren Kompetenzen für die Lösung verschiedener Klassen von neuen Problemen (‚top-down')" (Weinert 1996a, S. 17).

Ein bildungspolitisches Argument für das Lehren der Lernstrategien in der Schule ist der Wandel der Wissenschaften und sich schnell erneuernde Technologien (vgl. Krapp 1993, S. 291). Ausubel et al. dementieren dies jedoch.

> „Obwohl sich spezifische Einzelheiten schnell verändern, haben die Grundprinzipien [der Naturwissenschaften] im allgemeinen doch eine imponierende Lebensdauer" (Ausubel et al. 1981, S. 37).

Unter der Bedingung der im Mathematikunterricht sehr knapp bemessenen Zeit, bleibt das inhaltsunabhängige Lehren von Lernstrategien also eine, aus meiner Sicht wissenschaftlich in ihrer nutzbringenden Wirkung nicht genügend belegte, Komponente.

3.3 Metakognition im Lernprozess

Die so genannte Metakognition spielt im Rahmen der Lernstrategien eine große Rolle, da sie die Möglichkeit schafft, die Kognition bewusst zu beeinflussen. Weinert versteht unter Metakognitionen „im allgemeinen jene Kenntnisse, Fertigkeiten und Einstellungen, die vorhanden, notwendig oder hilfreich sind, um beim Lernen oder Denken (implizite wie explizite) Strategieentscheidungen zu treffen und deren handlungsmäßige Realisierung zu initiieren, zu organisieren und zu kontrollieren. Es handelt sich bei dem, was man als ‚Metagedächtnis' bezeichnet, selbstverständlich nicht um eine einheitliche Fähigkeit, sondern um ein Bündel oder – günstigenfalls – um ein hierarchisches System unterschiedlichster Kompetenzen" (Weinert 1994, S. 193). Die Metakognition kontrolliert hiernach also Einsatz und Ausführung von Lernstrategien.

Auch Lompscher (1992) betont die Bedeutung der metakognitiven Fähigkeiten.

> „Was die metakognitiven Komponenten oder Strategien anbetrifft, so sind sie natürlich nicht nur im Kontext des Lernens durch Problemlösen bedeutsam, sondern für die Lerntätigkeiten in ihrer ganzen Breite und Vielfalt" (Lompscher 1992).

Vielerorts wird Metakognition in zwei Komponenten untergliedert: Erstens das Wissen über Metakognition, das sogenannte *Metawissen*, und zweitens die metakognitive Handlung im Arbeitsprozess (vgl. Flavell 1976; Sjuts 2003). Neben dem Metawissen sind auch Meta-Strategien als eigene Kategorie denkbar (Chi 1984). Ebenfalls wird untersucht, ob es eine motivationale Metakognition gibt bzw. ob ein Zusammenhang zwischen Motivation und Metakognition besteht (Mayer 1998; Hasselhorn 2001; Sjuts 2003).

Weinert (1994) misst dem Meta*wissen* eine mäßige Wichtigkeit zu.

> „Die empirisch gefundenen Zusammenhänge zwischen dem metako-
> gnitiven Fertigkeitsniveau im allgemeinen und / oder besonders bei
> umschriebenen Inhaltsdomänen sind durchwegs enger und theoretisch
> besser interpretierbar als das beim deklarativen Metawissen der Fall
> ist" (Weinert 1994, S. 195).

Insbesondere zeigt sich Weinert (1996a) skeptisch ob des Stellenwerts allgemeiner metakognitiver Strategien.

> „Die mit dieser Variante der formalen Bildung verbundenen, zum Teil
> völlig illusionären Hoffnungen werden [...] durch die empirisch gut
> belegte Faustregel über das Verhältnis zwischen inhaltsspezifischem
> Wissen und formalen kognitiven Strategien deutlich beschränkt: Je
> allgemeiner eine Strategie, Methode oder Regel ist, d. h. in je mehr
> unterschiedlichen Situationen sie angewendet werden kann, desto ge-
> ringer ist ihr Wert bei der Lösung eines anspruchsvollen inhaltlichen
> Problems" (Weinert 1996a, S. 16f.).

Stacey (1992, S. 262) kommt in einer Studie zu dem Ergebnis, dass Schülerinnen und Schüler in Gruppenarbeiten zum Problemlösen nicht besser abschneiden als im individuellen schriftlichen Test. Dies veranlasst Stacey zu einer weiteren Untersuchung, die die möglichen Gründe hierfür erklären soll. Die Ergebnisse zeigen, dass sich die Schülerinnen und Schüler während der Gruppenarbeitsphasen viel zu häufig für ungünstige Lösungswege entschieden (vgl. Stacey 1995, S. 272). Stacey schließt, dass Metakognitionen in Gruppenprozessen eine untergeordnete Rolle spielen.

Goos et al. (2002) präsentieren eine Untersuchung, in der die Zusammenhänge zwischen erfolgreichem bzw. weniger erfolgreichem Problemlösen in Kleingruppen und der Zone der nächsten Entwicklung bzw. dem Einsatz metakognitiver Elemente in der Interaktion untersucht werden. Sie beziehen sich auf Stacey (1995) und erweitern deren Ergebnisse.

> „The results presented here extend and qualify these findings by high-
> lighting the significance of transactive discussion in contributing to
> productive metacognitive decisions, by making students' thinking
> public and open to critical scrutiny" (Goos et al. 2002, S. 219).

Die Rolle der Metakognition in Gruppenarbeitsprozessen kann also dann erhöht werden, wenn die Schülerinnen und Schüler in die Lage versetzt werden, ihre metakognitiven Gedanken sprachlich mitzuteilen. Ein Beispiel kann dieses Forschungsergebnis plausibel machen: Wenn Schülerinnen und Schüler in der Gruppenkommunikation in der Lage sind, nicht nur die Ergebnisse der anderen mit den eigenen zu vergleichen, sondern auch über deren Lösungswege nachzudenken, Fehler zu finden und diese zu artikulieren, dann können darüber die Ergebnisse präziser bewertet und ausgewählt werden, als wenn die Gruppe sich in der Lösungsauswahl einfach nach einem sozial besonders angesehenen Mitglied richtet.

Allgemeine Lernstrategien können aus lerntheoretischer Perspektive als Faktor im Lernprozess isoliert werden. Die Rolle dieses Faktors ist jedoch noch unklar. Problematisch ist die Inhaltsunabhängigkeit, aber auch der soziale Einfluss auf Entscheidungen, der im Unterrichtsalltag eine wichtige Rolle einnimmt.

Unter den speziellen Lernstrategien sollen in dieser Arbeit, im folgenden Kapitel, mathematische Heurismen ausgewählt und näher betrachtet werden. Sie sind inhaltsspezifischer als allgemeine Strategien, aber aus mathematischer Perspektive noch allgemein genug, um auf verschiedene mathematische Inhaltsbereiche anwendbar zu sein.

3.4 Heurismen in Problemlöseprozessen

Heurismen werden im Allgemeinen mit mathematischen Problemlösestrategien identifiziert. Als Heurismen werden z. B. folgende Strategien bezeichnet: Problemfindungsstrategien (z. B. Aufgabenvariation), Verstehensstrategien (z. B. systematisches Aufzählen), Lösungsstrategien (z. B. Vorwärts- und Rückwärtsarbeiten, Zerlegen, Analogisieren) und Kontroll- und Reflexionsstrategien (z. B. Probe) (vgl. Leuders 2003; Bruder 2002).

Lesh und Zawojewski (2007) unterscheiden in Problemlösestrategien (Mustersuche, Rückschau, Vereinfachen, Notieren, Tabellen erstellen u. a.) und metakognitive Strategien (Was tust du? Warum tust du es? Hilft es? Welche Strategie könntest du nutzen?).

Mason et al. (2006) differenzieren nach Handlungen und Prozessen, wie in Abb. 3.1 dargestellt. Als Handlungen nennen sie Spezialisieren und Verallgemeinern, zu den Prozessen zählen Vermuten und Beweisen.

Die Art der Darstellung soll dazu dienen, dass Lernenden ein Modell für ihren Problemlöseprozess zur Verfügung steht.

Die Beispiele zeigen, dass Anstrengungen unternommen werden könnten, (heuristische) Strategien auf verschiedenen Ebenen zu verorten. Mir ist jedoch kein wissenschaftlich begründetes und allgemein akzeptiertes Modell bekannt, das für sich beansprucht die Klasse der Heurismen vollständig darzustellen.

Die Modellierung von Problemlöseprozessen in den Köpfen der Schülerinnen und Schüler orientiert sich, in dieser Perspektive, an Polyas Problemlöseplan. Die

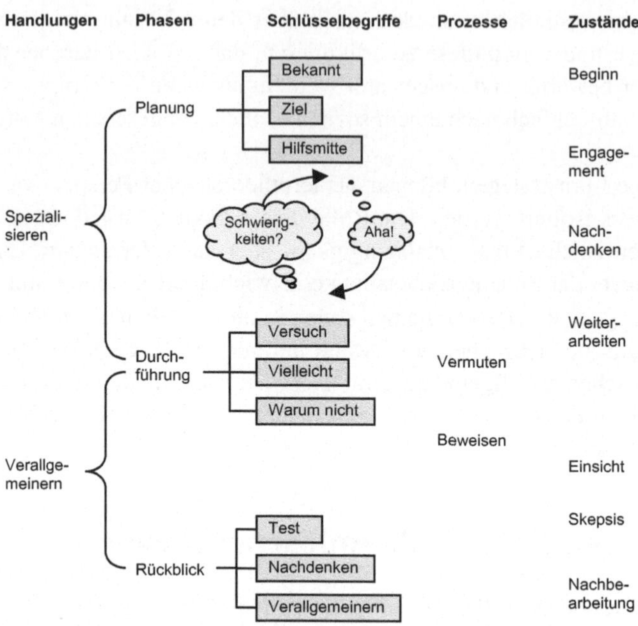

Abbildung 3.1   Handlungen, Phasen, Schlüsselbegriffe, Prozesse und Zustände des Problemlösens nach Mason et al. (2006)

verschiedenen Schritte des Problemlöseplans werden den Äußerungen im Problemlöseprozess interpretativ zugeordnet. Auf diese Weise kann beispielsweise der Problemlöseplan verfeinert werden, oder es können Konzepte wie Kognition und Metakognition integriert werden (vgl. Yimer und Ellerton 2006).

Da in dieser Arbeit die Frage im Mittelpunkt steht, wie über geeignete Lehrerinterventionen Barrieren im Problemlöseprozess überwunden werden können, wird im Folgenden diskutiert, inwiefern Heurismen über Verbaldaten identifizierbar sind, ob und welche Forschungsergebnisse dafür sprechen, dass der Einsatz von Heurismen bei der Überwindung von Barrieren im Problemlöseprozess hilfreich ist und ob und wie Heurismen gelehrt und gelernt werden können.

In ihrer Analyse von Arbeitsprozessen, die durch Modellierungsaufgaben initialisiert wurden, identifizieren Galbraith und Stillman (2006) gerade mathematikspezifische Strategieentscheidungen als die wichtigsten Blockaden im Modellierungsprozess.

„Our research indicates there is potential for blockages to occur when
any of these component activities have to be undertaken" (Galbraith
und Stillman 2006, S. 146).

Die genannten kritischen Modellierungsabschnitte beziehen sich auf die Übergän-
ge im Mathematisierungsprozess und beinhalten z. B. „Verstehen der Aufgabenstellung", „Vereinfachung der Annahmen", „Auswählen der geeigneten Darstellung (Computer, Tabellen), um Rechnungen zu ermöglichen", „Algebraisches Modell durch Rechnereinsatz überprüfen", „Mathematische Ergebnisse mit der Realsituation in Zusammenhang bringen" oder „Vereinbarkeit von Zwischenergebnis-
sen mit der Realsituation überprüfen" (vgl. Galbraith und Stillman 2006, S. 147).

Es stellt sich die Frage, wie solche Blockaden überwunden werden können. Bruner (1973) propagiert das Bewusstmachen von Heurismen, ohne es allzu sehr in
den Vordergrund zu rücken:

„Der Schüler, der sich der heuristischen Regeln, die er anwendet, um
seine Intutitionssprünge zu machen, beklemmend bewusst wird, wird
diesen Prozess vielleicht auf einen analytischen Vorgang reduzieren.
Andererseits kann man sich kaum vorstellen, dass allgemeine heuristische Regeln – die Anwendung von Analogien, der Bezug auf Symmetrie, die Prüfung von ausschließenden Bedingungen, die Visualisa-
tion [sic!] der Lösung – nach mehrmaliger Anwendung etwas anderes
darstellen als eine Hilfe für intuitives Denken" (Bruner 1973, S. 72).

Schoenfeld (1992) kritisiert allerdings, dass die bei Polya aufgelisteten mathematischen Strategien durch ihren rein deskriptiven Charakter nicht das Potential
zum Lehren beinhalten (Schoenfeld 1992, S. 353).

Bruder et al. (1992) konnten einige Erfolge im Schülertraining mit heuristischen
Strategien vorweisen (vgl. Kapitel 2.6.4), wobei diese inhaltsnah unterrichtet wurden. Bruder stützt sich dabei auf die These, dass es unter anderem möglich und
sinnvoll ist, Teilhandlungen des Problemlösens auszubilden (Bruder 1992, S. 9),
worunter grob die vier Planungsschritte nach Polya zu verstehen sind. Es darf aber
nicht übersehen werden, dass Bruder das Strategietraining stets nur als Teilaspekt
der Problemlöseausbildung von Schülerinnen und Schülern betrachtet.

Ein von Bruder immer wieder gefordertes Lernziel für die Schülerinnen und
Schüler ist die Entwicklung von „Anstrengungsbereitschaft und Reflexionsfähig-
keit für ihr eigenes Handeln" (Bruder 2002, S. 4).

Wittmann (1973) stellt klar, dass allein durch den Unterricht in Heuristik noch
nichts erreicht ist, und relativiert von vornherein dessen Bedeutung, ohne die Idee
des Heurismenlernens ganz abzulehnen.

„Behauptet wird vielmehr, daß die Problemlösefähigkeit eines Individuums bei einem festen Repertoire inhaltlicher Schemata durch heuristische Strategien gesteigert wird" (Wittmann 1973, S. 59).

Schoenfeld (1988) betont, dass alle bis dahin erfolgten Schulungen über heuristische Strategien nicht die erhofften Ergebnisse hervorgebracht haben (Schoenfeld
1988, S. 71ff.). In seiner eigenen Untersuchung zeigt er, dass das (Vor-) Wissen
und der Einsatz von heuristischen Strategien eng voneinander abhängen (Schoenfeld 1988, S. 91f.).

3.5 Begriffsentwicklung in Problemlöseprozessen

Die Vorstellung, dass im Rahmen des Problemlöseprozesses neben dem Einsatz
von Heurismen die Begriffsbildung zur Beschreibung eine Rolle einnehmen sollte,
ist in der Mathematikdidaktik relativ neu. Schoenfeld (1988) zählt das Wissen der
Problemlöserin bzw. des Problemlösers zwar für wichtig zur Beschreibung des
Problemlöseprozesses, allerdings betont er, dass es sich um Ressourcen handelt,
also um ein zur Verfügung stehendes Material (Schoenfeld 1988, S. 46ff.). Im
Folgenden werde ich jedoch die Perspektive einnehmen, dass auch während des
Problemlöseprozesses neues Wissen entwickelt werden kann.

Lesh und Harel (2003) untersuchen Lösungsprozesse von reichhaltigen, reali-
tätsnahen Modellierungsaufgaben und beschreiben den Zusammenhang zwischen
Problemlösen und Begriffsbildung.

„In fact, relevant solution processes usually involve much more than
simply getting from givens to goals when the path is blocked. That is,
problem solvers produce conceptual tools that include explicit mathematical models for constructing, describing, or explaining mathematically significant systems" (Lesh und Harel 2003, S. 158f.).

In der genannten Studie betonen Lesh und Harel, dass es den Schülerinnen und
Schülern gelang, neues mathematisches Wissen zu konstruieren (vgl. Lesh und
Harel 2003, S. 175).

Auch Hußmann (2002) zeigt, dass den untersuchten Schülerinnen und Schülern
der Sekundarstufe II Begriffsbildung bei der Bearbeitung komplexer, realer und
authentischer mathematischer Problemstellungen gelingt. Die Problemstellungen
in dieser Studie wurden speziell konstruiert, so dass mathematische Kernideen Berücksichtigung fanden, von denen theoretisch vermutet werden konnte, dass die
Schülerinnen und Schüler sie im Arbeitsprozess benötigen, um die Aufgabe zu

lösen. Auf diese Art und Weise sind die Schülerinnen und Schüler auf die Entwicklung von Kernideen bzw. Begriffen angewiesen (vgl. Hußmann 2002a).[1]

Die Neuentstehung von Wissen im allgemeinen Problemlöseprozess stützt die Ausführung von Seiler (1994).

> „Verstehens- oder Erklärungsprobleme sind also nie ein für alle Mal bewältigt und gelöst. Jede Lösung bringt neue Probleme und lässt sich auf einer anderen Ebene vertiefen. Es ist daher auch eine unangemessene Verkürzung der Fragestellung, wenn viele Ansätze in der Problemlösungsforschung von einer bloss aktuellen Umschichtung bestehenden Wissens ausgehen und die wichtigeren Aspekte der Erweiterung und Vertiefung des Wissens, die in jedem Problemlösungsprozess, der diesen Namen verdient, vor sich gehen, zu wenig beachten." (Seiler 1994, S. 71).

Hier wird Kritik am Entdeckungsbegriff Bruners deutlich und eine wesentlich stärkere Auffassung der Möglichkeiten des Entdeckens propagiert. Seiler (1994) präzisiert, dass Verstehen nur dann möglich sei, wenn das Individuum schon über geeignete Begriffe verfüge. Verstehen gehe aber zusätzlich über das Verstandene hinaus.

> „Wenn man daher die elaborierten Konzeptualisierungen von der Basis der bisherigen Leistungen des Subjekts aus beurteilt, erscheinen sie stets kreativ, unvorhergesehen, ja überraschend. [...] Sie gehen meist auch nur einen kleinen Schritt über frühere Einsichten hinaus, indem sie diese differenzieren, in neue Beziehungen zueinander setzen, sie koordinieren und integrieren" (Seiler 1994, S. 73f.).

Wenn man wie Lompscher (2001) davon ausginge, dass die Lehrstrategie des „Entdeckenlassenden Lernens" darin bestünde, „den Lerngegenstand so in Probleme einzubetten, dass das aufzudeckende Unbekannte eben das ist, was angeeignet werden soll" (Lompscher 2001, S. 397), dann ergäbe sich bei der Untersuchung des Begriffserwerbs die Gefahr, dass die Begriffe, die intendiert wurden, die interpretative Arbeit beeinflussen.

In der vorliegenden Arbeit orientiere ich mich jedoch an durch Polya geprägte Problemstellungen. In dieser Perspektive ist der (einzelne) Begriff nicht das Zentrale, was (wieder-) entdeckt werden soll, sondern es steht ein an Heurismen orientierter Arbeitsprozess im Vordergrund. Inwiefern die Begriffsbildung innerhalb

---

[1] Solche, auf spezielle Wissenskonstruktion zugeschnittenen Problemstellungen stellen in der Problemlöseforschung jedoch eine Ausnahme dar.

dieser Prozesse mit ihrer Dynamik bzw. der Nutzung von Heurismen in Zusammenhang steht, ist ungeklärt.

Auch die Begriffsbildungsmöglichkeiten an klassischen Problemlösestellungen wurden noch nicht hinreichend untersucht. Im Rahmen dieser Untersuchung wird die These vertreten, dass Parallelen zwischen den Konzepten der Begriffsbildung und dem Problemlösen bestehen (vgl. Lesh und Zawojewski 2007). Die Barrieren, die es im Problemlöseprozess zu überwinden gilt, sind hiernach die zu bildenden Begriffe, die für die Weiterführung der Aufgabe benötigt werden. Mathematische Begriffe müssen hierbei allerdings als Konzepte verstanden werden, was später erläutert werden wird (vgl. Kapitel 5.1).

3.6 Lernen und Interaktion

Weinert (1996a) bemängelt in Bezug auf ihm vorliegende Studien, dass bei diesen weitgehend ignoriert wird, dass das Lernen unter alltäglichen Bedingungen als soziales Handeln stattfindet.

> „Zwar ist es der einzelne, der den größten Teil der von ihm benötigten Kenntnisse und Fertigkeiten erwerben muß, doch handelt es sich dabei durchwegs um sozial gemeinsames (nicht selten sogar um ein in Gruppen aufgeteiltes) Wissen, das häufig zusammen mit anderen erworben und genutzt wird" (Weinert 1996a, S. 17).

Miller (1986) gelingt mit seiner Theorie „kollektiver Lernprozesse" der Bruch mit „auf das einzelne Individuum zentrierten (behavioristischen, reifungstheoretischen und kognitivistischen) Lern- und Entwicklungstheorien". Miller behauptet, dass „der Einzelne [...] nur dann etwas grundlegend Neues erlernen [kann], wenn seine Lernprozesse eine integrative Komponente eines sozialen Interaktionsprozesses darstellen" (Miller 1986, S. 5).

Es ist also nach Miller so, dass sich fundamentales Lernen des Einzelnen nicht nur im Interaktionsprozess beobachten lässt, sondern darüber hinaus *nur* über die Teilnahme am sozialen Interaktionsprozess grundlegend *Neues* gelernt werden kann.

Diese sozialen Interaktionsprozesse bezeichnet Miller als „kollektive Lernprozesse".

> „Kollektive Lernprozesse lassen sich als eine bestimmte Form des an Verständigung orientierten sozialen Handelns bzw. des kommunikativen Handelns verstehen: kollektive Lernprozesse vollziehen sich im

wesentlichen in Form von kollektiven Argumentationen. Nur wenn
soziale Akteure interindividuelle Widersprüche gemeinsam zu identifizieren und aufzulösen versuchen, wenn sie, mit anderen Worten,
Handlungsprobleme argumentativ zu lösen versuchen, können individuelle Prozesse des fundmentalen Lernens in Gang gesetzt werden. Es
sind die Strukturen und Prozesse des kollektiven Argumentierens, die
den zentralen Mechanismus konstituieren, der fundamentalem Lernen
zugrundeliegt" (Miller 1986, S. 10).

Die Sprache bzw. das verbale Handeln im Sinne kollektiver Argumentationen
nimmt hierbei eine Doppelrolle ein. „Einerseits ist die Fähigkeit, an kollektiven
Argumentationen teilzunehmen ein Gegenstand möglicher Lernprozesse" (argu-
mentatives Lernen) und „andererseits konstituiert die Praxis kollektiver Argumentationen einen grundlegenden Mechanismus für die Entwicklung rationaler
Urteilsfähigkeiten im einzelnen Individuum" (Lernen zu argumentieren) (Miller
1986, S. 15).
Fundamentale Lernschritte des einzelnen Individuums sind laut Miller nur in
sozialen Interaktionsprozessen möglich, da nur über die Kommunikation das sub-
jektiv neue Wissen, welches vorher nicht mit dem alten Wissen verbunden werden
konnte, überbrückt werden kann (vgl. Miller 1986, S. 19ff.).
Neben dem Lernen im Dialog gibt es laut Miller nach wie vor das „monologische" Lernen, welches sich in völliger Isolation vollziehen kann. Tabelle 3.1 zeigt,
wie sich die Kategorien monologischen und dialogischen Lernens bzw. die Aneignung von Basistheorien und die Aneignung von anwendungsbezogenem Wissen
auf unterschiedliche Lernformen beziehen (vgl. Miller 1986, S. 140) .

Tabelle 3.1 Drei unterschiedliche Formen des Lernens nach Miller (1986)

	monologisch	*dialogisch*
Aneignung von Basistheori-en	autonomes Lernen	fundamentales Ler-nen
Aneignung von anwendungsbezogenem Wissen	relatives Lernen	——

Auch autonomes Lernen, als monologische Lernform, ist laut Miller möglich.
So kann ein Individuum sich zum Beispiel propositionales Wissen aneignen. Das
heißt, es kann für sich selbst erkennen, dass dieses oder jenes der Fall ist. Es gibt

allerdings Dinge, die nur erlernt werden können, wenn mindestens ein weiteres Individuum beteiligt wird, so zum Beispiel soziale Normen. Unter die dialogische Form des Lernens fällt also das „propositionale Wissen der sozialen Tatsachen" (Miller 1986, S. 139).

> „*Fundamentales* und *autonomes* Lernen erfordern, daß in Problemlösungssitutationen gegebenenfalls grundlegende theoretische Prämissen eines Wissenssystem hinterfragt werden. Beide Formen des Lernens können zur Veränderung der gesamten Methodologie führen, die bisherigem Problemlösungsverhalten zugrundeliegt. [...]
>
> *Relatives Lernen* impliziert dagegen lediglich, daß relativ zu einem in der Entwicklung jeweils erreichten Wissenssystem im Hinblick auf eine potentiell infinite Anzahl von einzelnen Problemfällen erfolgreiches Problemlösungsverhalten praktiziert werden kann" (Miller 1986, S. 141).

Die monologischen Lernformen können laut Miller auch in Gruppen stattfinden, allerdings stellen sie dann nur eine Ansammlung individueller Lernprozesse dar. Das autonome Lernen kann insbesondere im wissenschaftlichen Problemlöseverhalten beobachtet werden. Diese Form des selbstständigen Lernens wird aber längst nicht von allen Individuen erreicht. Daraus entwickelt Miller die These, dass das fundamentale Lernen der Vorläufer des autonomen Lernens sein muss.

> „‚Fundamentales Lernen' ist ein sozialer Vorläufer des ‚autonomen Lernens'; ‚autonomes Lernen' ist eine systematisierte, individualisierte und reflexive Version des ‚fundamentalen Lernens'. Es ist das fundamentale Lernen, das von Beginn an den Entwicklungs- und Bildungsprozeß des Individuums vorantreibt und zur Voraussetzung hat, daß das lernende Individuum an bestimmten kollektiven und kooperativen Aktivitäten teilnimmt: an kollektiven Argumentationen" (Miller 1986, S. 142).

Hußmann (2002) untersucht unter anderem, ob Begriffsbildungen stärker sozial oder individuell bedingt sind. Seine Analyseergebnisse zeigen, dass „offensichtlich beide Dimensionen in das Lernen einfließen, jedoch mit einer deutlichen Dominanz auf Seiten der sozialen Dimension" (Hußmann 2002a, S. 177). Dies bestärkt die Ausführungen von Miller (1986).

3.7 Epistemologische Analyse von Lernprozessen

Die zuvor dargestellte Perspektive ist, dass Lernen in Lernprozessen durchweg über die Interaktion beobachtbar ist und darüber hinaus auch über die Interaktion beobachtet werden kann.

Steinbrings Theorie der epistemologischen Analyse von Unterrichtsgesprächen, die eine Variante des semiotischen Dreiecks (Zeichen, Bezeichnende, Bezeichnete) auf die mathematische Sprache überträgt, bezieht sich hierauf (vgl. Steinbring 1994).

Das von Steinbring entwickelte Dreieck (vgl. Abb. 3.2) aus mathematischem *Zeichen* (Symbol), *Referenzkontext* (Gegenstand) und Begriff, schafft die Grundlage für nicht nur sprachliche sondern auch damit verbundener inhaltlicher Interpretation des Geschehens.

Das Zeichen ist dabei z. B. Sprache, auch mathematische Sprache im Sinne von Formeln, aber grundsätzlich wahrnehmbar. Zeichen beziehen sich immer auf einen konkreten Gegenstand, den Referenzkontext.

Dieser kann etwa ein Tafelbild oder aber eine vorhergegangene, wahrnehmbare Situation sein.

Im Wechselspiel zwischen Zeichen (Sprache) und Referenzkontext (Gegenstand) entsteht im Dialog eine Bedeutung für den umschriebenen, abstrakten, mathematischen Begriff.

Über dieses Interpretationsmodell für mathematische Gespräche erklärt Steinbring einige Schwierigkeiten, die in der Kommunikation über mathematische Begriffe auftauchen und gibt Hinweise darauf, wie Bedingungen für diese Interaktion aussehen sollten (vgl. Sierpinska und Lerman 1996, S. 841).

Zunächst einmal ist aber das epistemologische Dreieck geeignet, um über die Interaktion mathematisches Wissen in seinen Strukturen sichtbar zu machen (vgl. Steinbring 2006, S. 144).

Das mathematische Wissen umfasst mathematische Begriffe, die nach Steinbring nicht als reale Objekte anzusehen sind und in ihrer beziehungsreichen Struktur begriffen werden müssen. Diese beziehungsreiche Struktur wiederum, die sich für Mathematikerinnen und Mathematiker hinter „einfachen" Namen wie „Variable" verbirgt, muss von den Schülerinnen und Schülern erst einmal unter der Äußerung einer Lehrperson erkannt werden. Dabei greifen Schülerinnen und Schüler auf ihnen bekannte Referenzkontexte zurück, die diese Äußerungen oder Symbole erklären könnten (vgl. Steinbring 2006, S. 142). Ein Referenzkontext kann auch eine vorhergehende Äußerung sein, die ihrerzeit für die oder den Lernenden noch ein „Symbol" war.

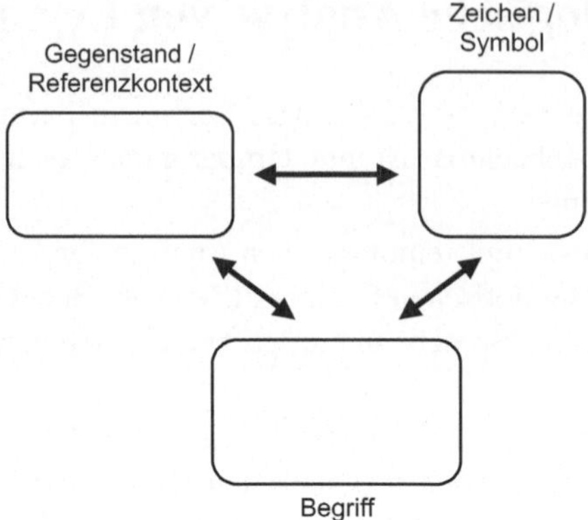

Abbildung 3.2   Epistemologisches Dreieck nach Steinbring

Es ist also nicht a priori festgelegt, welche Elemente der Begriffsstrukturen zum „Symbol" und welche zum „Referenzkontext" gehören. Dies wird erst a posteriori in der Interpretation der Kommunikation deutlich. Außerdem haben weder Symbol noch Referenzkontext für sich eine mathematische Bedeutung, sie können in ihrer Struktur bestenfalls eine Bedeutung *kodieren*. „Die oder der Lernende schließlich ist es, die in ihrer Auseinandersetzung mit dem Symbol dem Symbol eine Bedeutung zuweisen kann und die Beziehungen zwischen Referenzkontext, Symbol und Begriff in Einklang bringt" (vgl. Steinbring 1991, S. 85).

Das epistemologische Dreieck ändert sich also während der Kommunikation von Moment zu Moment.

> „Only the multilayered interplay between social conditions, individual aspects and the complex structure of the mathematical knowledge in question together will constitute for one specific situation an explicit application and how an interpretation of the epistemological triangle will look like" (Steinbring 1991, S. 85).

Steinbring (1999) knüpft an Miller (1986) an, wenn er über „neu konstruiertes" Wissen schreibt:

> „Mathematische Zeichen und Referenzkontexte geben nicht direkt das neu konstruierte Wissen wieder, sondern sie werden als ikonische Träger des Wissens im Sinne von Hinweisen auf andere strukturelle Beziehungen des Begriffs benutzt" (Steinbring 1999, S. 518, vgl. auch Steinbring 2006, S. 133f.).

Aus Perspektive der Schülerinnen und Schüler sieht Steinbring (1999) das „besondere Deutungsproblem, sich bei mathematischen Zeichen und zugehörigen Referenzkontexten immer von der Konkretheit der Situation zum Teil zu distanzieren und darin etwas ‚anderes‘, eine andere Struktur zu sehen, zu deuten oder zu erkennen" (Steinbring 1999). Gelingt ihnen diese Neudeutung, dann konstruieren sie in diesem Moment neues Wissen.

3.8 Zusammenfassung

Ein Rückblick auf das Ende von Kapitel 2 begründet die Auseinandersetzungen im letzten Kapitel. Hagland et al. (2005) haben mit „Rika matematiska problem" eine durchdachte und erprobte Aufgabensammlung zum Problemlösen in der Sekundarstufe I vorgelegt (vgl. Hagland et al. 2005). In der empirischen Untersuchung der Frage, was Schülerinnen und Schüler nun im Unterricht dieser Probleme lernen könnten, ergeben sich jedoch Lücken. Hedren et al. (2003) ziehen sich auf die Behauptung zurück, es sei „impossible to tell exactly when and how learning actually occurs" (Hedren et al. 2003, S. 4) und geben als Analyseergebnis ihrer Unterrichtsbeobachtungen eine umfangreiche Liste aller möglichen Situationen, sortiert nach Arbeitsphasen, ab, in denen „möglicherweise gelernt wird" (Hedren et al. 2003, S. 6). Hieraus werden wieder recht allgemeine Forderungen für Lernziele beim Problemlösen abgeleitet, die unter den vorgenannten Bedingungen sehr kritisch gesehen werden müssen.

In Kapitel 3 wurde dargestellt, dass die Erforschung von Lern- oder Erkenntnisprozessen beim Problemlösen auf dem Schwerpunkt der Beobachtung von eingesetzten Heurismen oder auf dem Schwerpunkt der selbstständigen Entwicklung von mathematischen Begriffen liegen kann. Während sich der Einsatz von Heurismen im Problemlösungs*prozess* forschungsmethodisch nur sehr schwer greifen lässt, bieten die Theorien zur Begriffsentwicklung in Interaktionsprozessen Vorteile über die direkte Beobachtbarkeit. Somit kann Lernen im Prozess durchaus beobachtet werden.

Ein mathematischer Lernprozess kann aus der Sicht der Begriffsbildungsprozesse als gelungen bezeichnet werden, wenn sich eine intrasubjektive Konstruktion und intersubjektive Aushandlung von mathematischen Begriffen vollzieht. Dies gilt auch für den Problemlöseprozess, da hier mögliche Barrieren mit der Begriffsbildungsnotwendigkeit übereinstimmen. Somit wird in dieser Arbeit die Analyse der Problemlöseprozesse auf der Basis der Begriffsentwicklungen bei den Schülerinnen und Schülern stattfinden. Im Unterschied zu Hußmann (2002) werden in dieser Arbeit die Lern- und Begriffsbildungsprozesse von Schülerinnen und Schülern bei der Bearbeitung klassischer mathematischer Probleme untersucht, in die keine spezifischen Begriffe oder Kernideen hineinkonstruiert wurden.

Nach Steinbring zeigen sich diese Begriffe in den Konstruktionsprozessen nicht durch einzelne Worte wie z.B. „Variable", sondern die Schülerinnen und Schüler nutzen Ausdrücke wie „Das muss irgendwie allgemein sein..." oder „Was bedeutet der Buchstabe?", und beziehen sich dabei auf einen Referenzkontext. Die Beobachterin bzw. der Beobachter des Interaktionsprozesses muss interpretieren, welche Bedeutung das Zeichen der Schülerin oder des Schülers vor dem Hintergrund des Referenzkontextes hat und inwiefern es sich dabei um neu konstruiertes Wissen handelt. Aufzuspüren, an welchen Stellen in der Kommunikation tatsächlich gelernt wird bzw. neue Begriffe gebildet werden, geschieht somit über die Methode systematischer, theoriegeleiteter Interpretation (vgl. Kap. 8.2).

4 Interaktion und Lehrerintervention im Mathematikunterricht

Während die Beobachtung der Problemlöseprozesse zum Ziel hat, deren Qualität zu erfassen, soll eine Theorie der Interventionen spezifische lehrerseitige Interventionen charakterisieren. Solch eine Charakterisierung kann unter bestimmten Umständen Lehrerinnen und Lehrern als Werkzeug dienen, um Problemlöseprozesse adäquat begleiten zu können. Ein solches Werkzeug darf nicht zu allgemein beschrieben, sondern muss situationsspezifisch auf Problemlöseprozesse zugeschnitten sein. Das andere Extrem, ein programmatischer Gesprächsalgorithmus, würde wiederum die natürliche Kommunikationsstruktur zerstören. In den folgenden Kapiteln wird mit der Aufarbeitung zur vorliegenden Literatur zu Interventionen und eigenen Stellungnahmen die forschungstheoretische Grundlage zur zweiten Vertiefungsrichtung der Arbeit gelegt.

4.1 Sokratischer Dialog als Ursprung des mathematischen Lehr-Lern-Gespräches

Die Sokratischen Dialoge sind keine Eins-zu-Eins-Gespräche im Sinne der vorangegangenen Kapitel, auch wenn sich hier eine Lehrperson mit einem Schüler unterhält. Es handelt sich auch nicht um einen Lehr-Lern-Prozess aus heutiger mathematikdidaktischer Sicht. Vielmehr sind die Sokratischen Dialoge Beispiele für eine philosophische Methode der Schlussfolgerung. Sie bilden allerdings die Grundlage für die „fragend-entwickelnde" Unterrichtsmethode, also sollen sie hier kurz vorgestellt werden.

Winter (1989) betont, dass in den „Sokratischen Dialogen des Plato Prototypen mathematischer Beweissprechakte" zu sehen seien. Er gründet dies darauf, dass die Schlüsselrolle, die Plato dem dialogischen Lernen zuspricht, das Bewusstwerden des wahren[1] Wissens sei (Winter 1989, S. 10ff.).

---

[1] Wahres Wissen ist geradezu dadurch als das Wissen charakterisiert, das die Gesprächspartner in gemeinsamen Bemühungen am Ende als deduktiv geordnet, als einsichtig und in sich folgerichtig ansehen.

Er führt aus, dass der Dialog zunächst kurztaktig erscheine, stellt dann aber fest, dass die „Oberflächenstruktur des Frage-Antwort-Spiels" eine „Tiefenstruktur" überdecken würde, die den Schüler mit einbezöge und schließt am Ende mit der Begründung, dass das „Bewusstwerden" des wahren Wissens im Dialog zentral sei (Winter 1989, S. 10ff.). Diese Tiefenstruktur ist allerdings im dargestellten Dialog nicht zu erkennen und damit nur vermutbar. Die Schülerantworten sind sehr kurz („Ja", „Nein", „Zwei") und lassen kaum eine Interpretation im Sinne des „Aussprechen wahren Wissens" zu. Die sokratische Idee, das wahre Wissen sei solches, das im Dialog reproduziert wird, kann allein noch nicht ausreichen, um den Menon-Dialog als Vorbild des entdeckenden Lernens zu charakterisieren.

Auch Nelson (1916/1972) bemängelt an Sokrates' Gesprächen, „daß er mit seiner Methode nicht sowohl bezweckte, das Wissen zu erweitern, als vielmehr nur, jenes Wissen, welches wir schon besitzen, zur Klarheit des Bewußtseins zu erheben" (Nelson 1916/1972, S. 28ff.; vgl. Loska 1995, S. 146). Er betont, dass die Sokratische Methode keine Induktion ist, sondern eine Abstraktion. Während bei der Induktion der „Rückgang" vom Besonderen zum Allgemeinen durch Schlüsse erfolgt und zu Lehrsätzen auf Realgründen führt, ist die Abstraktion zu beschreiben als „Rückgang" von Besonderen zum Allgemeinen durch Zergliederungen, was zu Erkenntnisgründen führt.

Nelson schafft ein neuartiges, an das sokratische Gespräch angelehntes Modell.

> „Weil er den Gesprächsleiter von jeglichem Eingriff in der jeweils erörterten Sache kompromißlos entbindet, schafft er [Nelson] die strukturelle Voraussetzung, den maieutischen [2] Anspruch einzulösen. Seine Erfahrungen bringt der Gesprächsleiter in die Art der Steuerung des Sachgesprächs ein, das *zwischen* den Teilnehmern stattfindet" (Loska 1995, S. 147f.; Hervorhebung i. Orig.).

Die Teilnehmerinnen und Teilnehmer dürfen in der Gesprächsmethode nicht nur, wie bei Sokrates, ihr eigenes Urteil bilden sowie Zustimmung, Ablehnung und Zweifel äußern, sondern müssen auch „in der Lage sein, ihr Urteil so lange in der Schwebe zu halten, bis Behauptungen gemeinschaftlich geprüft und schließlich gemeinschaftlich akzeptiert bzw. verworfen werden" (Loska 1995, S. 282). Loska (1995, S. 148) bezeichnet Nelsons Methode als „neosokratisch". Als gesprächssteuernde Eingriffe im neosokratischen Gespräch sind nach Loska sowohl fachbezogene als auch allgemeine Interventionen möglich. Interventionen, die fachliche Kompetenz benötigen sind (vgl. Loska 1995, S. 171ff.):

---

[2] Als Mäeutik, griech. „Hebammenkunst" bezeichnet Sokrates selbst seine Fragetechnik, in der „verstecktes" Wissen an die Oberfläche des Bewusstseins „gehoben" wird.

- das Verstärken von geeigneten Fragen und Vermutungen
- das Anregen zur Überprüfung von Vermutungen
- langsamer Denkenden Zeit zu verschaffen

Zu den weiteren, allgemeinen Maßnahmen der Lehrperson im neosokratischen Gespräch zählen (vgl. Loska 1995, S. 174ff.):

- dazu anregen, abstrakte Ideen am konkreten Fall zu analysieren
- die Aufmerksamkeit auf die Sache zu verstärken
- das Anstreben von gemeinsam akzeptierten Ergebnissen

Loska (1995) führt einige, weitgehend anekdotische Beispiele zur Umsetzung der neosokratischen Methode im Mathematikunterricht an, eine empirische Überprüfung der Wirksamkeit der Methode bleibt jedoch aus.

Dass der mäeutische Anspruch an den fragend-entwickelnden Unterricht nicht eingelöst wird, belegen Bauersfeld (1978) und Voigt (1984). Sie analysieren Unterrichtsgespräche und finden Muster und Strukturen, die belegen, dass Schülerinnen und Schüler die Teilnahme am fragend-entwickelnden Unterricht tatsächlich als Spiel begreifen und ihre Antworten auch stimmig sein können, wenn sie inhaltlich nichts verstanden haben außer den Spielregeln der sozialen Kommunikation (vgl. Voigt 1984a; Voigt 1984b).

Die fragend-entwickelnde Unterrichtsmethode ist trotzdem gegenüber dem reinen Lehrvortrag in Bezug auf das Einbeziehen der Schülerinnen und Schüler durchaus als Fortschritt anzusehen. Bauersfeld stellt außerdem heraus, dass ein Mathematikunterricht ohne Gesprächsroutinen kaum denkbar ist, da diese Routinen (bzw. Muster) „die Komplexität des Unterrichtsprozesses reduzieren" (Bauersfeld 1988, S. 37, Übersetzung der Autorin).

Steinbring (2008) entwickelt ein Konzept zur empirischen Untersuchung von Unterrichtsgesprächen zur Mathematik, wobei das Lernen von Mathematik eine zentrale Rolle spielt. Er betont, dass nicht damit gerechnet werden kann, dass sich theoretisch entwickelte, mathematikdidaktische Konzepte direkt in den Unterrichtsalltag übertragen lassen. Es muss auch die Lehrperson bereit sein, sich weiterzuentwickeln. Steinbring zeigt jedoch, mit der von ihm entwickelten, epistemologischen Analyse mathematischer Gespräche an einem Beispiel, dass auch Instruktionsprozesse zu inhaltlichem Lernen führen können.

Die Lehrperson, die im Rahmen des didaktischen Dreiecks „Lehrer – Schüler – Wissen" gesehen wird, „participates in this interaction as a moderator and he comments on students' proposals in a way of pointing at acceptable and unacceptable suggestions, thus guiding the process of negotiating the evolving mathematical relations of theoretical knowledge" (Steinbring 2008, S. 314).

4.2 Interaktionsform und Unterrichtsform

Durch die Kritik am fragend-entwickelnden, instruierenden Unterricht und die zunehmende Popularität des Konstruktivismus setzten sich zunehmend schülerorientierte Arbeitsformen im Unterricht durch. Mittlerweile existieren eine Fülle von Unterrichtsmethoden (für den Mathematikunterricht vgl. Barzel et al. 2007). Das erschwert nicht nur die Zusammenfassung von Studienergebnissen zu Unterrichtskommunikationen sondern auch die Interpretation der Ergebnisse in Bezug auf „den" Unterrichtsalltag.

In der neueren wissenschaftlichen Literatur zu Interventionen wird entweder auf *Unterrichtsformen* Bezug genommen, wie z. B. auf Frontalunterricht oder Gruppenunterricht, oder es wird in *Interaktionsformen* unterschieden. Als Interaktionsformen im Unterricht unterscheiden Holton und Thomas (2001) die folgenden vier Szenarien.

1. Die Lehrperson spricht zu oder mit der gesamten Klasse.
2. Die Lehrperson interveniert in einem Gruppengespräch von Schülerinnen und Schülern.
3. Die Lehrperson unterhält sich mit einer einzelnen Schülerin bzw. einem einzelnen Schüler.
4. Schülerinnen und Schüler sprechen mit- und untereinander.

Die uneinheitliche Bezugnahme auf einerseits Interaktions- und andererseits Unterrichtsformen in der wissenschaftlichen Analyse von Kommunikation im Unterricht erschwert den Vergleich der äußerst unterschiedlich angelegten Studien zu Interventionen. Interaktionsformen lassen sich nicht genau auf Unterrichtsformen abbilden und andersherum. Eine Untersuchung der Lehrerinterventionen bei der Unterrichtsform „Gruppenarbeit" schließt beispielsweise auch Eingangs- und Ausgangsphasen der Gruppenarbeit mit ein, die von der Lehrperson gestaltet werden müssen. Ein Bezug auf die Interaktionsform Lehrperson – Gruppe kann sich demgegenüber auch speziell auf den Abschnitt des Unterrichts beziehen, in dem die Schülerinnen und Schüler in Gruppen arbeiten. In der Tabelle 4.1 findet sich eine Zuordnung der vier genannten Interaktionsformen im Unterricht zu verschiedenen ausgewählten Unterrichtsformen. Es wird beschrieben, welche Interaktionsformen in der jeweiligen Unterrichtsform auftreten.

Die Interaktionsform „Lehrperson – Schülerin oder Schüler" ist im alltäglichen Unterricht prinzipiell im Rahmen verschiedener Unterrichtsmethoden denkbar, tritt allerdings faktisch nur selten und wenn, dann nur in einer kurzen Zeitspanne auf, etwa wenn die Lehrperson der Schülerin oder dem Schüler etwas während

Tabelle 4.1 Zuordnung ausgewählter Unterrichtsformen zu den vier genannten Interaktionsformen und Beschreibung des Auftretens der Interaktionsformen in der Unterrichtsmethode.

Bezeichnungen: L = Lehrperson, S = Schülerin oder Schüler, ja = Diese Interaktionsform ist bei dieser Methode vorgesehen bzw. vorstellbar, nein = Diese Interaktionsform ist in dieser Methode nicht vorgesehen

	$L - Klasse$	$L - Gruppe$	$L - S$	$S - S$
Partnerarbeit	nein	ja	ja	ja
Gruppenarbeit	nein	ja	ja	ja
fragend-entwickelnde Methode	ja	nein	ja	nein
selbstständiges Lernen	nein	nein	ja	ja

einer Gruppenarbeitsphase erklärt oder als kürzere personenbezogene Auseinandersetzung im Plenumsgespräch.

Die Unterrichtsformen „Gruppenarbeit" und „fragend-entwickelnde Methode" unterscheiden sich, neben einer eventuell anders gearteten Intervention seitens der Lehrperson, insbesondere darin, dass Schülerinnen und Schüler andere Möglichkeiten haben, miteinander zu kommunizieren: Im Frontalunterricht, in dem die Lehrperson das Gespräch mit der ganzen Klasse führt, ist es den Schülerinnen und Schülern in der Regel untersagt, sich zwischendurch zu unterhalten. Die Lehrperson steuert das Gespräch durch Moderation, Bewertung von Schülerlösungen oder eigene inhaltliche Beiträge. Im Gruppenunterricht dagegen ist die Lehrperson immer wieder abwesend von der Gruppe. In dieser Zeit interagieren Schülerinnen und Schüler miteinander. Trifft die Lehrperson auf die Gruppe, beginnt sie sich am Gruppengeschehen zu beteiligen. Die anderen Gruppen der Klasse sind von dieser Interaktion ausgeschlossen.

4.3 Lehrerinterventionen nach Unterrichtsformen

Es ist noch nicht hinreichend geklärt, wie sich eine Lehrperson im selbstständigkeitsorientierten Unterricht verhalten soll (Leiss 2007; Krammer 2009). Neue Studien fokussieren unterschiedliche Bereiche der Kommunikation im Unterricht. Die Wirksamkeit von Lehrerfortbildungen (Webb et al. 2006) und Schülerfortbildungen kann ebenso Untersuchungsgegenstand sein wie die Erforschung der Unterrichtsstrukturen von erfahreneren Lehrpersonen im entdeckenden Unterricht (Kovalainen et al. 2001). Auch Formen der Adaption der Lehrerbeiträge zum Gespräch werden zum Zentrum von Untersuchungen gemacht (Schneeberger 2008). Zusätzlich zu den Untersuchungen, die die Kommunikation der Klassengemeinschaft untersuchen, liegen Untersuchungen zur Gruppenarbeit und zu Einzelgesprächen zwischen Lehrperson und Schülerin bzw. Schüler vor sowie Gespräche zwischen *peers*.

4.3.1 Selbstständiges Lernen

Selbstständiges Lernen tritt als Methode z. B. im Rahmen einer Projektarbeit auf. Diese Lernform schließt die Beteiligung der Lehrperson während der Arbeitsphase im Prinzip aus, bietet aber in der Regel Raum für Interaktionen zwischen Schülerinnen und Schülern.

In Bezug auf solch selbstständiges Lernen wurde u. a. festgestellt, dass es bei anspruchsvollen Inhalten und ohne qualifizierte Voraussetzung der oder des Lernenden zum Erwerb von Fehlvorstellungen führt (Weinert 1996b, S. 6). Eine qualifizierte Voraussetzung der oder des Lernenden wäre z. B. die Fähigkeit zur Selbststeuerung[3]. Diese wiederum muss jedoch „gelehrt und gelernt" werden und das wiederum über „eine Anzahl kleiner, mehr oder minder fachspezifischer, didaktisch gelenkter intelligenter Übungen" (Weinert 1996b, S. 6), bei denen die Lehrperson wieder eine wichtige Rolle spielt.

4.3.2 Unterricht in Kleingruppen

Während die Unterrichtsform „Gruppenarbeit" auch die Einführungs- und Sammelphasen des Unterrichts einschließt, in der die Lehrperson organisiert, moderiert und evtl. auch inhaltliche Beiträge leistet, wird in den wissenschaftlichen Arbeiten zur „Gruppenarbeit" häufig auf die Interaktionsform „Lehrperson – Gruppe" fokussiert. In der Gruppenarbeit tritt insbesondere die Frage auf, ob die Lehrperson überhaupt in den selbstständigen Gruppenarbeitsprozess eingreifen soll und falls ja, wie.

Fürst (1999) beschreibt ein Projekt zur Unterrichtskommunikation aufgrund dessen Ergebnissen Diegritz et al. (1999, S. 345) „erstmals empirisch abgesicherte Empfehlungen für das Lehrerhandeln während der Gruppenarbeitsphase" geben.

---

[3] Als Selbststeuerung bezeichnet Weinert (1996b) die selbstständige Auswahl von Lerninhalten und -methoden durch die Schülerinnen und Schüler. Weinert nutzt diesen Begriff im gleichen Zusammenhang wie das selbstbestimmte und das selbstregulierte Lernen.

Diegritz et al. (1999)[4] empfehlen, dass die Lehrpersonen möglichst selten und kurz die Gruppenarbeit unterbrechen sollen. Für die Unterbrechungen selbst fordern sie von der Lehrperson ein bestimmtes Vorgehen (vgl. Diegritz et al. 1999, S. 347f.).

- Vorherige Information über das Gruppengeschehen
- Empathie und Zurückhaltung in der Intervention
- Freundlichkeit
- Vermeiden von Mini-Frontalunterricht, stattdessen knappe Tipps oder Hinweise geben
- Präzise aber verständliche Sprache
- Bewertungen vermeiden
- Unterbrechungen nicht mit Anweisungen oder Fragen beenden

Götze (2007, S. 188f.) gibt weitere, konkretere Anweisungen für „adäquates Lehrerverhalten" in der Gruppenarbeit.

- Unterstützung bei gruppeninternen Diskrepanzen
- Den Schülerinnen und Schülern verdeutlichen, dass sie für ihren Lernprozess selbst verantwortlich sind und ggf. kritisch nachfragen oder auch protestieren müssen
- Verstärkung von Beiträgen, die in der Gruppe unterzugehen drohen, indem sie z. B. aufgegriffen und wiederholt werden
- Eingreifen, wenn das Gruppengespräch zu einem Mini-Frontalunterricht zu werden droht
- Evaluation der Gruppengespräche mit den Schülerinnen und Schülern

In dieser Auflistung wird deutlich, dass Götzes Empfehlungen für Lehrerinterventionen in Gruppenarbeitsprozessen im Vergleich viel deutlicher auf inhaltsorientierte und metakognitive Interventionen abzielen. Hierfür könnte u. a. die enge Orientierung am Fach Mathematik in der Untersuchung von Götze (2007) eine Rolle spielen.

Auch das Alter der Schülerinnen und Schüler spielt unter Umständen bei der Empfehlung für geeignete Interventionen eine Rolle und unterschied sich in den Gruppen, die an den Studien teilnahmen. Während Dann et al. (1999) das Projekt „Unterrichtskommunikation" in den Klassenstufen 5 und 6 ansiedeln, untersucht Götze (2007) mathematische Gespräche unter Drittklässlern.

---

[4]Die Erhebungen fanden von 1989 bis 1995 in Bayern statt. Untersucht wurden 10 Lehrpersonen und ihre Klassen. Die untersuchten Gruppengesprächssequenzen wurden vorwiegend aus dem soziokulturellen Bereich ausgewählt, wobei das Fach Deutsch besonders häufig vertreten war (vgl. Dann et al. 1999, S. 28).

Auch Dekker und Elshout-Mohr (2004) untersuchen Lehrerinterventionen in Kleingruppen. Sie bemühen sich um einen, bei Interventionen nur begrenzt möglichen Vergleich zwischen zwei verschiedenen, den Lehrpersonen vorgeschriebenen Interventionstechniken. Die eine Gruppe von Lehrpersonen wurde angehalten, die Schülerinnen und Schüler in der Gruppenarbeitsphase ausschließlich zur Kommunikation anzuregen, die andere Gruppe von Lehrpersonen durfte und sollte auch inhaltliche Hinweise geben. In einem Vor- und Nachtest-Vergleich zeigen Dekker und Elshout-Mohr, dass die Schülerinnen und Schüler, deren Lehrpersonen nicht inhaltlich eingegriffen haben, den Mathematiktest besser absolvierten und gleichzeitig die Streuung der Punktzahl geringer war (Dekker und Elshout-Mohr 2004 , S. 62).

Webb stellt, aufbauend auf zahlreichen Arbeiten[5] zur Wirksamkeit von Selbsterklärungen und zur Unterstützung effektiven Verhaltens in peer-gesteuerten Kleingruppen, eine Arbeit vor, die Lehrerinterventionen in Zusammenhang mit dem Verhalten der Schülerinnen und Schüler in Kleingruppen bringt (Webb et al. 2006; Webb und Mastergeorge 2003a; Webb und Mastergeorge 2003b). Die untersuchten Schulklassen zeichneten sich dadurch aus, dass sie vor der Implementierung frontal unterrichtet wurden und weder die Lehrpersonen noch die Schülerinnen und Schüler Erfahrungen im kooperativen Arbeiten in Kleingruppen besaßen. Schülerinnen und Schüler wurden auf das Arbeiten in Kleingruppen vorbereitet. Sie übten die enge Zusammenarbeit mit *peers*, Hilfen geben und um Hilfe bitten, sowie das Beobachten der Lösungswege der Gruppenmitglieder und das Erklären von Zusammenhängen. Auch die Lehrpersonen wurden umfassend auf den Einsatz der Gruppenarbeit vorbereitet, auch in Bezug auf die notwendige Veränderung der Kommunikation. Die Ergebnisse zeigen allerdings, dass die Lehrpersonen ihren kurztaktigen Kommunikationsstil nicht wesentlich ändern konnten.

> „Almost never in the whole class, and infrequently in visits with small groups, did teachers ask students to explain or describe how they arrived at their answers. Teacher questioning of students about their work, when it did occur, seemed intended to uncover errors that could be corrected rather than to uncover misconceptions that could be rectified" (Webb et al. 2006, S. 109).

Die Schülerinnen und Schüler imitierten dieses Verhalten auch in den Kleingruppen. Daher schlagen die Autorinnen vor, in solche Lehr-Lern-Programme u. a. zielgerichteter die Instruktions-Praktiken der Lehrpersonen zu modifizieren.

---

[5]Die Arbeiten von Webb vor 2003 werden hier nicht aufgeführt.

4.3.3 Rolle der Lehrperson im Klassengespräch

Neben vergleichenden Studien finden sich in neueren Arbeiten auch solche, die unter interaktionistischem Paradigma die Lehrperson als „Partizipierenden" am Gespräch sehen.

Voigt (1994, S. 77) inspiriert bei seiner Arbeit die Frage, „wie zwischen Lehrerin und Schülern Intersubjektivität hervorgebracht wird und wie im Unterrichtsgespräch die Entwicklung mathematischen Denkens bei Schülern mit den mathematischen Ansprüchen der Lehrerin zusammenhängt". Über die Betrachtung unter einer „interaktionstheoretischen Perspektive zwischen Individualismus und Kollektivismus" (Voigt 1994, S. 79) stößt Voigt auf verschiedene Gesprächsmuster. Auf diese Weise entwickeln sich mathematische „Themen" und „Normen" im Verlauf der Unterrichtsinteraktion.

Unter der Entwicklung von mathematischen Themen versteht Voigt die Entwicklung der inhaltlichen Struktur in einem Gespräch. Wenn dieses von der Lehrperson geleitet wird, ist unter Umständen vorhersehbar, wie sich das Thema entwickelt. In Gesprächen unter den Schülerinnen und Schülern ohne Beobachtung der Lehrperson kann sich die Entwicklung eines Themas ganz anders vollziehen. Als Normen bezeichnet Voigt die Ergebnisse der sozialen Aushandlung bestimmter Richtlinien, beispielsweise die Frage, wann eine Aufgabenlösung ausreichend begründet ist. Auch dies wird von den beteiligten Schülerinnen und Schülern und der Lehrperson im Gespräch entwickelt.

Cobb et al. (1993) betrachten Unterricht als Aushandlungsprozess. Ausgehandelt werden die sozialen Normen im Klassenverband, die persönlichen Einstellungen und die mathematische Bedeutung von Begriffen.

Kumpulainens empirische Untersuchungen finden im Rahmen entdeckenden Unterrichts der Grundschule statt (Kovalainen et al. 2001; Kaartinen und Kumpulainen 2004; Kovalainen und Kumpulainen 2005). Lehrerinterventionen werden konsequenterweise als Partizipationen am Gespräch bezeichnet. Die Lehrperson ist erfahren in „entdeckendem" Unterricht. Sie erkennen vier „Modi der Partizipation" seitens der Lehrperson:

- hervorrufend: Fragen stellen, initiieren und Zustimmung einholen, Meinungen und Perspektiven erfragen
- erleichternd: Weitergeben von Wissen und Erfahrungen, Wiederholen von Fragen und Interpretationen, Perspektiven und Anregungen zusammenfassen, Begründungsprozesse wahrnehmen und modellieren
- gemeinschaftlich: Einhalten der Regeln der Kommunikation einfordern, gemeinsame Verantwortung fördern, Gesprächsbeiträge organisieren, aktive Teilnahme am gemeinsamen Denken fördern

- anerkennend: Beiträge bewerten, Gesprächstempo anpassen, Interaktion unterstützen und Interesse daran zeigen

Eine weitere Möglichkeit der Untersuchung bietet die Analyse von Argumentationsketten im Mathematikunterricht (vgl. Forman et al. 1998; Krummheuer und Fetzer 2005).

Die eben genannten Studien sind Untersuchungen zu Gesprächsstrukturen im (Mathematik-) Unterricht. Sie erweitern den theoretischen Rahmen zur Gesprächsanalyse, liefern allerdings keine konkreten Handlungsempfehlungen.

4.3.4 Rolle der Lehrperson in Unterrichtssequenzen

Mortimer und Scott (2003) nennen explizit als Ziel, ein Werkzeug zur Unterrichtsgestaltung schaffen zu wollen. Sie untersuchen nicht nur einzelne Unterrichtsszenen bzw. -stunden, sondern schaffen einen theoretischen Rahmen, in dem Unterricht[6] global nach fünf Komponenten analysiert wird: Unterrichtsziel, Inhalt, Kommunikationsform, Gesprächsmuster und Interventionsformen[7] (Mortimer und Scott 2003, S. 25). Untersucht werden der Verlauf des Unterrichtsziels während der Unterrichtsreihe und Korrelationen zwischen den fünf genannten Aspekten im beobachteten Unterricht.

Unter dem Aspekt der Kommunikationsform ordnen Mortimer und Scott Unterrichtsgespräche auf Makro-Ebene zwei Dimensionen zu: dialogisch – autoritativ und interaktiv – nicht interaktiv (Mortimer und Scott 2003, S. 33ff.). In Tabelle 4.2 sind Beispiele aufgeführt, die die vier sich so ergebenden Kategorien von Unterrichtsgesprächen verdeutlichen.

Diese Darstellung kontrastiert zwei Rollen der Lehrperson: Zum einen wird die Lehrperson den Schülerinnen und Schülern stets Wissen zur Verfügung stellen müssen, zum anderen muss sie den Schülerinnen und Schülern helfen, ihre eigenen Ideen mit dem zur Verfügung gestellten Wissen zu vernetzen. Mortimer und Scott (2003) nennen das I-R-E- und das I-R-F- bzw. I-R-F-R-F-Muster als typischerweise auftretende Gesprächsmuster im Unterricht. Dabei steht I für „Initiation", R

---

[6]Ihre empirische Analyse bezieht sich auf zwei Unterrichtsreihen aus dem naturwissenschaftlichen Bereich.

[7]Als Interventionsformen nennen Mortimer und Scott „Shaping ideas", „Selecting ideas", „Marking key ideas", „Sharing ideas", „Checking student unterstanding" und „Reviewing" (Mortimer und Scott 2003, S. 45). Da diese Kategorien aber nicht weiter überprüft oder geschärft werden und auch mit den anderen vier Aspekten des theoretischen Rahmens nicht in globalen Zusammenhang gebracht werden, kann die Arbeit von Mortimer und Scott in dieser Hinsicht keinen wesentlichen theoretischen Beitrag zur vorliegenden Arbeit leisten

Tabelle 4.2 Einordnung von Unterrichtsgesprächen nach Mortimer und Scott (2003). Dialogische Kommunikation orientiert sich an den inhaltlichen Ideen der Schülerinnen und Schüler. Autoritative Kommunikation soll die Schülerinnen und Schüler an die wissenschaftliche Fachsprache heranführen.

	interaktiv	*nicht-interaktiv*
dialogisch	Die Lehrperson spricht mit den Schülerinnen und Schülern und fokussiert dabei deren Ideen.	Die Lehrperson trägt quasi ausschließlich Ideen der Schülerinnen und Schüler zusammen, ohne eigene Ideen einzubringen.
autoritativ	Die Lehrperson spricht mit den Schülerinnen und Schülern über den Unterrichtsinhalt, geht dabei aber nicht weiter auf individuelle Ideen der Schülerinnen und Schüler ein, sondern fordert die Schülerinnen und Schüler auf, den Ideen der Lehrperson zu folgen.	Die Lehrperson hält einen Vortrag.

für „Response", E für „Evaluation" und F für „Feedback".[8] In der Untersuchung über den Zusammenhang der zwei Gesprächsmuster zu den Kommunikationsformen, stellen Mortimer und Scott fest, dass das I-R-E-Muster eher in autoritativen Gesprächen zu finden ist, die anderen beiden Muster typisch für dialogische Gespräche sind (vgl. Mortimer und Scott 2003, S. 40ff.).

Die genannten Studien analysieren Unterrichtsszenen bzw. Unterrichtsreihen (Mortimer und Scott (2003)) alltäglichen Unterrichts auf interpretativer Basis.

---

[8]Diese Muster sind aus früheren Untersuchungen anderer Forschender bekannt (vgl. Krammer 2009, S. 107ff.

4.4 Lehrerinterventionen in selbstständigkeitsorientierten Lernprozessen

4.4.1 Historisches zum Instruktionsdesign

Auf instruktionstheoretischer Basis ist die Studie von Duncker (1935/1963) entworfen. Duncker unternimmt „Versuche mit verschiedenen Hilfen", um Schülerinnen und Schüler über Barrieren im Problemlöseprozess zu helfen. Die Aufgabe für die Probandinnen und Probanden lautete, eine Begründung dafür zu finden, warum alle sechsstelligen Zahlen der Form *abcabc* durch 13 teilbar sind.

> „[Der Versuchsleiter] wirft die betreffenden Gedanken von außen in den Prozeß hinein und sieht zu, wie sie sich typisch auswirken. Ich führte mit der ‚13'-Aufgabe Massenversuche aus, in denen sechs verschiedene Gruppen von [Versuchspersonen] verschiedene Hilfen mit auf den Weg bekamen:
>
> Hilfe a) ‚die Zahlen sind durch 1001 teilbar',
>
> Hilfe b) ‚1001 ist durch 13 teilbar',
>
> Hilfe c) ‚ist ein gemeinsamer Teiler der Zahlen durch 13 teilbar, so sind sie alle durch 13 teilbar',
>
> Hilfe d) ‚ist ein Teiler einer Zahl durch p teilbar, so ist die Zahl selber durch p teilbar',
>
> Hilfe e) ‚verschiedene Zahlen können einen gemeinsamen Teiler gemeinsam haben',
>
> Hilfe f) ‚suchen Sie nach einer tieferliegenden Gemeinsamkeit, aus der die Teilbarkeit durch 13 ersichtlich wird'.
>
> Eine siebte Gruppe (Kontrollgruppe) bekam die Aufgabe ohne jede Hilfe" (Duncker 1935/1963, S. 39).

Duncker zählt die Probandinnen und Probanden jeder Gruppe aus, denen die Lösung des Problems (mit Hilfe) gelingt. Er stellt fest, dass im Rahmen seiner Untersuchung nur die Hilfen a) und b) einen Einfluss auf den Lösungserfolg der Probandinnen und Probanden besitzen (Duncker 1935/1963, S. 40f.).

Die Studie von Duncker ist aus mehreren Gründen in dieser Arbeit erwähnenswert. Erstens zeigt sie, dass der Wunsch, Lernenden bei der Überbrückung von

Barrieren im Problemlöseprozess zu helfen, schon sehr lang besteht.[9] Zweitens ist die Formulierung von Hilfen, in der Form wie sie Duncker (1935/1963) vorschlägt, mit eingegangen in die Überlegungen zum programmierten Unterricht (Bartmann 1966). In den 1960er und 70er Jahren wurde dies als erfolgversprechende Methode, die die Lehrperson durch Karteikarten oder Computerprogramme mit differenzierenden Hilfestellungen entlasten sollte, empirisch erforscht (Loser 1964). In einer Meta-Untersuchung zu Studien zum programmierten Lernen kommt Köbberling (1971) zu dem Schluss: „Durch programmierte Lehrverfahren kann gelernt werden, und zwar in der Regel ebenso gut wie im lehrergeleiteten Unterricht und häufig unter geringerem Zeitaufwand. [...] Detailliertere Aussagen darüber, unter welchen Bedingungen der programmierte oder der lehrergeleitete Unterricht der effektivere ist, können jedoch trotz der großen Anzahl der Vergleichsuntersuchungen nicht getroffen werden". Köbberling lehnt die Methode des programmierten Unterrichts jedoch nicht ab, sondern fordert weitere Untersuchungen. Mitte der 1970er Jahre scheint sich durchzusetzen, dass die Lehrperson trotz Programmierung eine zentrale Rolle im Unterrichtsablauf spielt (Tulodziecki 1975). Aktuell finden sich Relikte des programmierten Unterrichts in sogenannten „Hilfekärtchen", die für den begleitenden Einsatz komplexer Aufgaben im Unterricht vorgeschlagen werden.

Drittens scheint mir diese Form der Hilfen aus aktueller Perspektive nur noch bedingt geeignet für die Förderung eines flexiblen, problemlösenden Denkens. Wenn, wie in Kapitel 2.4 beschrieben, davon ausgegangen wird, dass die Art der Unterweisung auch dazu führt, welches Bild die Schülerinnen und Schüler vom Fach entwickeln, dann ist das Abarbeiten eines (kleinschrittigen) Programms nicht als langfristig angelegte, selbstständigkeitsfördernde Hilfestellung geeignet.

Drittens scheint mir diese Form der Hilfen aus aktueller Perspektive nur noch bedingt geeignet für die Förderung eines flexiblen, problemlösenden Denkens.

4.4.2 Scaffolding und Tutoring

Wood et al. (1976) beschreiben den asymmetrischen *Tutoring*-Prozess[10] zwischen Erwachsenen und Kindern im Alter zwischen 3 und 5 Jahren. Die Instruktionsperson befolgt in diesem Experiment einen algorithmisch festgelegten Ablauf, der jede Antwort des Kindes abdeckt. Die einzelnen Interventionstypen der Tutoren werden gezählt und dem Alter der Kinder gegenüber gestellt. Wood et al. sprechen hier von *Scaffolding*, in dem Sinne, dass die intervenierende Person die Kinder

---

[9]Reiss und Törner (2007) nennen Duncker nach Wertheimer als zweiten Psychologen im deutschsprachigen Raum, der sich mit der Untersuchung kognitiver Prozesse beim Problemlösen beschäftigt hat.

[10]*Tutoring* kann übersetzt werden mit *Nachhilfe* oder *Unterricht*. Ich belasse hier den Originalausdruck, da die Autorinnen und Autoren ihn für eine spezielle Art und Weise von Unterricht nutzen.

durch ein Fragegerüst in deren Tätigkeit stützt. Ziel ist es hierbei, die Unterstützung langsam zu verringern, so dass die Schülerinnen und Schüler schließlich ohne diese Unterstützung auskommen. Als problematisch herausgestellt wird die Phase, in der die Kinder einem inneren Prozess nachgehen und der Tutor nicht genau weiß, wie er Tätigkeit oder Aussage interpretieren soll (vgl. Wood et al. 1976).

Das sogenannte *Scaffolding* wird auch in anderen Studien als Methode der Unterstützung von Schülerinnen und Schülern untersucht (vgl. Krammer 2009, S. 72 ff.). Holton und Thomas (2001) stellen sich in ihrer Untersuchung aufgrund ihrer Daten die Frage, ob auch dann noch von *Scaffolding* gesprochen werden kann, wenn eine Lehrperson zwar in geeigneter Weise die oben genannten Fragen stellt, aber die Antwort auf das aktuelle Problem der Schülerinnen und Schüler gar nicht kennt. Sie beantworten diese Frage positiv, denn ihrer Meinung nach besitzt die Lehrperson mit ihrer mathematischen Kompetenz intuitiv die Fähigkeit, sich die richtigen, für den Lösungsprozess konstruktiven Fragen zu stellen (Holton und Thomas 2001, S. 94). Offen bleibt die Frage, wie das Fragegerüst sprachlich authentisch umgesetzt werden soll.

King et al. (1998) untersuchen vergleichend folgende Interventionsvorgaben im *peer-learning*[11]: „Explanation only (E), inquiry plus explanation (IE), and sequenced inquiry plus explanation (SIE)" (King et al. 1998, S. 134). Das neue Modell SIE sieht vor, die vier Fragetypen „Review, Thinking, Probing, Hints" in sequenzierter Form einzusetzen und zwar in der Form: Review-, Probing-, Hints-, Thinking-questions. Mit Hilfe der ersten beiden Fragetypen soll eine gemeinsame Wissensbasis geschaffen werden, mit den letzten beiden soll diese Basis erweitert werden. Diese Untersuchung bezieht sich nicht explizit auf den Mathematikunterricht[12]. An Untersuchungen, die den Einsatz bestimmter Interventionen vorgeben und von Lehrpersonen umsetzen lassen, kann grundsätzlich kritisiert werden, dass das Gelingen der Umsetzung auch von subjektiven Eigenschaften der intervenierenden Person abhängen kann.

Zwischen Scaffolding und Tutoring gibt es keine trennscharfe Unterscheidung. Wood et al. (1976) bezeichnen mit Tutoring das Setting und mit Scaffolding die Form der Unterstützung. Diese Unterscheidung setzt sich aber in der Literatur zu Untersuchungen zu Scaffolding und Tutoring nicht „trennscharf" durch (Krammer 2009, S. 93).

---

[11]Gleichartige Menschen werden im englischen als *peers* bezeichnet. Innerhalb des Lernprozesses sind dies also Schülerinnen und Schüler mit den gleichen Voraussetzungen.

[12]King et al. (1998, S. 138) geben an, dass die Untersuchung im „science course" stattfand. Ein Auszug aus einem Gespräch (S. 141) weist auf Biologie-Unterricht hin.

4.4.3 Lehrerinterventionen im Mathematikunterricht

Auch die schon erwähnte Studie von Hugener et al. (2009) (vgl. Kapitel 2.6.4) kann den psychometrischen Studien zugerechnet werden. Untersucht werden Unterrichtsmuster in Deutschland und der Schweiz aufgrund von 39 videographierten Stunden, in denen jeweils der Satz des Pythagoras eingeführt wird, mit den Variablen „Cognitive Learning" (Fragebogen an die Schüler), „Self-determinated Learning Motivation scale"' (Fragebogen), "'Quality of Emotions scale", „Students general attitude toward the teacher" und „Mathematical achievement"[13] (S. 72f.).

Mit der Kategorisierung der gefilmten Unterrichtsstunden in sogenannte Unterrichtsmuster umgehen die Autorinnen und Autoren der Studie die Vorgabe von Interventionstechniken. Es werden drei verschiedene Unterrichtsmuster als Einführung zum Satz des Pythagoras gefunden: Vortrag, Entwicklung und Entdeckung. Das Gesprächsmuster der Entdeckung deckt sich mit Lernumgebungen, die im Rahmen von Lehr-Lern-Experimenten des Design-Research erfolgreich waren. Allerdings führte dieses Gesprächsmuster auch zu negativen Emotionen seitens der Studierenden und hinterließ bei diesen das subjektive Gefühl, nicht genug verstanden zu haben, ohne dass objektiv eine Auswirkung auf intrinsische Motivation oder kognitive Lernaktivität gefunden wurde (vgl. Hugener et al. 2009).

Die Problematik der konkreten Interventionen im Schulalltag bleibt trotz dieser wissenschaftlichen Ergebnisse und im einzelnen Fall bestehen:

> „Nevertheless there are dilemmas in tailoring assistance to meet students' specific needs. For example, a teachers' intervention may be misdirected and cause more confusion than clarification, or may deny students the opportunity to resolve their own difficulties. Decisions also need to be made about the timing of such interventions, and, indeed, whether to intervene at all. There are finely tuned appraisals to be made about the timing, amount, and type of assistance or provide, if a delicate balance between encouraging persistence and avoiding frustration is to be achieved" (Goos et al. 2002, S. 220).

Daher wird im folgenden Kapitel noch einmal explizit auf die Besonderheit des Problemlösens – wie es im Rahmen dieser Arbeit verstanden wird – eingegangen.

---

[13]Pre-Post-Test über den Satz des Pythagoras

4.5 Besonderheiten von Lehrerinterventionen in Problemlöseprozessen

In dieser Arbeit beschäftige ich mich nicht allgemein mit Interventionen in selbstständigkeitsorientierten Arbeitsprozessen, sondern mit dem speziellen Fall von Interventionen in Problemlöseprozessen. Während selbstständige Arbeitsphasen auch z. B. die Aufbereitung von Textmaterial oder die Recherche zu bestimmten Themen beinhalten kann, zeichnet sich der Problemlöseprozess dadurch aus, dass die in Kapitel 2.7 beschriebene Herausforderung der komplexen Aufgabe angenommen und angegangen wird. Dabei steht im Mittelpunkt die Entdeckung eines oder mehrerer neuer mathematischer Inhalte oder Zusammenhänge.

In Bezug auf Interventionsmöglichkeiten geht es in dieser Arbeit darum, das Selbstdenken der Schülerinnen und Schüler zu fördern (vgl. Polya 1966, S.12 f.). Lester (1985) betont die Schwierigkeit, aber auch das Zentrale dieser simplen Forderung:

> „He [Polya, Anm. d. Aut.] said that mathematics teachers must bear in mind that their primary goal is to get their students to ‚use their heads.‘ I must confess that at that time I was a bit disappointed with so ‚simplistic‘ a piece of advice. In retrospect I see his advice as both simple and profound because his message is one that seems not to be heeded in most problem-solving instruction“ (Lester 1985, S. 41).

Schulpraktische Fragen, die sich bei den ersten Überlegungen zum Aufbau von Interventionen, die diesem Anspruch genügen sollen, ergeben, finden sich bei Winter (1989).

> „Muß etwa der Lehrer einfach nur geduldig warten, bis der eine oder andere Schüler einen (den richtigen) Einfall bekommt? Wie lange darf er warten (Pensumsdruck!)? Läßt unser System Schule überhaupt Inkubationszeiten zu? Was bedeutete das für die übrigen Schüler, wenn nur einer den Einfall hat? Woher soll der Lehrer wissen, inwieweit bei (diesen, jenen, allen) Schülern überhaupt so etwas wie Inkubation stattfindet? Setzt dies nicht ein gewisses Maß von Interesse an der anstehenden Thematik voraus, und wie könnte dieses evtl. geweckt werden?“ (Winter 1989, S. 174).

Keine dieser Fragen kann als umfassend wissenschaftlich geklärt bezeichnet werden. Die Vorschläge derjenigen, die dem *entdeckenden Lernen*[14] im Allgemeinen und dem Problemlösen im Besonderen eine gewisse Bedeutung im Unterricht zumessen, sind verschieden.

Bruner (1960) betont, dass es nicht *die* Methode zur Anregung von Entdeckungen gibt, sondern dass es eine sehr subtile Fähigkeit ist, die die Lehrperson hier anwenden muss. Bruner nennt als förderlich:

- Die Nutzung der Sokratischen Methode
- Die Konzeption geeigneter, aufeinander aufbauender Aufgaben, die der Schülerin oder dem Schüler ermöglichen, Regelmäßigkeiten zu erkennen
- Die Anregung, Abkürzungen zu finden, die die Schülerin oder den Schüler zum Entdecken von Algorithmen führt
- Eine interessierte und neugierige Haltung den Schülerinnen und Schülern gegenüber

Den Punkt der interessierten, neugierigen Haltung den Schülerinnen und Schülern gegenüber vertieft Wittmann (2002), indem er Bezug auf das Vorwissen nimmt.

> „Das Eingehen des Lehrers auf das Vorverständnis der Schüler darf sich nicht in sporadischen Akten erschöpfen, sondern muß zu einer *Haltung* werden, welche auch die Fähigkeit einschließt, Schülern *zuhören* und auf ihre Beiträge *eingehen* zu können" (Wittmann 2002, S. 149).

Auch Weinert (1996) weist auf die Vorwissensaktivierung hin. Er erklärt aber dazu das sich daraus ergebende Problem im Unterricht.

> „Doppelte Aufgabe der Instruktion ist es deshalb, dem Lernenden hinreichend Gelegenheit zu explorativem Verhalten, zu produktiven Fehlern und zu intuitiven Schlußfolgerungen zu geben, gleichzeitig aber vorwissensaktivierend, informierend und ermutigend zu wirken" (Weinert 1996a, S.28).

Bruner erläutert, dass intuitives Denken nicht in sorgfältigen, klar festgelegten Schritten vor sich geht, sondern häufig Umwege macht und auch zu falschen

---

[14]Entdeckendes Lernen und Problemlösen ist nicht dasselbe. Während das Problemlösen die Heurismen und das Finden eigener Lösungswege in den Mittelpunkt rückt, ist das entdeckende Lernen ein Gesamtkonzept zur Integration verschiedener produktiver Übungsformen und einer genetisch angelegten, langfristigen Stoffaufarbeitung. Gemeinsam ist ihnen allerdings der Akt der Entdeckung, der bei beiden Konzepten eine zentrale Rolle spielt. Daher werden die Erkenntnisse zum entdeckenden Lernen hier einbezogen.

Antworten führen kann. Die Lehrperson muss hier mitdenken, „um einen intuitiven Fehler – einen interessanten falschen Intuitionssprung – von einem Fehler aus Dummheit oder Ignoranz zu unterscheiden, und es bedarf eines Lehrers, der dem intuitiven Schüler gleichzeitig Anerkennung und Richtigstellung bieten kann" (Bruner 1973, S. 75).

Eine mehr unterrichtsbezogene und aktuelle Variation dieses Gedankens findet sich bei Henn (2001):

„Zu kreativem Verhalten gehört auch ein spielerischer Umgang mit Problemen und Offenheit gegenüber vielen Aspekten. Das kann auch dazu führen, dass man von der gestellten Frage abweicht und plötzlich ganz anderen Pfaden folgt. Lassen die Lehrenden solche Freiräume nicht zu, so können sie kein kreatives Handeln erwarten. Es ist schließlich ein Kennzeichen von Kreativität, Informationen und Dinge auf ungewöhnliche und neuartige Weise miteinander zu verbinden" (Henn 2001, S. 14).

Das Abweichen und Akzeptieren von intendierten Unterrichtswegen halten auch Taflin et al. (2002) für dringend notwendig im Problemlöseprozess. Sie betonen, dass die Lehrperson dazu beiträgt, ob die Probleme reichhaltig bleiben oder nicht (Taflin et al. 2002). Wenn die Lehrperson auf einem bestimmten Lösungsweg beharrt, verliert die Prozessorientierung ihre Wirkung.

Bruder (2002) betont die Schwierigkeit, die Schülerinnen und Schüler überhaupt dazu zu bewegen, knifflige Aufgaben in Angriff zu nehmen. Den Lehrpersonen schlägt sie „didaktische Stützen für das Erreichen anspruchsvoller Lernziele" vor. Dazu gehören neben dem oben genannten Punkt des Offenseins für neue Lösungswege das Erfahrbarmachen der Sinnhaftigkeit von Lerninhalten und das „Erlernen von fachspezifischen und übergreifenden Hilfsmitteln und Strategien zum Problemlösen (Heurismen)" (Bruder 2002).

Auch Bruner (1973) schlägt vor, der Schülerin oder dem Schüler allgemeine heuristische Vorgehensweisen zu vermitteln, ohne diese zu sehr bewusst zu machen (vgl. Bruner 1973, S. 72).

Laut Lester (1985) ist es wichtig, dass Unterricht die Schülerinnen und Schüler in ihrem Denken tatsächlich flexibel macht bzw. ihre Flexibilität erhält, so dass sie adaptiv auf verschiedene Anforderungen reagieren können. Er schlägt vor, Schülerinnen und Schülern neben dem Vermitteln von Prozeduren zu verdeutlichen, unter welchen Bedingungen und warum sie anzuwenden sind. Es soll also auf einer Meta-Ebene über mathematische Algorithmen gesprochen werden (vgl. Lester 1985, S. 43).

Die strategische Flexibilität als zentrale Komponente im Problemlöseprozess stellt auch Heinrich (2004) in seinen Untersuchungen fest (vgl. Heinrich 2004).

In den letzten Jahren wurden innerhalb der Mathematikdidaktik neue Forschungsansätze zu konstruktiven Interventionen in Problemlöse- bzw. Modellierungsprozessen entwickelt. Neben den schon zitierten Ergebnissen von Götze (vgl. Kapitel 4.6) sollen hier noch zwei weitere aus dem deutschsprachigen Raum genannt werden.

Schneeberger (2008) bezieht sich in seinen Untersuchungen auf realistische[15], textlastige Problemstellungen. Er stellt fest, dass beim Lösen von diesen Problemen das Fragenstellen eine wesentliche Rolle spielt, insbesondere um den Sachverhalt der Problemstellung zu erfassen.

> „Es gilt sich durch geeignete Fragen ein zunehmend klareres Verständnis der Problemstellung zu verschaffen, was schliesslich zur Einsicht in die entscheidenden Beziehungen und zur Lösung des Problems führt. Die Lernenden sind aber häufig noch nicht fähig, sich die entscheidenden Fragen selber zu stellen" (Schneeberger 2008, S. 6).

Schneeberger (2008) entwirft weiterhin das Konstrukt „adaptive Lehrkompetenz", die laut seinen Untersuchungen die Qualität der didaktischen Kommunikation beim Problemlösen erhöht. Eine hohe Qualität didaktischer Kommunikation führt laut Schneeberger zu einer höheren Kompetenz der Schülerinnen und Schüler beim Problemlösen. Zur adaptiven Lehrkompetenz gehört ein ganzes Bündel von Lehrfähigkeiten (vgl. Schneeberger 2008, S. 13f.):

- Anknüpfen an die subjektiven Erfahrungsbereiche der Schülerinnen und Schüler
- produktives Nutzen der Scaffolding-Methode
- Fachexpertise der oder des Lehrenden
- Unterstützen der Dialogbereitschaft
- „Revoicing" seitens der Lehrperson (Unterstützung des sprachlichen Ausdrucks der Schülerinnen und Schüler)
- Betrachten der Lerngemeinschaft als Forschungsgemeinschaft
- Gesprächssteuerung der Lehrpersonen vom Individuell-Singulären zum Intersubjektiv-Regulären
- Fokusbildungen durch Impulse
- Erzeugen kompatibler Foki aller Gesprächsteilnehmerinnen und -teilnehmer
- Aufrechterhalten der Gesprächsmotivation
- Anregen von Reflexion und Metainteraktion

---

[15]im Sinne von Freudenthal

- Flexibilität in Verständnis und Darstellung
- Ruhe und Struktur im Vorgang
- Anspornen der Schülerinnen und Schüler, Zeigen von hochinteraktivem, bidirektionalem Verhalten
- Verständnis der Lehrperson als „Intellectual coach" bzw. „Roving consultant" im Sinne Schoenfelds

Diese lange Liste zeigt deutlich, wie komplex die Lehrfähigkeit sein sollte, die zu konstruktiven Interventionen führt. Sie eignet sich jedoch auf Grund ihrer Komplexität nicht als Umsetzungsanregung für den alltäglichen Unterricht.

Die unter der Leitung von Werner Blum, Reinhard Pekrun und Rudolf Messner durchgeführte Studie DISUM (Didaktische Interventionsformen für einen selbstständigkeitsorientierten aufgabengesteuerten Unterricht am Beispiel Mathematik) hat zum Ziel, das „diagnostische und methodische Lehrerhandeln beim selbstständigen Umgehen von SekI-Schülern [Schülerinnen und Schüler der Sekundarstufe I, Anm. d. Aut.] mit [...] kompetenzorientierten realitätsbezogenen Aufgaben" zu bestimmen (Blum und Leiss 2003, S. 129). Dies schließt auch die Frage ein, wie Lehrpersonen geeignet minimal intervenieren können. Neben einer sorgfältigen Auswahl der Schülerinnen und Schüler nach Kompetenzstufen[16] erfolgt ein Vergleich der drei Unterrichtsformen direktiver und operativ-strategischer Unterricht und selbstständiges Arbeiten der Schülerinnen und Schüler[17]. Leiss et al. (2007) stellen als zentrale Probleme den Einfluss des Vorwissens, die Varianten der Lehrerunterstützung, vielfältige Lösungsansätze und die Reflexion des Lösungsprozesses dar.

Diese neueren, exemplarisch vorgestellten Untersuchungen basieren auf sehr unterschiedlichen Forschungsmethoden.

Ein Faktor, der die Implementierung solcher Studien erschwert, ist das Subjekt der Lehrperson. Von Leiss et al. (2007) werden Best-Practice-Sinus-Lehrkräfte[18] für die Umsetzung der verschiedenen Unterrichtsformen eingesetzt, um eine kompetente Ausführung zu gewährleisten.

Tatsächlich scheint die „entdeckende Methode" bzw. der Unterricht in Problemlösen besonders schwierig zu sein. Burkhardt (1988) nimmt die Perspektive der Lehrperson ein, wenn er die anfangs konstruktiv beschriebenen allgemeinen Interventions-Ziele erklärt. Er nennt drei Dimensionen, die seiner Ansicht nach das

---

[16]Den Autoren lagen die Ergebnisse der PISA-Studie vor.

[17]Vgl. www.disum.de, Stand: Oktober 2010

[18]Sinus-Best-Practice-Lehrkräfte sind ausgewählte Lehrerinnen und Lehrer, die im Rahmen des SINUS-Programmes schon zahlreiche Lehrerfortbildungen durchlaufen haben und aus didaktischer Sicht als für besonders versiert und kompetent gehalten werden.

Problemlösen im Unterricht für die Lehrperson anspruchsvoller gestalten als andere Unterrichtsinhalte (vgl. Burkhardt 1988, S. 18).

- Mathematischer Anspruch: Die Lehrpersonen müssen nicht nur verschiedene Ansätze der Schülerinnen und Schüler akzeptieren, sondern auch deren Implikationen erkennen, z. B. ob sie zielführend sind oder nicht bzw. was sie zielführend machen könnte.

- Pädagogischer Anspruch: Die Lehrperson muss entscheiden, wann sie interveniert und wie sie intervenieren kann, um die Selbstständigkeit der Schülerinnen und Schüler im Lösungsprozess zu erhalten. Dies gilt jeweils für Interventionen bei jeder Schülerin und jedem Schüler, jeder Gruppe oder auch für das Gespräch im Klassenverband.

- Anspruch an die Persönlichkeit: Die Lehrperson kommt oft in die zumindest für Mathematiklehrerinnen und -lehrer ungewohnte und unangenehme Situation, dass sie selbst nicht die Lösungsprozesse in der Hand hat. Das Geschehen im Klassenraum zu strukturieren, auch wenn man nicht über alle Lösungswege oder -prozesse Bescheid weiß, erfordert Erfahrung, Vertrauen und Selbstbewusstsein.

Problemlösen als Unterrichtsinhalt ist also von Interventionsprozessen begleitet, die deshalb noch eine Nuance komplexer sein können als der Unterrichtsalltag, weil es für viele Lehrpersonen nicht Alltag ist, Schülerinnen und Schüler im Mathematikunterricht freie Hand in der Entdeckung und Erforschung komplexer Aufgaben zu lassen.

Hinzu kommt, dass es auch für die Schülerinnen und Schüler in der Regel unbequem ist, den eigenen Lernprozess zu steuern und selbst tätig zu werden. Jahnke-Klein (2001) untersucht sehr authentisch die Wünsche von Schülerinnen und Schülern in Bezug auf den Mathematikunterricht. Sie stellt fest, dass sich Schülerinnen und Schüler gleichermaßen eine Hilfestellung in der Art wünschen, dass die Lehrperson immer und immer wieder erklärt (vgl. Jahnke-Klein 2001). Sie wünschen sich also genau das, was die Lehrperson aus mathematikdidaktischer Perspektive beim Problemlösen nicht tun soll.

In dieser Arbeit bleibt das von Burkhardt (1988) als zweite Dimension formulierte Problem von Interesse: Wenn die Lehrperson intervenieren muss, wie kann sie dann so intervenieren, dass sie den Problemlöseprozess nicht stört, aber begleitet und möglicherweise sogar vorantreibt.

4.6 Beispiele für Lehrerinterventionen in Problemlöseprozessen

Die bisherigen Anweisungen zum Intervenieren in Problemlöseprozessen waren sehr allgemein. Für die Implementation im Unterricht ist eine konkretere Anweisung ratsam. Die Frage nach den geeigneten Fragen, die den Schülerinnen und Schülern gestellt werden sollten, wenn diese nicht weiter wissen, bleibt bestehen.

Milgram (2007) weist darauf hin, dass Polya seinen vierstufigen Lösungsplan für fortgeschrittene Studierende der Mathematik entworfen hat und dieser Plan für den alltäglichen Mathematikunterricht nicht ausgereift genug ist. Er schlägt eine erweiterte Liste der zu verwendenden Fragestellungen vor (Milgram 2007, S. 53f.):

1. Understanding the problem

    a) Can you state the problem in your own words?
    b) What are you trying to find or do?
    c) What are the unknowns?
    d) What information do you obtain from the problem?
    e) What information, if any, is missing or not needed?

2. Devising a plan

    a) Look for a pattern.
    b) Examine related problems and determine if the same technique applied to them can be applied here.
    c) Examine a simpler or special case of the problem to gain insight into the solution of the original problem.
    d) Make a table.
    e) Make a diagram.
    f) Write an equation.
    g) Use guess and check.
    h) Work backward.
    i) Identify a subgoal.
    j) Use indirect reasoning.

3. Carrying out the plan

    a) Implement the strategy or strategies in step 2 and perform any necessary actions or computations.
    b) Check each step of the plan as you proceed. This may be intuitive checking or a formal proof of each step.

    c) Keep an accurate record of your work.

4. Looking back

    a) Check the results in the original problem. (In some cases, this will require a proof.)

    b) Interpret the solution in terms of the original problem. Does your answer make sense? Is it reasonable? Does it answer the question that was asked?

    c) Determine whether there is another method of finding the solution.

    d) If possible, determine other related or more general problems for which the technique will work.

Auch Bruder (2002) macht Vorschläge für konkrete Fragen. In den von ihr vorgeschlagenen „vier Etappen zum Erlernen der Heurismen", nennt Bruder als erste Etappe: „Die Lehrkraft verwendet konsequent bei Hilfeimpulsen die Fragestrategien der einzelnen Heurismen ohne sie direkt zum Unterrichtsthema zu machen. Beispiel Analogieprinzip: Lehrerimpulse" (Bruder 2002, S. 8):

- Wie sind wir in ähnlichen Situationen vorgegangen?
- Was kommt euch an dieser Aufgabe bekannt vor?
- Vergleicht die letzten Aufgaben(lösungen) miteinander – welche Gemeinsamkeiten gibt es?

Nolte (2008) nennt konkrete Fragen, die den intervenierenden Personen als Anregung zur Verfügung gestellt werden.

- Wie hast du das gemacht?
- Warum hast du das gemacht?
- Was hast du herausgefunden?
- Kannst du mir erklären, warum das so ist?
- Kann man das auch anders machen?
- Was passiert, wenn ich etwas verändere?

Diese Fragen sind laut Nolte Anregungen zum selber Denken, denn sie „unterstützen zunächst eine Haltung, nämlich selbstständig die eigene Vorgehensweise zu hinterfragen und zu überprüfen. Langfristig führen sie zu einer Vertiefung der Einsicht in die eigene Tätigkeit und entwickeln die sprachlichen Kompetenzen der Kinder weiter" (Nolte 2008, S. 159).

Zech (1977) schlägt eine Taxonomie der Interventionen vor. Die Lehrperson soll so selten wie möglich intervenieren und es zunächst mit Rückmeldungen versuchen, dann motivieren, danach allgemein-strategische Hinweise geben, dann inhaltsorientiert-strategisch intervenieren und erst, wenn nichts anderes hilft, inhaltliche Hinweise geben. Konkrete Äußerungen, die von ihm vorgeschlagen werden, finden sich in Tabelle 4.3 und sind auch in der 9. Auflage des Werkes unverändert (vgl. Zech 1998).

Tabelle 4.3 Beispiele für Hilfestellungen nach Zech (1998)

Motivationshilfen	Rückmeldungshilfen	allgemein-strategische Hilfen	inhaltsorientierte strategische Hilfen	inhaltliche Hilfen
Die Aufgabe ist nicht schwer!	Du bist auf dem richtigen Wege!	Lies die Aufgabe genau durch!	Versuche, deine Kenntnisse bezüglich Geschwindigkeit anzuwenden!	Denk an den Zusammenhang Geschwindigkeit – Weg – Zeit!
Du wirst die Aufgabe schon schaffen!	Du stehst kurz vor der Lösung!	Schreib dir die gegebenen Daten heraus!	Versuche, das Problem graphisch zu lösen!	Wie ist Geschwindigkeit definiert?
Man braucht nicht viel Zeit zur Lösung ...	Da mußt du noch mal nachrechnen!	Mach dir doch mal eine Zeichnung!	Vielleicht kann dir die Dreisatz- oder Verhältnisrechnung helfen!	Versuche, aus zwei der Größen v, s, t die dritte zu berechnen!
Man bekommt schnell Anhaltspunkte für die Lösung!	Mach weiter so!	Versuche, die gegebenen Daten in einen Zusammenhang zu bringen!	Worauf kommt es hier an? Welche Rolle spielt der Hubschrauber?	Rechne doch erst mal aus, wann sich die Autos treffen!
		Überprüfe deinen Lösungsweg!	Überprüfe die Größenordnung des Ergebnisses!	Jetzt weißt du, wie lange der Hubschrauber in der Luft bleibt, und du kennst seine Geschwindigkeit. Also? ...
			Überprüfe dein Ergebnis am Text!	

Die Methode des Scaffolding wurde bereits beschrieben. Einen Eindruck davon, wie das „Gerüst" sprachlich umgesetzt werden kann, um die Lernenden im Rahmen der Zone der nächsten Entwicklung zum selbstständigen Gehen weiterer Schritte zu ermutigen, bieten Holton und Thomas (2001).

> „Almost always these questions are open questions which lead the learner to think about the situation" (Holton und Thomas 2001, S. 91).

Holton und Thomas nennen einige dieser Fragen explizit:

1. What are the important ideas here?
2. Can you rephrase the problem in your own words?
3. Why are you doing this?
4. Are you convinced that bit is correct?
5. Have you answered the problem?
6. Have you considered all the cases?
7. Have you checked your solution?
8. Does it look reasonable?
9. Is there another solution?
10. Could you explain your answer to the class? (Orally or in written form.)
11. Is there another way to solve the problem?
12. Could you generalise the problem?
13. Can you extend the problem to cover different situations?
14. Can you make up another similar problem?

Die Fragen 1 und 2 beziehen sich offensichtlich auf das Verstehen der Fragestellung. Die Fragen 5 bis 14 beziehen sich auf den Moment, in dem die Schülerin oder der Schüler bereits eine Lösung oder einen Lösungsansatz gefunden hat. Dem eigentlichen Lösungsprozess können nur die Fragen 3 und 4 als Hilfestellungen zugerechnet werden.

Die hier genannten und von den Autorinnen und Autoren zur Verfügung gestellten Fragen illustrieren zwar die Ideen der Autorin bzw. des Autors, sind aber in mehrerer Hinsicht diskutabel.

Die Fragen wirken meines Erachtens wenig authentisch. Dies mag an der standardisierten Form liegen. Jede Lehrperson wird eine leicht abgewandelte Variante des Textes für die eigene Intervention nutzen, auch wenn die Bedeutung dieselbe ist. Wie solche Abwandlungen aussehen können oder sollen, geht aus der Literatur nicht hervor. Ebenso wird nicht deutlich, welche eigenen Worte Lehrpersonen finden, denen solche Listen als Richtlinien für Lehrerinterventionen in Vergleichsstudien vorgelegt werden, wählen.

Ein zweites großes Problem der genannten Aufzählungen ist deren Struktur. Wenn davon ausgegangen wird, dass Lehrpersonen innerhalb ihres Entwicklungsprozesses nicht nur intuitiv sondern metakognitiv strategische Interventionen einsetzen, dann ist die Zeit für die Auswahl einer geeigneten Intervention im normalen Gespräch äußerst knapp. In dieser Situation ist es schwierig, sich aus einer unstrukturierten Liste wie der von Holton und Thomas, an eine passende Intervention zu erinnern und diese im Gespräch anzuwenden. Die Struktur des Lösungsplans von Polya, die der Liste von Milgram zugrunde liegt, eignet sich meines Erachtens nicht, da die Lehrperson kaum einen Anhaltspunkt darüber haben kann, an welcher Stelle des nicht linear verlaufenden Lösungsplans sich die Schülerin oder der Schüler gerade befindet. Kurze Aufzählungen wie die von Nolte sind zwar gut zu erinnern, bleiben aber wieder sehr allgemein. Das spezielle Beispiel von Bruder vom Analogieprinzip auf alle anderen Strategien zu übertragen, würde wiederum eine sehr spezifische, aber möglicherweise auch zu umfangreiche Aufzählung ergeben.

Unklar bleibt auch der Einsatzzeitpunkt der Interventionen innerhalb eines Gesprächs. Damit sind nicht zeitlich gemessene Abstände zwischen einzelnen Interventionen gemeint, sondern der Bezug der Intervention auf die Gesprächsstruktur. Besonders deutlich wird dies bei Zechs Interventionsvorschlag „Die Aufgabe ist nicht schwer!" Diese Intervention kann nicht nur nicht zu jedem Zeitpunkt eines Gesprächs sinnvoll geäußert werden, ihr Einsatz ist auch abhängig von der Aufgabenstellung und von der Schülerin bzw. dem Schüler.

Grandsard (1995) schlägt einen Ablauf für Interventionen zum problemorientierten Zugang zum Zeichnen von Graphen vor. Sie zielt darauf ab, Schülerinnen und Schülern beizubringen, systematisch eigene Resultate zu überprüfen. Ihre Interventionen beziehen sich auf das Zeichnen („draw coordinate axes", „mark") und das Überprüfen („check") und Fehler suchen („find your errors and correct them") (vgl. Grandsard 1995).

Die bei Grandsard dargestellte Interventionsstrategie ist in mehrerer Hinsicht ein gutes Beispiel. Die Aufgabenstellung ist konkret angegeben, und die Interventionen sind in Textform dargestellt und den inhaltlichen Arbeitsschritten bzw. Schwierigkeiten der Schülerinnen und Schüler zugeordnet. Problematisch ist, dass sich die Strategie nur auf eine Aufgabe bezieht und somit nicht ohne weiteres verallgemeinert werden kann.

Die Darstellung verschiedener Interventionsebenen von Zech (1977) bleibt trotz zweifelhafter Textbeispiele und fehlender empirischer Erprobung eine umfassende Charakterisierung verschiedener Interventionsarten, die für die Umsetzung durch eine Lehrperson nach meiner Einschätzung eingängig ist. Dies zeigt sich insbesondere in der Beständigkeit des Werkes von Zech als Grundlage für die Ausbildung in Mathematikdidaktik. Die Inhalte aus Tabelle 4.3 blieben im Verlauf der Jahre unverändert (vgl. Zech 1977; Zech 1998).

Die für diese Studie interessanten *Impulse* können hierbei als die strategischen Anteile in den Kategorien ausgemacht werden. Im folgenden Kapitel wird die für diese Studie genutzte Kategorisierung von Interventionen beschrieben.

4.7 Interventionsarten

Zur Analyse der Lehrer-Interventionen wird im Rahmen dieser Arbeit ein Modell genutzt, welches auf den Arbeiten von Zech und Leiss basiert (Leiss 2007; Zech 1977). Im Gegensatz zur epistemologischen Perspektive, die im Kapitel 3 eingenommen wurde und die sich auf die Analyse der Erkenntnisse der Schülerinnen und Schüler im Arbeitsprozess bezieht, sind die Interventionsmodelle von Leiss und Zech klar auf die Frage zugeschnitten, wie sich das Handeln der Lehrperson auf Textebene beschreiben lassen kann.

Leiss beschreibt ein allgemeines Modell für Interventionsprozesse der Lehrperson wie in Abbildung 4.1 (Leiss 2007, S. 82).

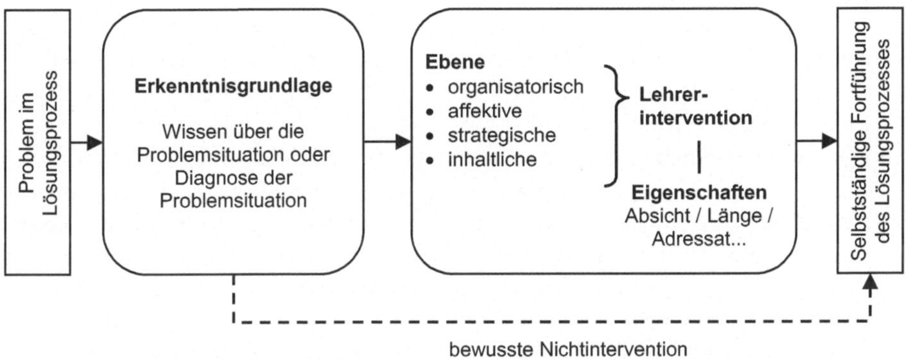

Abbildung 4.1   Idealtypischer Interventionsprozess nach Leiss (2007)

Auf dieser Grundlage entwirft und validiert Leiss ein Kategoriensystem, das Auslöser, Ebene und Absicht der Intervention unterscheidet. Diese drei Hauptkategorien werden weiter differenziert. In Bezug auf die Ebene differenziert Leiss in inhaltliche, strategische, affektive und organisatorische Interventionen, die wiederum Unterkategorien besitzen.

Leiss fordert, dass für „die Unterstützung von durch Modellierungsaufgaben initiierten Lösungsprozessen [...] zu den mit diesem Aufgabentypus verbundenen Spezifika adäquate Interventionen konkret benannt und deren Wirkung beschrieben" werden muss (Leiss 2007, S.83). Inhaltliche Interventionen werden hier also auf Modellierungsaufgaben bezogen und dem jeweiligen Schritt im Modellierungskreislauf zugeordnet. Diese Differenzierung lässt sich auf das Problemlösen nicht ohne weiteres anwenden, wie in Kapitel 2.3 dargestellt wurde.

Leiss betont zwar später die Wichtigkeit einer hochinterferenten Kodierung (vgl. Leiss 2007), die von ihm vorgeschlagenen zusätzlichen Informationen der hochinterferenten Beurteilung sind im Rahmen dieser Studie jedoch überflüssig[19] bzw. sogar methodisch problematisch[20].

Leiss betont, dass das unabhängige Kodieren der Ebene durchweg zu besseren Übereinstimmungen führte als das Kodieren von Auslöser und Intervention (Leiss 2007, S. 115f.). Er deutet an, dass zur Interpretation der Absicht einer Intervention ein der Aufgabenbearbeitung nachgestelltes Interview mit der Lehrperson herangezogen werden sollte (Leiss 2007, S. 107).

In der vorliegenden Studie fand eine Vorbereitung der Lehrpersonen statt, indem ihnen Grundlagen guter Gesprächsführung vermittelt wurden (vgl. Kapitel 7.3), wobei ein sensibler Umgang mit den Kategorien Auslöser und Absicht implizit eingeschlossen war.

Die Taxonomie von Zech, die in Tabelle 4.3 vorgestellt wurde, ist ein erfahrungsbasiertes, im Wesentlichen auf Unterrichtbeobachtungen basiertes Modell (Zech 1998, S. 315), das sich auch für die Fortbildung von Lehrpersonen eignet. Es ist einfach zu memorieren und klar strukturiert. Zech differenziert die strategischen Interventionen in allgemein-strategische und inhaltsorientiert-strategische Interventionen. Diese Trennung wird für diese Arbeit aufgegeben, da insbesondere Leiss (2007) zeigen konnte, dass strategische Interventionen derart selten vorkommen, dass eine Differenzierung a priori nicht notwendig scheint. In der Studie von Krammer (2009) wird die Kategorie der strategischen Interventionen sogar aufgegeben. Hier erscheint nur noch die Kategorie „Hinweis, indirekt" in der Klasse der inhaltlichen, mathematikbezogenen Unterstützungen (vgl. Krammer 2009, S. 168ff.). Auch dies ist ein Indiz für das seltene Auftreten rein strategischer Interventionen.

Das erweiterte Modell von Leiss ist differenzierter in Hinblick auf die Beschreibung von Interventionen als das von Zech. Zudem wurde es als Kodiersystem in Bezug auf seine Reliabilität statistisch überprüft.

Für diese Arbeit werden die Lehrerinterventionen den Kategorien inhaltliche, strategische, affektive und organisatorische Interventionen zugeordnet. Diese Zuordnung konnten Leiss und Wiegand auf weitere Quellen übertragen, die sich auf

---

[19]Die Beurteilung einer Intervention in Hinblick darauf, ob die Intervention invasiv oder responsiv erfolgt, ist im Eins-zu-Eins-Gespräch nicht möglich, da es sich um eine einzige Gesprächskette handelt, deren Fluss auch durch Pausen nicht unterbrochen wird.

[20]Die Absicht einer Intervention kann erklären, warum die Lehrperson auf eine Art und Weise interveniert. Sie sagt jedoch nichts darüber aus, welche Wirkung die Intervention nach außen zeigt. Die Absicht kann in der Regel über die Methode des *stimulated recall* erfasst werden. In dieser Studie wurde jedoch der interpretative Ansatz gewählt, der in der reinen Form keine weiteren als die beobachtbaren Daten zulässt.

Hilfen in selbstständigkeitsorientierten Lehr-Lern-Prozessen beziehen (Leiss und Wiegand 2005, S. 244).

Diese vier Kategorien werden im Folgenden erläutert (vgl. auch Leiss 2007, S. 79ff.).

- Organisatorische Intervention

  Organisatorische Interventionen sind solche, die für einen reibungslosen Ablauf des Arbeitsprozesses sorgen sollen. Hier kann die Lehrperson z. B. anordnen, wer sprechen darf oder wer ruhig sein soll. Sie kann erklären, wie viel Zeit noch zur Bearbeitung zur Verfügung steht, ob bestimmte Unterlagen ausgepackt werden müssen oder ob Material genutzt werden darf.

- Affektive Intervention

  In die Kategorie der affektiven Interventionen fallen solche Interventionen, die versuchen durch Lob oder Tadel allgemein unterstützend oder bremsend zu wirken. Lob oder Tadel können sich ganz allgemein auf das Verhalten einer Schülerin oder eines Schülers beziehen oder aber auf das inhaltliche Vorgehen. Hierzu kann z. B. die Bewertung von Ideen der Schülerinnen und Schüler zählen.

- Strategische Intervention (Metakognitive Hilfestellung, Lernprozesse)

  Hierzu zählen in Bezug auf mathematische Problemlöseprozesse verbale oder nonverbale Äußerungen seitens der Lehrperson, die ein strategisches Vorgehen anregen sollen und die keine konkreten mathematischen Inhalte vorgeben, auch wenn sie unter Umständen nah am Inhalt geäußert werden. Sie können sich z. B. auf metakognitives Vorgehen beziehen oder auf heuristische Strategien. Anregungen zur Kommunikation oder Argumentation fallen hierunter genauso wie die Anregungen zum Gebrauch von Werkzeugen wie Lineal und Taschenrechner.

- Inhaltliche Intervention

  Hierunter fallen Interventionen, die sich konkret auf mathematische Inhalte beziehen. Dies kann die Erklärung von Begriffen auf Text- und Deutungsebene sein, aber auch indirekte oder direkte Vorgaben zu Regeln und Verfahren.

Die vier Kategorien haben deskriptiven Charakter. Über die Bedeutung des Einsatzes dieser Interventionen lassen sich unterschiedliche Aussagen treffen.

Organisatorische Aspekte sind in Einzelgesprächen generell selten anzutreffen. Zudem sind sie weitgehend inhaltsfern.

Affektive Interventionen könnten wegen der Bewertung des Inhalts oder der Motivation eine Rolle bei der Bearbeitung von Problemlöseprozessen spielen, deren Bedeutung Weinert (1996) jedoch wie folgt abmildert.

> „Bei den motivationalen Determinanten von Lernleistungen gibt es einen erklärungsbedürftigen Widerspruch zwischen der plausiblen Vermutung größter Wichtigkeit dieser Klasse von Lernbedingungen und den dazu vorliegenden enttäuschenden empirischen Befunden" (Weinert 1996a, S.21).

Im Gegensatz zur intrinsischen (De-) Motivation ist die Möglichkeit des extrinsischen (De-) Motivierens wenig erforscht (Schiefele und Köller 2006). Zumindest aber in Bezug auf das Loben einer Schülerin bzw. eines Schülers kann davon ausgegangen werden, dass dies einen motivierenden Einfluss auf die gelobte Person hat (Rheinberg 2006).

Inhaltliche Interventionen beziehen sich plausiblerweise auf den Inhalt. Dass eine Lehrperson inhaltlich interveniert, bedeutet allerdings, dass sie in den Problemlöseprozess konkret eingreift. Sie gibt beispielsweise neue Inhalte hinein oder erklärt Begriffe. Diese Interventionen sollten im Problemlöseprozess vermieden werden.

Impulse, wie sie auch in Kapitel 4.6 im Wortlaut vorgestellt wurden, zählen zu den strategischen Interventionen. Insofern können die Forschungsfragen an dieser Stelle präzise gestellt werden.

1. Welche Rolle spielen strategische Interventionen in Problemlöseprozessen?

   - Auf welche Weise setzen Lehrpersonen strategische Interventionen in Problemlöseprozessen ein?

   - Welche Bedeutung haben strategische Interventionen im Problemlöse-Gespräch?

2. Wie sehen Gesprächsstrukturen (unter Berücksichtigung strategischer Interventionen) aus die konstruktiv in Hinblick auf den Problemlöseprozess erscheinen?

Im Kapitel 4.6 wurden bereits Beispiele für Lehrerinterventionen in selbstständigkeitsorientierten Problemlöse- (bzw. Modellierungs-) Prozessen vorgestellt. Im folgenden Abschnitt werde ich diese unter der nun vorliegenden Kategorisierung zusammenfassen.

4.8 Strategische Lehrerinterventionen

Die in Kapitel 4.6 gesammelten Beispiele für mögliche Interventionen fasse ich nun unter der Perspektive der Kategorie „strategische Interventionen" neu zusammen, da all diese Interventionen Prototypen für strategische Interventionen sind. Herausgelöst aus dem Interventionskonzept der jeweiligen Autorinnen und Autoren lassen sich die Äußerungen auch über diese Konzepte hinweg identifizieren und neu zusammenfassen.

Zunächst lassen sich Aufforderungen zusammenfassen, die die Aufgabenstellung thematisieren.

- Lies die Aufgabe genau durch! (Zech 1977)
- What are the unknowns? What information do you obtain from the problem? What information, if any, is missing or not needed? (Milgram 2007)
- Was kommt euch an dieser Aufgabe bekannt vor? (Bruder 2002)

Eine weitere Gruppe von strategischen Interventionen bilden die, die das Notieren von Ideen einfordern.

- Schreib dir die gegebenen Daten heraus! Mache dir doch mal eine Zeichnung! Versuche das Problem graphisch zu lösen! (Zech 1977)
- Make a table. Make a diagram. Write an equation. Keep an accurate record of your work. (Milgram 2007)
- Draw coordinate axes! Mark! (Grandsard 1995)

Eine ganze Reihe von Beispielen thematisiert das Überprüfen und die Auseinandersetzung mit falschen Ergebnissen.

- Überprüfe deinen Lösungsweg! Überprüfe die Größenordnung des Ergebnisses! Überprüfe dein Ergebnis am Text! (Zech 1977)
- Check each step of the plan as you proceed. This may be intuitive checking or a formal proof of each step. Check the results in the original problem. (In some cases, this will require a proof.) Interpret the solution in terms of the original problem. Does your answer make sense? Is it reasonable? Does it answer the question that was asked? (Milgram 2007)
- Have you checked your solution? Are you convinced that bit is correct? Have you answered the problem? Have you considered all the cases? Does it look reasonable? (Holton und Thomas 2001)
- Check! Find your errors and correct them! (Grandsard 1995)

Eine Reihe von strategischen Interventionen bezieht sich mehr oder weniger explizit auf (heuristische) Strategien.

- Versuche die gegebenen Daten in einen Zusammenhang zu bringen! (Zech 1977)
- Look for a pattern. Examine related problems and determine if the same technique applied to them can be applied here. Examine a simpler or special case of the problem to gain insight into the solution of the original problem. Use guess and check. Work backward. Identify a subgoal. Use indirect reasoning. Implement the strategy or strategies in step 2 and perform any necessary actions or computations. (Milgram 2007)
- Wie sind wir in ähnlichen Situationen vorgegangen? (Bruder 2002)

Einzig Zech führt strategische Interventionen auf, die sich auf spezifische Inhalte beziehen.

- Versuche deine Kenntnisse bezüglich Geschwindigkeit anzuwenden! Vielleicht kann dir die Dreisatz oder Verhältnisrechnung helfen! Worauf kommt es hier an? Welche Rolle spielt der Hubschrauber? (Zech 1977)

Eine Reihe von Fragen verlangen der Schülerin bzw. dem Schüler eine verbale Beschreibung oder Erklärung ab.

- Can you state the problem in your own words? What are you trying to find or do? (Milgram 2007)
- What are the important ideas here? Can you rephrase the problem in your own words? Could you explain your answer to the class? (Orally or in written form.) Why are you doing this? (Holton und Thomas 2001)
- Kannst du mir erklären, warum das so ist? Wie hast du das gemacht? Warum hast du das gemacht? Was hast du herausgefunden? (Nolte 2008)

Eine kleine Gruppe von strategischen Interventionen bezieht sich auf das Vergleichen von verschiedenen Lösungswegen.

- Determine whether there is another method of finding the solution. (Milgram 2007)
- Kann man das auch anders machen? (Nolte 2008)
- Is there another solution? Is there another way to solve the problem? (Holton und Thomas 2001)

Schließlich lassen sich strategische Interventionen zusammenfassen, die das Verallgemeinern des Problems anregen.

- Vergleicht die letzten Aufgaben(lösungen) miteinander – welche Gemeinsamkeiten gibt es? (Bruder 2002)

- If possible, determine other related or more general problems for which the technique will work. (Milgram 2007)
- Could you generalise the problem? (Holton und Thomas 2001)
- Can you extend the problem to cover different situations? (Holton und Thomas 2001)
- Can you make up another similar problem? (Holton und Thomas 2001)
- Was passiert, wenn ich etwas verändere? (Nolte 2008)

Die Zusammenfassung der Interventionsbeispiele zeigt, dass verschiedene Konzepte zum Teil identische strategische Interventionen vorschlagen. Da die Beispiele allerdings nicht auf empirischer Basis erhoben oder auf ihre Wirksamkeit hin untersucht wurden, bleibt offen, ob sie tatsächlich in Problemlösegesprächen umgesetzt werden und falls ja, mit welchem Ergebnis. Allgemein konnte Jüngst (1987, S 167) dennoch feststellen, dass „sich ein positiver Zusammenhang zwischen prozeßorientierten Lernhilfen [im Sinne von Duncker und Riedel] und dem Differenziertheitsgrad, den Aussagen, den selbstständigen Begründungen und dem Denkniveau der Schüler" ergibt.

4.9 Zusammenfassung

Der Forschungsstand zu Lehrerinterventionen in mathematischen Arbeitsprozessen ist derzeit noch lückenhaft. Fachspezifische Empfehlungen, die auf empirischen Daten beruhen, finden sich eher auf einer allgemeinen Ebene, die ein großes Deutungsspektrum zulässt. Weitere fachspezifische Empfehlungen sind empirisch nicht geprüft.

Interventionen werden im Rahmen dieser Studie als Äußerungen aufgefasst, die eine Textebene und eine Bedeutungsebene besitzen. Dabei ist die Textebene das Element, welches die Schülerin oder der Schüler zu deuten hat. Die Lehrperson sollte durch ihre Ausbildung die Fähigkeit besitzen, so zu formulieren, dass die Bedeutung des Begriffes, so wie sie innerhalb einer mathematischen Wissensgemeinschaft akzeptiert wird, präzise dargestellt ist. Für die Schülerin oder den Schüler kann und wird der Text dennoch ein Deutungsproblem darstellen.

> „Erstens, sprachliche Übermittlung und Belehrung ist eine wichtige, ja notwendige, aber keineswegs hinreichende Bedingung der Begriffsentwicklung und damit des Verstehen Lernens. Zweitens, sprachliche

Hinweise und Instruktionen bergen die Gefahr eines bloss *sprachlichen Verstehens*[21] in sich" (Seiler 1994, S. 85).

Im Kontrast zu dieser lückenhaften Beschreibung von Interventionen steht die Tatsache, dass Interventionen seitens der Lehrperson im alltäglichen Mathematikunterricht unerlässlich sind. Dabei muss allerdings berücksichtigt werden, dass psychologisch quantitative Experimente wegen des Komplexitätsgrades von Kommunikation nur schwierig umzusetzen sind und zum Teil schwer interpretierbare Ergebnisse liefern. Pädagogische Ansätze zur Betrachtung von Interventionen ergeben sich eher aus der Theorie und haben so wenig empirische Aussagekraft.

Die Auswertung der Daten zur vorliegenden Studie stützt sich in Bezug auf die Interventionen auf ein Modell zur Charakterisierung von Interventionen, welches sowohl der pädagogischen Erfahrung entlehnt ist, als auch empirisch überprüft wurde. In diesem Modell finden sich die konstruktiven Impulse im Problemlöseprozess unter den strategischen Interventionen wieder, auf deren Bedeutung sich die Forschungsfragen beziehen.

---

[21] „Ein sprachliches Verstehen, das auf die referentielle Bedeutung beschränkt bleibt, weiss in globaler und äusserlicher Weise, von welchem Gegenstand oder welcher Situation die Rede ist, kennt aber weder die genauen Merkmale, die mit dem betreffenden Ausdruck herausgehoben noch die Beziehungen und Abhängigkeiten die mit einem Wort oder Satz hergestellt werden sollen" (Seiler 1994, S. 86).

5 Lehrerinterventionen in Problemlöseprozessen

In den Kapiteln 2, 3 und 4 wurden Forschungsergebnisse zum Problemlösen, zu Lernprozessen und zu Interventionen zusammengetragen, die grundsätzlich unterschiedlichen methodischen Forschungsrichtungen entstammen: philosophische Ansätze, psychologisch empirisch-quantitative Ansätze, psychologisch genetisch begründete Ansätze, Ansätze aus soziologischer Perspektive und mathematikdidaktische Arbeiten quantitativer und qualitativer Natur. In diesem Kapitel werden die Ausführungen der Kapitel 2, 3 und 4 aufgegriffen und übergreifend zu einer Perspektive auf diese Arbeit zusammengeführt.

Insbesondere die theoretische Auseinandersetzung mit der Kompatibilität verschiedener Forschungstheorien und damit verbundenen Methodologien steht dabei im Vordergrund. Dazu gehört erstens die Problematik der Betrachtung des Problemlösens aus der epistemologischen Perspektive Steinbrings (Kap. 5.1). Zweitens wird die Sinnhaftigkeit der Untersuchung von Interventionen unter sozialkonstruktivistischer und epistemologischer Perspektive diskutiert (Kap. 5.2). Es folgt drittens die Auseinandersetzung mit der Untersuchung von Interventionen in der Rahmung des Interaktionismus (Kap. 5.3). Schließlich stelle ich zusammenfassend das theoretische Modell vor, welches dieser Arbeit zugrunde liegt (Kap. 5.4)

5.1 Problemlösen aus epistemologischer Perspektive

Zur Beschreibung des Arbeits- und Lernprozesses beim Problemlösen lege ich, wie in Kapitel 3.7 angedeutet, die epistemologische Theorie Steinbrings zugrunde.

Epistemologische Fragen im Rahmen der Mathematikdidaktik beziehen sich auf die Erkenntnisbedingungen mathematischen Wissens.

> „One can ask: what are the origins of the validity of our beliefs? Or, what are the sources of meaning of knowledge, and how is meaning constituted? These are different questions because meaning and truth are different categories. One can also ask: what is the ontogenesis of knowledge? and speak of the development of ‚cognitive structures‘, for example. Or the question can be posed about the ‚phylogenesis‘

of discursive systems of knowledge such as mathematics or its parts"
(Sierpinska und Lerman 1996, S. 829).

Das Wesen der Mathematik besteht nach Steinbring, wie schon beschrieben, in
ihrer Abstraktheit. Die Objekte, um die es geht, sind in keiner Weise real.

Die mathematischen Objekte stehen miteinander in Beziehung und bilden dadurch eine Struktur. Gerade dieses abstrakte Beziehungsnetz, das für sich allein
Bedeutung besitzt, mit dessen Hilfe aber auch einzelne Aspekte der Realität begriffen werden können, bildet die wissenschaftliche Besonderheit der Mathematik.

Dies impliziert, dass das Verständnis über die Beziehungen zwischen mathematischen Objekten wesentlicher Bestandteil des Erwerbs von mathematischem Wissen ist. Mathematisches Wissen ist damit mehr als die Abrufbarkeit von Begriffen:
Es ist die verständige Einbettung von neuen Begriffen in den mathematischen Kontext. Dieses Verständnis von Mathematik als Wissenschaft der „Muster" teilt auch
Schoenfeld (1992), der sich dem Thema „Was ist mathematisches Denken" über
das Problemlösen nähert.

Dass auch mathematisches Wissen von jedem Individuum selbst konstruiert
werden muss, ist heute allgemein akzeptiert. Neues mathematisches Wissen wird
also verstanden über seine spezielle epistemologische Art und den sozialen Austausch darüber.

> „The construction of new knowledge in mathematics teaching occurs
> under two important conditions: The particular character of classroom
> communication (‚Communication with the teacher who knows super-
> imposes mathematical interaction') and the particular epistemological
> nature of mathematical knowledge (‚Mathematical knowledge con-
> sists of symbolized, operational relations')" (Steinbring 2005, S. 79).

Auch über die Schule hinaus lässt sich dies festhalten. In der (Forschungs-) Ge-
meinschaft der Mathematikerinnen und Mathematiker stellt sich die Situation etwas anders dar als in der Schule. Heintz (2000) hält fest, dass die epistemische Besonderheit der Mathematik sich durch den „kohärenten Wissenskorpus" beschreiben lässt, der in sich bisher keine Widersprüche aufweist (Heintz 2000, S. 11).
Dies hängt u. a. mit der Natur des mathematischen Beweisens zusammen. Sie bedingt, dass Meinungsverschiedenheiten „in der Regel rational entschieden" werden (Heintz 2000, S. 272). Beweise haben laut Heintz also „eine wichtige Funktion
für die innermathematische Kommunikation, sie können diese Funktion aber nur
erfüllen, wenn sie auch *verstanden* werden, und dazu braucht es ein Hintergrundwissen, das im Beweis selbst nicht explizit formuliert ist" (Heintz 2000, S. 222,
Hervorhebung i. Orig.). Dieses gemeinsame Hintergrundwissen ist in Forschungs-
kreisen vorhanden und das unterscheidet den Arbeitsalltag der Mathematikerinnen

und Mathematiker deutlich von der Situation im Mathematikunterricht der Schule. Nach Heintz vergrößert sich jedoch „mit der zunehmenden Bedeutung der Lehre und der Entwicklung von Fachzeitschriften als primäres Verbreitungsmedium [...] das mathematische Publikum und wird gleichzeitig anonymer. Damit wird die Vermittlung von Mathematik zum Problem" (Heintz 2000, S. 273).

Sierpinska und Lerman (1996) erläutern, dass eine Gleichsetzung von Wahrheit und Bedeutung im Rahmen der epistemologischen Theoriebildung nicht akzeptabel für die Erforschung der Gelingens-Bedingungen für Gespräche im Mathematikunterricht sein kann.

> „The equating of meaning with truth conditions is unacceptable for anybody who is concerned not so much with the creation of a coherent theory of communication but with successful communication in the practice of teaching. Even if, in mathematics education, we are interested in the building of theories, we should never lose sight of the ultimate goal of these theories, which is the improvement of practice. A theory of meaning which would allow one to claim that statements such as ‚p and not q‘ and ‚p but not q‘ have the same meaning would not be able to take into account and explain many of the students' problems related to the understanding of mathematical language" (Sierpinska und Lerman 1996, S. 841).

Nach dem epistemologischen Dreieck von Steinbring lässt sich eine Äußerung oder ein Gesprächsanteil durch das Zeichen, den Referenzkontext und den dazugehörigen Begriff beschreiben. In der Auseinandersetzung mit den Ecken dieses Dreiecks entwickelt sich für die Schülerin bzw. den Schüler die Bedeutung zu einem Begriff.

Das Zeichen ist dabei „das Sichtbare". Es kann sich um eine Äußerung handeln, aber auch um ein mathematisches Symbol an der Tafel. Da es in dieser Arbeit um Gespräche in Problemlöseprozessen geht, in denen die Lehrperson in aller Regel rein sprachlich interveniert, können wir auch von der „Textebene" der Botschaft sprechen.

Der Text, der von der Lehrperson gesprochen wird, wird von der Schülerin bzw. dem Schüler interpretiert und andersherum. Die Referenzkontexte sind dabei Dinge, auf die sich im Text implizit oder sehr selten auch explizit bezogen wird, und der Begriff, um den es im aktuellen Gesprächsabschnitt geht, liegt dem Gespräch quasi zugrunde.

> "New knowledge as a symbolic, operational relation to be identified cannot be communicated directly; the only thing that can be commu-

nicated directly is how a ready made mathematical object fits into a certain logical structure" (Steinbring 2005, S. 79).

Mit seiner Theorie der Entwicklung von Bedeutung im Rahmen der Wissenskonstruktion gelingt es Steinbring, die Schwierigkeiten in der Kommunikation über mathematische Begriffe zu beschreiben (Sierpinska und Lerman 1996, S. 841). Darüber hinaus bietet der theoretische Ansatz der Nutzung des epistemologischen Dreiecks als Grundlage für die Interpretation die Möglichkeit Erkenntnis*prozesse* abzubilden. Das epistemologische Dreieck ist somit ein Modell, um neues mathematisches Wissen im Gesprächsprozess sichtbar zu machen (Steinbring 2006, S. 144).

Dies entspricht meiner in Kapitel 2 dargelegten Position zum Problemlösen, in der ich die Prozesshaftigkeit als zentrales Kriterium für die Möglichkeit des „Mathematik treibens" beschreibe. Die Gründe, Problemlöseprozesse zu untersuchen, wurden in Kapitel 2 dargelegt. Ebenso wurde diskutiert, warum die Begriffsbildung im Problemlöseprozess als Qualitätsfaktor des Problemlöseprozesses interpretiert werden kann (vgl. Kapitel 3.5).

Die Theorie Steinbrings ist somit auf Lehr-Lern-Prozesse beim Problemlösen anwendbar. Mit der zugehörigen Methode der Interpretation der Verbaldaten kann festgestellt werden, an welchen Stellen neues mathematisches Wissen von der Schülerin oder dem Schüler im Problemlöseprozess konstruiert wird. Dabei wird davon ausgegangen, dass der Moment der Begriffsbildung im weitesten Sinne eine interne Problemlösung darstellt. Die Interpretation auf Grundlage dieser Theorie hat allerdings ihre Grenzen, da sie die von Schülerinnen oder Schülern möglicherweise verwendeten Strategien nicht aufdecken kann. Andere Gründe, die dazu führen, dass die Beobachtung von Strategien nicht im Fokus dieser Untersuchung stehen, wurden bereits in Kapitel 3 genannt.

5.2 Interventionen aus konstruktivistischer und epistemologischer Sicht

Die Bedeutung der Interventionen bzw. der Lehrperson unter der konstruktivistischen Lernauffassung ist zunächst fundamental in Frage zu stellen.

> „Auf der einen Seite befinden sich die Lernenden als selbstreferentielle Systeme, die nur durch Perturbationen zur Modifikation ihrer Konstrukte angeregt werden können, und dem gegenüber die Lehrperson, deren Anliegen es ist, mathematische Inhalte und Denkweisen zu vermitteln, welche ebenfalls aus einem kognitiven, sozialen

und affektiven Konstrukionsprozess hervorgegangen sind" (Hußmann 2002b, S. 75).

Aus dieser radikal-konstruktivistischen Perspektive ergibt sich laut Hußmann die Aufgabe, ein „Lernarrangement" zu schaffen, das durch „Perturbationen ein Ungleichgewicht der kognitiven und affektiven Strukturen beim Individuum bzw. der Gruppe erzeugt und damit Äquilibrationsbemühungen auf Seiten des perturbierten Systems" auslösen (Hußmann 2002b, S. 75). Gute Lernarrangements werden zunächst über eine geeignete Aufgabenstellung erklärt. Die Mathematik als Objekt gibt es aus radikal-konstruktivistischer Sicht nicht, jeder Mensch muss alle Mathematik selbst neu erfinden. Die Lehrperson kann nicht vermitteln, sondern nur perturbieren, d. h. sie kann die Schülerinnen und Schüler dazu anregen, selbst zu erfinden bzw. eigene Erfindungen zu überdenken.

Im Rahmen der gemäßigten sozial-konstruktivistischen Theorie hält demgegenüber Steinbring die Lehrperson für einen durchaus wichtigen Faktor. Die subjektiven Konstruktionen von Mathematik werden hiernach nicht in völlig freiem Raum erschaffen, sondern in Auseinandersetzung mit der Lehrperson, die sich schon ein Bild von der Mathematik verschafft hat. Dies ist nach Steinbring sogar die erste Bedingung für die Konstruktion neuen mathematischen Wissens.

In den allermeisten Lehr-Lern-Prozessen ist die Interaktion also wesentlich davon beeinflusst, dass die Lehrperson eine längere Erfahrung im Umgang mit mathematischen Objekten aufweist und damit auf gewisse Weise den Schülerinnen und Schülern voraus ist. Es gibt jedoch keine Sicherheit, dass der Lehr-Lern-Prozess allein dadurch erfolgreich ist.

> „Thus the construction of new mathematical knowledge in the processes of teaching and learning is a fundamentally interactive creative proceeding whose fragile and open outcome has no warranty of success. Successful constructions of new knowlegde by students and the teacher are not the result of deterministic cause-effect processes, but rather spontaneous events" (Steinbring 2005, S. 80).

Steinbring untersucht Szenen, die im Vergleich der Lehr-Lern-Formen als Instruktion bezeichnet werden müssen (vgl. Steinbring 2005, S. 188). Er stellt hohe Ansprüche an das Niveau solcher Lehrperson-geleiteten Unterrichtsgespräche und betont die Bedeutung des Gesprächs als Möglichkeit zur Vertiefung mathematischen Wissens.

> „To go beyond the establishment of empirical facts, new, meaningful relations have to be constructed" (Steinbring 2005, S. 81).

Steinbring setzt außerdem ein Interaktions-Verhalten der Lehrperson voraus, welches es dieser ermöglicht, etwas über die Struktur des mathematischen Wissens der Schülerin oder des Schülers herauszufinden. Es wird implizit ein Interventionsverhalten gefordert, welches Gespräche fördert, ohne Inhaltliches vorwegzunehmen. Dies dient insbesondere dazu, die Wissensstrukturen der Schülerin bzw. des Schülers aufdecken zu können.

> „The reciprocal actions between the 'points' of the triangle and the necessary structures for the signs / symbols [...] and the object / reference context [...] must be actively produced by the student [...]. This active production is always subject to the epistemological constraints. Thus the epistemological triangle serves to model the nature of the (invisible) mathematical knowledge by means of representing the relations and structures constructed by the learner in the interaction" (Steinbring 2005, S. 23).

Dies ist auch Teil der Forderungen, zum Interventionsverhalten in Problemlöseprozessen, wie sie in Kapitel 4.5 dargestellt wurden.

Steinbring beginnt die Auseinandersetzung mit der Frage nach den Möglichkeiten der inhaltlichen Wissens*vermittlung* über die Diskussion der provokanten, aber verbreiteten These „Students yet have to learn what the teacher already knows!" (Steinbring 1991, S. 67).

Diese Perspektive ist allerdings in Bezug auf den Inhalt zu kurz gedacht. Zunächst ist Mathematik nicht einfach Ansammlung von Fakten, sondern ein vernetztes Feld von Begriffen und Strukturen, deren Zusammenhänge und Bedeutungen Schülerinnen und Schüler selbst generieren müssen.

Die Lehrperson wiederum bringt in ihrer Vermittlung nicht nur mathematisches Wissen ein, sondern auch verschiedene Formen von didaktischem, psychologischem und pädagogischem Wissen und außerdem in der Regel eine Menge Erfahrung (vgl. Steinbring 1991, S. 72).

Im Vergleich zweier Unterrichtsepisoden macht Steinbring deutlich, dass Unterricht auch dann misslingen kann, wenn die Lehrperson das Wissen möglichst weit auf das Niveau der Schülerinnen und Schüler heranbringt (Steinbring 1991, S. 82). In der Episode, in der dies misslingt, versucht die Lehrperson die Schülerinnen und Schüler durch geschicktes Fragen auf den richtigen Weg zu bringen. Für die Schülerinnen und Schüler jedoch bleibt der komplexe mathematische Begriff dabei im Verborgenen.

An dieser Stelle wird deutlich, dass geschicktes (nicht inhaltsbezogenes) Fragen nicht unter allen Umständen günstig sein muss. Es ist wichtig, diese kritische Sicht stets beizubehalten, auch wenn bisher (vgl. Kapitel 4.8) strategische Interventionen als besonders interessant dargestellt wurden.

Die Lehrperson sieht Steinbring in der Rolle des Mediators der Wissenskonstruktion in der Unterrichtsinteraktion (vgl. Steinbring 1991, S. 93). Sie muss dafür sorgen, dass Mathematik treiben auch bei den Schülerinnen und Schülern als Prozess wahrgenommen wird, dass also die Mathematik nicht auf das Auswendiglernen von Regeln reduziert wird. Darüber hinaus muss die Lehrperson geeignete Gelegenheiten zum Lernen schaffen:

> „Hence, the teacher must provide opportunities of learning for the student which promotes such an active construction of knowledge. And the form of such opportunities of learning cannot be chosen at will, as every student has his own, very particular representation of knowledge" (Steinbring 1991, S. 95).

Das von Steinbring geforderte Interventionsverhalten widerspricht also nicht dem aus mathematikdidaktischer Perspektive geforderten Interventionsverhalten im Problemlöseprozess.

Es gibt aber im Problemlöseprozess weitere Anforderungen an die Lehrperson bezüglich ihres Interaktionsverhaltens, als sie von Steinbring gefordert werden (vgl. Kapitel 4.5). In diesem Forschungsdesign werden Szenen untersucht, in denen die Lehrerin bzw. der Lehrer gehalten ist, möglichst wenig durch direkte Instruktion zu intervenieren. Insbesondere interessieren Situationen, in denen die Lehrperson nicht interveniert oder strategisch interveniert und somit gar keinen inhaltlichen Beitrag leistet.

Die Interventionseinordnungen dienen erstens zur Beschreibung von Gesprächsstrukturen die über die epistemologische Interpretation hinausgehen und zweitens zur möglichen aktiven Nutzung als Lehrmaterial.

5.3 Interventionen im Rahmen des Interaktionismus

Lehrerinterventionen können auf verschiedene Arten interpretiert werden, so zum Beispiel als verbale und nonverbale Äußerungen im Rahmen eines Gespräches oder als wiederkehrende Handlungsaufforderung im Rahmen des Unterrichts. Diese durchaus verschiedenen Blickwinkel spiegeln sich in der Forschung wider.

Der Interaktionismus entspringt soziologischen Ideen. Er lässt sich unter anderem auf Blumer und Meads zurückführen und besteht auf drei Grundannahmen (vgl. Blumer 1969/2004, S. 322f.).

- Menschen handeln Dingen gegenüber auf der Grundlage der Bedeutung, die Dinge für sie besitzen.

- Die Bedeutung dieser Dinge entsteht aus der sozialen Interaktion, die der Mensch mit seinen Mitmenschen eingeht.

- Diese Bedeutungen werden vom Menschen in einem interpretativen Prozess in der Auseinandersetzung mit den Dingen wieder geändert.

Blumer (1969/2004) stellt sich damit auf die Seite derjenigen, die die Möglichkeiten der quantitativen Erfassung einzelner Handlungs-Komponenten für sehr gering halten und dem quantitativ-empirischen, naturwissenschaftlichen Theorieansatz eine interaktionistische, qualitative Theoriegrundlage entgegenstellen.

Bauersfeld (1994, S. 133f.) zeichnet die Entwicklung des Verständnisses von Interaktionismus nach. „Up into the 1980s, ‚interaction' was understood mainly as an interaction between variables, for example, as ‚Aptitude x Treatment interaction' rather than as social interaction".[1] Den Interaktionismus nach Blumer beschreibt er als „mediating position", die es ermöglicht, einen ganzheitlichen Blick auf Unterrichtsgespräche zu erhalten.[2]

Im Rahmen der Mathematikdidaktik spiegelt sich der interaktionistische Ansatz seither in einer ganzen Reihe von Arbeiten wider. Dazu gehören zum Beispiel die Untersuchungen von Gesprächsmustern von Bauersfeld, Voigt und Krummheuer (vgl. Bauersfeld 1978; Bauersfeld 1988; Voigt 1984a; Voigt 1984b; Voigt 1991; Voigt 1994; Krummheuer und Voigt 1991).

Sierpinska und Lerman (1996, S. 851f.) stellen drei Blickwinkel vor, die die Forscherin oder der Forscher einnimmt, wenn er sich auf die interaktionistische Theorie zur Beschreibung von Unterrichtsgesprächen einlässt.

> „The property of the relation between students' individual activity and the classroom culture is called reflexivity. [...] One important implication of the assumption of reflexivity is that what is eventually learned

---

[1] Als Beispiel für ein solches Vorgehen kann die Arbeit von Riedel (1973) gesehen werden. Während Riedels theoretische Ausführungen zum entdeckenden Lehren und begleitenden Hilfen nach wie vor modernen Charakter besitzen, reduziert sich die empirische Untersuchung auf den Vergleich einer Versuchsklasse, die in programmierter Lernumgebung unterrichtet wird mit einer Kontrollgruppe, die keine Hilfen zur Aufgabe erhielt.

[2] Er grenzt sich dabei sowohl von den (damals westlich geprägten) psychologischen Studien ab, die das Individuum und seinen Wissenserwerb in der Regel als isoliert von sozialen Prozessen betrachten, als auch von den Ansätzen einer „Aktivitätstheorie", die (im sowjetischen Raum) auf der Basis von Vygotskys späten Veröffentlichungen entwickelt wurden. An letzterer kritisiert Bauersfeld eine seines Erachtens zu starke Betonung des sozialen und die Identifikation des Sprechens mit Denken.

> by individual students in the classroom depends on the type of microculture they have participated in learning. [...]
>
> Another important stance of interactionism is that people learn indirectly, through participating in a culture and its discursive practices. [...]
>
> Interactionism ceases to see language as a separate object – a tool – that can be used for one purpose or another (and that, in principle, could be replaced by something else: some other means of communication)."

Auch die Arbeiten von Steinbring basieren auf dem interaktionistischen Grundgedanken. Der epistemologischen Theorie Steinbrings liegt die interaktionistische Perspektive zugrunde, die die Teilnehmerinnen und Teilnehmer am Gespräch als (relativ) gleichwertig betrachtet, die miteinander kommunizieren und aus deren Kommunikation sich ein Thema konstruiert oder sich eine Erkenntnis ausbildet. Sie gehen mit dem Einbeziehen des Fachspezifischen, der Begriffsbildung, noch einen Schritt weiter als die eben genannten Arbeiten.

Trotzdem bleibt hier die Dichotomie zwischen Beschreibung bzw. Interpretation im Sinne Blumers Ausführungen und der Schulpraxis, die Steinbring folgendermaßen positiv beschreibt.

> „The relative separation and autonomy of (content related educational) theory and (school) practice, however, does not mean that there are no reciprocal actions between the two at all. Rather, in the relation between theory and practice, the respective other field can be seen as a necessary environment, in which irritations and stimulations occur, which indirectly animate the one field in order to implement changes, alternative ways of proceeding and further developments" (Steinbring 2008, S. 309).

Im Rahmen dieser Arbeit wird der Grundgedanke solcher „indirekter Beeinflussung" für unzureichend gehalten. Die Empfehlungen für das Interaktionsverhalten seitens der Lehrperson, die aus Arbeiten mit vorwiegend interaktionistischer Perspektive hervorgegangen sind, sind sehr allgemein.

Sierpinska und Lerman (1996) untersuchen verschiedene Strömungen des Interaktionismus in der internationalen mathematikdidaktischen Forschung. Aus ihrer Sicht kann aus interaktionistischer Perspektive nur geschlossen werden, dass verschiedene Formen von Interaktion mit verschiedenen Formen von Wissen zusammenhängen.

„If interactionism has any implications for teaching it is in the form of an awareness that different formats of interaction produce different types of knowledge. The choice of the type of knowledge we, as educators, want our students to achieve, is a matter of ideological values, not of learning theory. On the other hand, the matching of a format of interaction with the preferred type of knowledge is a matter of study and experimentation" (Sierpinska und Lerman 1996, S. 867).

In diesem Sinne kann also die vorliegende Arbeit als Studie darüber aufgefasst werden, welche Interaktionsform zum Wissenserwerb im Problemlöseprozess passt.

5.4 Zusammenfassung der theoretischen Überlegungen

Meiner Arbeit lege ich die interaktionistisch basierte, sozial-konstruktivistisch ausgerichtete epistemologische Theorie Steinbrings zugrunde.

Der Fokus liegt allerdings nicht allein auf der Rekonstruktion des Wissenserwerbs oder der Beschreibung von Deutungen mathematischen Wissens durch die Beteiligten des Gesprächsprozesses, sondern darüber hinausgehend auf der Betrachtung strategischer Interventionen, im Sinne von speziellen Äußerungen der Lehrperson, die mit diesem Wissenserwerb in Zusammenhang stehen. Neben meiner grundsätzlichen (interaktionistischen) Annahme, dass alle Teilnehmerinnen und Teilnehmer am Gespräch in diskursivem Austausch miteinander stehen, führe ich mit dem Terminus der Intervention eine Auszeichnung der Gesprächsbeiträge der Lehrperson ein.

Es bleibt also zu klären, ob diese Auszeichnungen der Lehreranteile des Gesprächs verträglich mit der interaktionistischen Perspektive sind und die Gründe zu benennen, weshalb eine Zuordnung der Lehrerinterventionen zu den Kategorien nach Kapitel 4.7 im Rahmen dieser Arbeit nötig erscheint.

Zunächst bleibt, wie schon erwähnt, eine rein allgemeine Beschreibung von günstigen oder ungünstigen Lehrerinterventionen für die Unterrichtspraxis stets unbefriedigend. Aus wissenschaftlicher Sicht gilt es vorsichtig zu sein mit den theoretischen Implikationen für die Unterrichtspraxis. Die epistemologische Analyse ist in der Regel deskriptiv; eine Instruktionstheorie muss Handlungsmöglichkeiten aufzeigen (vgl. Sierpinska und Lerman 1996, S. 865). Aus unterrichtspraktischer Sicht steht aber, insbesondere wenn es um spezifische Inhaltsbereiche oder Kompetenzbereiche wie das Problemlösen geht, das Interesse nach konkreteren

Ratschlägen im Vordergrund. Diese Ratschläge müssen unterrichtstauglich sein in dem Sinne, dass die Lehrperson sich an ihnen orientieren kann, ohne die eigene Authentizität zu verlieren.

Aus praktischer Sicht bleibt faktisch bestehen, dass Lehrperson und Schülerin oder Schüler aus sozialer Perspektive per se unterschiedlich sind. Die Lehrperson ist kompetenter, der Schülerin bzw. dem Schüler in der Aufsichtspflicht übergeordnet, sie ist in der Regel älter und mindestens für die Initiation und Strukturierung des Lernprozesses verantwortlich. Stebler et al. (1994) sehen die Lehrperson in zwei wichtigen Funktionen. Zum einen sind sie Vorbild für die Schülerinnen und Schüler, indem sie fachkompetent sind. Zum anderen bauen sie die Gesprächsgemeinschaft im Klassenraum auf und steuern diese (vgl. Stebler et al. 1994, S. 236).

Ein weiterer Punkt, der zu beachten ist, ist das Niveau der Fachsprache, auf dem sich die Lehrperson bewegt. Während die Textäußerungen der Schülerin oder des Schülers in der Regel das Niveau der Fachsprache noch nicht erreicht haben, kann und soll die Lehrperson diese Zeichen zur Diagnostik des Verständnisses der Schülerinnen und Schüler nutzen. Die Lehrperson dagegen sollte fachsprachlich sauber, aber möglichst einfach erklären können und ihre Textäußerungen mit großer Überlegung und Bedacht einsetzen.

In Bezug auf die drei Grundannahmen Blumers kann also davon ausgegangen werden, dass die Lehrperson sich im Laufe ihrer Ausbildung und Unterrichtserfahrung schon einer ganzen Reihe von Auseinandersetzungen mit denselben Begriffen gestellt hat.

Wird die unterschiedliche Stellung von Lehrperson und Schülerin bzw. Schüler in der Interaktion ernstgenommen, so muss insbesondere bedacht werden, dass die Lehrperson über eine reichhaltigere Erfahrung zum Begriff und seiner Bedeutung verfügt. Zudem ist sie mit möglichen Referenzkontexten vertraut. Die Lehrperson kann also im laufenden Gespräch erkennen, auf was sich die Schülerin oder der Schüler bezieht. Außerdem kann sie erkennen, welche inhaltlichen Komponenten die Schülerin bzw. der Schüler in der Bearbeitung des Problems außer Acht lässt, obwohl die Lehrperson dies in Form einer Textäußerung[3] bereits im Gespräch erwähnt hat. Die Schülerin oder der Schüler ist demgegenüber eingenommen von der Begriffs- und Bedeutungskonstruktion und dem Verarbeiten der Textäußerungen der Lehrperson.

---

[3]Der Ausdruck „Textäußerung" wird eingesetzt zur Darstellung der wahrgenommenen Sprache und grenzt damit eine Deutung bzw. ein Verständnis ab.

Während für die Schülerin oder den Schüler die Bedeutungskonstruktion im Zentrum steht, hat die Lehrperson durchaus Gelegenheit, neben der inhaltlichen Auseinandersetzung auf einer Meta-Ebene das Gespräch zu steuern[4].

Es bleibt also festzuhalten, dass im Rahmen der interaktionistischen Analyse die zwei Parteien zwar in gewissem Sinne gleichberechtigte Gesprächspartner sind, die Lehrperson jedoch mehr Spielraum in der Gesprächssteuerung hat und diese gezielt nutzen kann. Eine Möglichkeit dieser Nutzung sind passende mathematik-didaktische Interventionsvorschläge, die sich nur entwickeln lassen, wenn die Ge-sprächsanteile der Lehrperson auch wissenschaftlich anders wahrgenommen wer-den als die Gesprächsanteile der Schülerin oder des Schülers, und zwar im selben Gespräch.

An dieser Stelle ist zu betonen, dass diese Arbeit, wie schon weiter oben er-wähnt, nicht zu einer Instruktionstheorie führen kann. Dies wäre im Rahmen der deskriptiven epistemologischen Grundhaltung mit methodologischen Wider-sprüchen verbunden. Die epistemologische Perspektive Steinbrings wird lediglich durch einen Fokus auf die Art der Äußerung der Lehrperson erweitert.

Steinbring fordert, dass Lehrpersonen als Interaktionspartnerinnen und -partner so interagieren müssen, dass den Schülerinnen und Schülern Gelegenheit gegeben wird, selbst Worte zu finden und damit selbst Inhalte zu deuten. Den Forschen-den interessiert die Erkenntnis der Schülerin oder des Schülers im Kontext des Gesprächs. Diese Perspektive ist forschungsmethodisch konsequent, aber es kann nicht auf ein sprachtheoretisches Werkzeug geschlossen werden, welches den Leh-rerinnen und Lehrern konkrete Hinweise für eine angemessene Interaktion liefert (vgl. Sierpinska und Lerman 1996).

Eine Möglichkeit der Charakterisierung von Interventionen wurde in Kapitel 4.7 beschrieben. Hierbei beziehen sich die Autorinnen und Autoren ausschließlich auf die oberflächliche Textebene. Aus der epistemologischen Perspektive Steinbrings wird jeder Text auf sein inhaltliches Deutungspotential untersucht. Deutungen, die die Schülerin bzw. der Schüler in Bezug z. B. auf ihr Selbstwertgefühl aufgrund einer Äußerung vornehmen, werden im Rahmen der epistemologischen Interpre-tation nicht erfasst.

Wird also eine Kodierung der Textäußerungen der Lehrperson in die Kategorien „inhaltlich, organisatorisch, strategisch bzw. affektiv" über eine epistemologische Interpretation desselben Transkripts gelegt, dann wird deutlich, dass Textäußerun-gen der Lehrperson, wie „Du machst immer alles falsch!", die als affektiv kodiert

---

[4]Steinbring (1991) macht deutlich, inwiefern sich Lehrpersonen bzw. Schülerinnen und Schüler be-züglich ihres Wissens unterscheiden, betont aber lediglich die Konsequenz, dass die Lehrperson Lerngelegenheiten für die Schülerinnen und Schüler schaffen muss.

würden, möglicherweise in Zusammenhang stehen mit einer Deutung der Schülerin oder des Schülers, wie „im Plus-Rechnen lässt sich keine Regel erkennen".

Auch der umgekehrte Fall ist möglich. Eine Intervention auf inhaltlicher Ebene, wie z. B. „Fünf plus fünf ist gleich zehn!" kann durchaus gedeutet werden als „Du machst immer alles falsch!" und wird damit trotz inhaltlichen Potentials affektiv gedeutet.

Während dieser Fall nicht über die epistemologische Interpretation erfasst wird, zeigt das vorhergehende Szenario, dass die Kodierung der Textäußerung der Lehrperson zum epistemologischen Erkenntnisprozess nicht beiträgt, ihn aber auch nicht stört, da die Textebene stets bestehen bleibt.

Ein Gesprächsmodell, das diese Zusammenhänge veranschaulicht, findet sich in Abbildung 5.1.

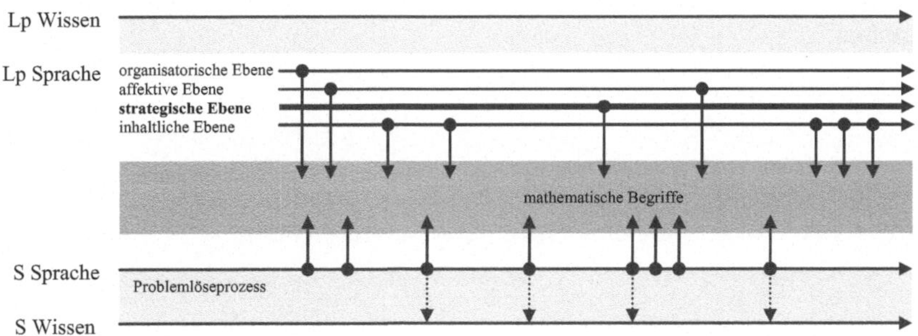

Abbildung 5.1   Ein theoretisches Modell zur Beschreibung mathematischer Dialoge

Das Zentrum des dargestellten Dialogs zwischen einer Lehrperson und einer Schülerin bzw. einem Schüler bilden die mathematischen Begriffe, die als abstrakte Objekte den Dialog durchziehen und die der Kern jeden Gesprächs über Mathematik sind.

Der zeitliche Verlauf des Gesprächs ist durch horizontale Pfeile dargestellt. Lehrperson und Schülerin bzw. Schüler stehen einander, so wie im Dialog üblich, gegenüber. Es ist dabei ohne Bedeutung, dass die Lehrperson im Modell vertikal über der Schülerin bzw. dem Schüler abgebildet ist. Beide Personen verfügen (potentiell) über Sprache und Wissen. Diese stellen jedoch zwei verschiedene Orte dar. Äußerungen der Lehrperson werden den vier Kategorien inhaltlich, strategisch, affektiv und organisatorisch zugeordnet, wobei die strategischen Interventionen als Untersuchungsgegenstand durch eine dickere Linie hervorgehoben werden.

Kleine vertikale Pfeile, die im (potentiellen) Sprachraum verankert sind, stellen konkrete verbale Äußerungen der Person dar. Die Äußerungen richten sich zur Gesprächspartnerin bzw. zum Gesprächspartner, ihr Bezug zu anderen Äußerungen, Begriffen oder Referenzkontexten außerhalb der Sprache kann hier der Komplexität wegen nicht dargestellt werden und bleibt daher offen, ist aber im Sinne Steinbrings mitzudenken.

Im Raum zwischen der Sprache und dem Wissen der Schülerin bzw. des Schülers entfaltet sich der Problemlöseprozess. Über die epistemologische Analyse nach Steinbring lassen sich in den sprachlichen Äußerungen der Schülerin bzw. des Schülers Hinweise finden, die auf eine subjektive Wissenskonstruktion hindeuten. Dies ist durch kurze, gestrichelte Pfeile dargestellt.

Dieses Modell bildet meine theoretische Sicht auf Dialoge zu mathematischen Problemen ab und wird in der Untersuchung genutzt, um die Rolle strategischer Interventionen im Rahmen von mathematischen Problemlöse-Gesprächen zu beschreiben.

Teil II

Untersuchungsdesign, Methoden der Datenauswertung und methodologische Überlegungen

6 Richtungsweisende Voruntersuchungen

In diesem Kapitel werden die vorbereitenden Studien vorgestellt. Dazu zählen die Aufgabenauswahl, die über deren Erprobung an geeigneten Bearbeitergruppen erfolgte, eine Voruntersuchung zu mathematischen Problemlöse-Gesprächen und eine sorgfältige inhaltliche Analyse der genutzten Aufgaben.

Die inhaltliche Auseinandersetzung mit den Aufgaben verschafft einen Einblick in ihr Problemlöse-Potential. Aus den von Hagland et al. (2005) vorgestellten Aufgaben wurden 8 in einer Vorstudie erprobt und schließlich 5 ausgewählt. Diese Auswahl wird im Folgenden begründet. Als Vorbereitung für die Erfassung der Gespräche in der Hauptstudie wurden in einer weiteren Vorstudie systematisch Gespräche zu zwei verschiedenen Aufgaben aufgezeichnet. Von den Ergebnissen dieser Voruntersuchungen hängen einige Entscheidungen für Organisation und Gestaltung der Hauptuntersuchung ab. Daher werden sie an dieser Stelle näher ausgeführt.

6.1 Aufgabenauswahl

Von Hagland et al. (2005) werden 13 Aufgaben zum Problemlösen vorgestellt. Da im Rahmen der Untersuchung nicht alle Aufgaben genutzt werden konnten, mussten zunächst von den zur Verfügung stehenden Aufgaben diejenigen ausgewählt werden, die am geeignetsten erschienen (vgl. Kapitel 2.7).

Die Aufgaben „Skolan" (Schule)[1], „En hel och dess del" (Das Ganze und ein Bruchteil)[2], „Köpa böcker" (Bücher kaufen)[3], „Glassarna" (Eis)[4], „Klippa gräs" (Rasen mähen), „Stenplattor" (Steinplatten), „Tornet" (Turm) und „Tangram" wur-

---

[1] Aufgabe „Skolan" (Schule): Du weißt folgendes über eine Schule mit den Klassenstufen 7-9: Genau ein Drittel der Schüler sind in der 8. Klasse. Genau 20% der Schüler fahren mit dem Bus zur Schule. Die Schule hat mehr als 300 Schüler. Wie viele Schüler können auf dieser Schule sein?

[2] Aufgabe „En hel och dess del" (Das Ganze und ein Bruchteil): Eine Zahl und deren Siebtel sind zusammen 19. Wie groß ist die Zahl?

[3] Aufgabe „Köpa böcker" (Bücher kaufen): Linda kauft Bücher. Sie bezahlt für ihre drei Bücher – Nöstlinger, Preußler und Ende – 45 Euro. Das Buch von Nöstlinger kostet 10 Euro mehr als das von Ende. Nöstlinger und Ende kosten zusammen 19 Euro mehr als Preußler. Wie viel kostet jedes Buch?

[4] Diese und die folgenden Aufgabenstellungen finden sich in Kap. 6.3

den in einem ersten Schritt für eine empirische Erprobung ausgewählt. Diese Aufgaben decken die von der KMK vorgeschlagenen Inhaltsbereiche für den Mathematikunterricht der Sekundarstufe I ab (vgl. KMK 2003 sowie KMK 2004).

In einer Vorstudie wurde untersucht, ob die von Hagland et al. (2005) vorgestellten Lösungen schwedischer Schülerinnen und Schüler denen der deutschen Schülerinnen und Schüler entsprechen, welche Bearbeitungsstrategien genutzt werden und ob die Bearbeitungswege tatsächlich vielfältig sind.

Insgesamt 193 Studierenden, die am Anfang des Studiums[5] standen, wurden im Winter 2006/07 jeweils zwei der oben aufgeführten Aufgaben als Hausaufgaben aufgetragen. Erwartet wurde eine schriftliche Darstellung in Form eines Lerntagebuchs. Für die Hauptstudie wurde vorgesehen, die Anzahl der Aufgaben zu verringern, damit jede Lehrperson alle Aufgaben mindestens einmal im Gespräch erproben kann. Zudem sollte aus jedem Inhaltsbereich mindestens eine Aufgabe ausgewählt werden, um eine bessere Verallgemeinerbarkeit der Ergebnisse zu erreichen als ohne Variation der inhaltlichen Grundlagen. Die Auswertung der Lösungswege in den Lerntagebüchern führte zur Einschränkung auf die Aufgaben Turm (Algebra), Tangram (Geometrie), Rasen (Funktionen), Eis (Stochastik) und Steinplatten (Algebra).

Im nächsten Schritt wurde untersucht, ob die Schwierigkeit der Aufgaben bzw. ihre Funktion als Problemlöseaufgaben auch für die in der Literatur vorgeschlagenen Klassenstufen 7-9 angemessen ist. Dazu wurden zwei Aufgaben[6] ausgewählt: Turm (Algebra) und Tangram (Geometrie).

Beide Aufgaben wurden in insgesamt 4 Klassen der Stufen 7 und 8 verschiedener Schulen[7] im Frühjahr 2007 in der Dortmunder Umgebung durchgeführt. Die Schülerinnen und Schüler hatten nach Vorstellung der Aufgabe jeweils 45 Minuten Zeit zur Bearbeitung. Die Bearbeitung sollte im Wesentlichen in Einzelarbeit erfolgen, gegen Ende der Schulstunde fanden in den Klassen, die dies gewohnt waren und deren Sitzordnung es zuließ, Gruppendiskussionen zur Aufgabe statt. Die Schülerinnen und Schüler waren angewiesen, so ausführliche Beschreibungen ihres Rechenweges zu machen wie möglich und nicht zu radieren. Ergebnisse, die nicht in der Einzel-, sondern in der Gruppenarbeit entstanden sind, wurden von den

---

[5]Die Teilnehmerinnen und Teilnehmer waren Studierende der Studiengänge Lehramt Haupt- und Realschule oder Grundschule, etwa 5% waren Studierende der Studiengänge für Lehramt Gymnasium und Berufskolleg.

[6]Aus organisatorischen Gründen schien es angebracht, nicht alle Aufgaben noch einmal durchzuführen, sondern die Untersuchung auf zwei Inhaltsbereiche zu beschränken. Die Ergebnisse der Bearbeitungen der Schülerinnen und Schüler wurde mit den Ergebnissen der Voruntersuchung mit den Studierenden verglichen, um weitere Anhaltspunkte für die Schwierigkeit der Aufgaben zu erhalten.

[7]Hauptschule Klasse 8, Gesamtschule Klasse 8, zwei 7. Klassen aus verschiedenen Gymnasien.

Schülerinnen und Schülern auf dem Arbeitsblatt gekennzeichnet. Die Lehrperson war während der Bearbeitung angewiesen, keinerlei inhaltliche Hilfestellungen zu geben. Es durfte lediglich die Aufgabenstellung wiederholend erklärt werden.

Es zeigte sich, dass die Aufgaben in Bezug auf ihren Schwierigkeitsgrad durchaus angemessen waren, dass sie ein breites Spektrum an Ansätzen hervorriefen und dass sie differenzierend waren, also den Anforderungen an Problemlöseaufgaben entsprachen.

6.2 Interventionen ohne Anleitung

Während des Tests der Aufgaben wurde parallel eine erste Interventions-Erhebung durchgeführt. 6 Studierende der TU Dortmund aus unterschiedlichen Lehramtsstudiengängen unterstützten hierzu jeweils 3 bis 5 Schülerinnen und Schüler der 4 oben genannten Klassen bei der Bearbeitung der Aufgaben im Einzelgespräch. Diese Einzelgespräche fanden separat von der Klasse in getrennten Räumen statt. Es liegen aus dieser Vorstudie insgesamt 12 Interviews zu jeder Aufgabe vor, wobei insgesamt 13 verschiedene Schülerinnen und Schüler interviewt worden sind. Fast jeder dieser Schülerinnen und Schüler bearbeitete beide Aufgaben mit jeweils zwei verschiedenen Studierenden (vgl. Tabelle 6.1).

Tabelle 6.1 Übersicht der erhobenen Einzelgespräche im Rahmen der Vorstudie. Die Lehrpersonen wurden mit Lp1,..., Lp5 anonymisiert. Die Schülerinnen und Schüler sind mit fiktiven Namen bezeichnet.

Klasse	*Aufgabe*	*Gespräch*	*Gespräch*	*Gespräch*	*Gespräch*
Hauptschule,	Turm	Lp2 - Tini	Lp1 - Sina	Lp6 - Max	Lp4 - Sara
7. Klasse	Tangram	Lp2 - Max	Lp1 - Sara	Lp6 - Sina	Lp4 - Tini
Gesamtschule,	Turm	Lp3 - Kim	Lp5 - Tom	Lp2 - Jana	
8. Klasse	Tangram	Lp3 - Tom	Lp5 - Jana	Lp2 - Kim	
Gymnasium	Turm	Lp1 - Leo	Lp6 - Cem		
A, 7. Klasse	Tangram	Lp5 - Brit	Lp2 - Cem	Lp4 - Leo	
Gymnasium	Turm	Lp3 - Lisa	Lp4 - Jim	Lp6 - Meg	
B, 7. Klasse	Tangram	Lp3 - Meg	Lp1 - Jim		

Die Einzelgespräche wurden videographisch festgehalten. Zusätzlich wurden den Schülerinnen und Schülern Fragebögen vorgelegt, auf denen sie eintrugen, ob sie die Interventionen der oder des jeweilig beteiligten Studierenden als hilfreich empfanden. Die Mathematiklehrerinnen und Mathematiklehrer stellten ihre Einschätzungen zu den Mathematikleistungen der beteiligten Schülerinnen und Schüler zur Verfügung, und auch die Studierenden hielten nach einem Interview ihre Einschätzungen über die am Gespräch beteiligte Schülerin bzw. den am Gespräch beteiligten Schüler fest.

Die Durchsicht der Gespräche bestätigen die Aussagen von Leiss, dass Lehrpersonen, wenn auch gewillt, kaum in der Lage sind, strategische Hilfestellungen zu geben. Die Interventionen seitens der Studierenden in der Vorstudie sind insgesamt nicht minimal, wobei dies von Person zu Person variiert. Die Interventionen sind in einigen Fällen nicht einmal diagnosegeleitet sondern richten sich augenscheinlich nach den Zielvorstellungen der Lehrperson. In allen Gesprächen wurden nur sehr vereinzelt Interventionen gefunden, die den strategischen Interventionen zugeordnet werden könnten.

Die Professionalität in der Gesprächsführung ist sehr unterschiedlich und variiert von Person zu Person. Bei einzelnen Personen finden sich sogar deutlich unangenehme Interventionsmuster wie z. B. häufige Unterbrechungen oder unangemessene und lange Redeflüsse der Lehrperson.

Diese Ergebnisse führten dazu, dass die Lehrpersonen in der Hauptstudie vor der Durchführung der Einzelgespräche mit den Schülerinnen und Schülern in den „Grundlagen guter Gesprächsführung" geschult wurden (vgl. Kap. 7.3).

6.3 Analyse der Aufgaben

In Kapitel 2.7 wurde eine eigene Definition für geeignete Problemlöseaufgaben erarbeitet, die auch bei der Auswahl der konkreten Aufgabenstellungen leitend war. Hierzu gehört insbesondere das mathematisch breite Lernpotential, aber auch die Möglichkeit, die Aufgabe auf verschiedenen Wegen zu lösen. Da die Wahl der Aufgaben den mathematischen Inhalt vorgibt, über den in den Gesprächen der Hauptstudie gesprochen wird, ist es an dieser Stelle nötig, sich kurz theoretisch mit den Beschäftigungsfeldern und Bearbeitungsmöglichkeiten dieser Aufgaben auseinanderzusetzen. Dazu wird im Folgenden zu jeder Aufgabe eine kurze Stoffanalyse vorgestellt.

Weiter werden die von Hagland et al. (2005)[8] veröffentlichten Schülerlösungen wiedergegeben. Die Ergebnisse der empirischen Voruntersuchung aus Kapitel 6.1 zu den Aufgaben Turm und Tangram ergänzen die Darstellung.

Um einen Eindruck von der Vielfalt der bei Hagland et al. (2005) vorgestellten exemplarischen Schülerlösungen zu geben, werden diese zu jeder Aufgabe in Kurzfassung wiedergegeben[9].

6.3.1 Aufgabe Steinplatten

Zu dieser Aufgabe finden sich Schülerlösungen bei Hagland et al. (2005). Die Aufgabe wurde in der Voruntersuchung *nicht* in der Sekundarstufe I erprobt (vgl. Kap. 6.1 und 6.2).

Die in Abbildung 6.1 dargestellte Steinplatten-Aufgabe entstammt dem mathematischen Bereich Algebra. Ein geometrisches Muster wird gelegt. Die Bearbeiterin oder der Bearbeiter soll die Struktur analysieren, die dem Muster zu Grunde liegt.

In dieser Aufgabe wird eine Teilaufgabe vorgeschoben. Die ersten drei Figuren des Musters sind neben dem Aufgabentext abgebildet. Zunächst soll nun für die nicht abgebildete Figur 4 die Anzahl der hellen und dunklen Platten bestimmt werden.

Jemandem, der mit dieser Form von Strukturmustern vertraut ist, ist sofort ersichtlich, dass die allgemeine Abhängigkeit vom Index $n \in \mathbf{N}$ der Figur $DS(n) = 4 \cdot n + 4$ für die dunklen Steinplatten, $HS(n) = n^2$ für die hellen Steinplatten und $S(n) = (n+2)^2$ für die Gesamtzahl der Steinplatten lautet.

Schülerlösungen aus Hagland et al.

Es werden drei Schülerlösungen vorgestellt (Hagland et al. 2005, S. 109ff.):

1. Schüler A überträgt selbstständig die ersten drei Plattenmuster auf Karopapier, ergänzt die vierte Figur und zählt die hellen und dunklen Platten für diese ab.

---

[8]Zu den meisten in diesem Lehrerhandbuch vorgestellten Aufgaben wird eine Liste von mathematischen Begriffen angeführt, an denen Schülerinnen und Schüler möglicherweise lernen können. Es werden zudem Beispiele für Aufgabenvariationen vorgestellt und neben exemplarischen Schülerlösungen auch weitere Lösungswege genannt, welche die Lehrperson einbringen könnte.

[9]Da es sich bei allen schriftlichen Dokumenten um Beschreibungen auf Schwedisch handelt, werden sowohl die Texte der Autorinnen und Autoren als auch die Schriftdokumente der Schülerinnen und Schüler frei übersetzt wiedergegeben. Die Darstellung der mathematischen Notationen seitens der Schülerinnen und Schüler wurde möglichst originalgetreu übernommen, um zu verdeutlichen, dass die Notation sehr unterschiedlich ausfallen kann.

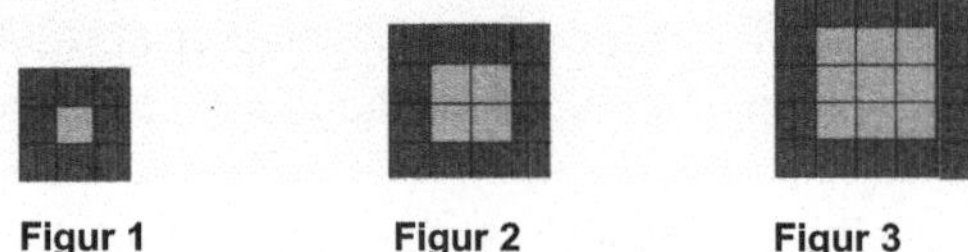

Abbildung 6.1   Aufgabe Steinplatten

2. Schülerin B stellt eine Tabelle mit den Spalten Figur, Gesamtplatten, helle
   Platten und dunkle Platten auf und berechnet für die ersten 9 Figuren die
   Werte. Die Schülerin beschreibt in ihrem Text, dass die Anzahl der dunklen
   Platten von Figur zu Figur um 4 wächst. In der Spalte „Gesamtplatten" beschreibt die Schülerin, dass zu Figur 1, die 9 Platten hat, 7 addiert werden
   muss, um die Anzahl der Gesamtplatten von Figur 2 zu erhalten. Von Figur
   2 zu Figur 3 wird 9 addiert, von Figur 3 zu Figur 4 wird 11 addiert. Die zu
   addierende Zahl erhöht sich also in jedem Schritt um 2.

3. Schülerin C überlegt sich nach Bearbeitung dieser Aufgabenstellung eine
   Aufgabenvariation. Sie denkt sich ein anderes Plattenmuster aus und be-
   stimmt dort die Anzahl der hellen und dunklen Platten in Abhängigkeit zur
   Nummer der Figur.

6.3.2 Aufgabe Turm

Zu dieser Aufgabe finden sich Schülerlösungen bei Hagland et al. (2005). Diese
Aufgabe wurde von Hagland et al. besonders ausführlich beschrieben. In den zu

den Schülerlösungen angegebenen Fußnoten ist daher ausgeführt, wie die Autorinnen und Autoren die jeweilige Schülerlösung bewerten und in welcher Form sie Ansätze für Lehrerinterventionen sehen, um den Schülerinnen und Schülern einen nächsten Erarbeitungsschritt zu ermöglichen.

Die Aufgabe wurde in der Voruntersuchung in der Sekundarstufe I erprobt (vgl. Kap. 6.1 und 6.2).

Abbildung 6.2   Aufgabe Turm

Die Turm-Aufgabe (Abbildung 6.2) entspricht inhaltlich der Steinplatten-Aufgabe mit der zusätzlichen Schwierigkeit der räumlichen Darstellung. Die Schwierigkeit ist auch durch die Anordnung der Würfel erhöht. Handelte es sich bei der Steinplatten-Aufgabe um eine Anordnung, die mit dem Begriff Quadratzahlen erfassbar ist, so müssen bei der Turm-Aufgabe Kenntnisse über Dreieckszahlen vorhanden sein oder erforscht werden, um einen geschlossenen Term notieren zu können.

Der geübten Leserin und dem geübten Leser erschließt sich, dass die Anzahl der Würfel W in Abhängigkeit von der Höhe $n \in \mathbf{N}$ gerade

$$W(n) = n + 4 \cdot \sum_{i=1}^{n-1} i = n + 4 \cdot \frac{(n-1) \cdot n}{2}$$

ist.

Schülerlösungen aus Hagland et al.

Zur Turm-Aufgabe werden bei Hagland et al. (2005, S. 94ff.) sechs Beispiele von Schülerideen gezeigt, die laut der Autorinnen und Autoren verdeutlichen, über welche Erarbeitungsstufen prozessbezogene Kompetenz beobachtet werden kann. Die Originalaufgabe weicht hier inhaltlich ab, da die erste Teilfrage nicht nach dem Beispielturm der Höhe 4 fragt, sondern die Schülerinnen und Schüler auffordert, einen Beispielturm der Höhe 12 zu berechnen. Dadurch beziehen sich auch die Schülerlösungen hier auf dieses Beispiel.

1. Für einen Schüler A stellt schon die Beantwortung der ersten Teilfrage eine Herausforderung dar. A baut den Turm mit Zuckerwürfeln nach und zählt die Würfel in 5-er-Gruppen ab.[10]

2. Schüler B erkennt im Turm die Struktur vier seitlicher Treppen und eines Mittelturms. In Abbildung 6.3 ist zu erkennen, wie B daraufhin die Anzahl der Steine eines Turmes der Höhe 12 durch die gefundene Struktur und eine vereinfachende Skizze berechnen kann. Die Anzahl der Steine in der Treppe wird hierbei aus der Skizze abgezählt.[11]

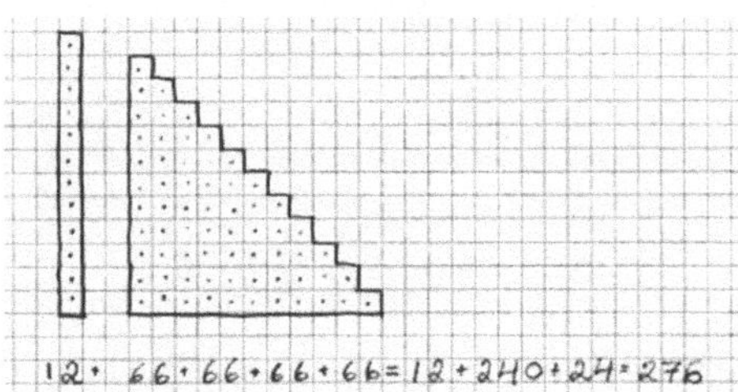

Abbildung 6.3   Notizen von Schüler B

3. Schülerin C erkennt im Aufbau des Turms die Struktur eines Mittelturms und vier Seitentreppen. Sie notiert zur Berechnung des Beispielturmes der Höhe 12

$$4 \cdot (11 + 10 + 9 + \cdots + 1) + 12 = 276.$$

---

[10] Es wird vorgeschlagen, dass dieser Schüler im nächsten Schritt lernen könnte, die einzelnen Treppen des Turmes zu berechnen. Als Beispiele für Fragen zur Intervention an dieser Stelle nennen die Autorinnen und Autoren: „Wie würdest du jemandem, der den Turm nicht sehen kann, beschreiben, wie der Turm aussieht?" und „Wie könntest du die Anzahl der Steine im Turm zählen ohne den Turm abzubauen?" (Hagland et al. 2005, S. 95).

[11] Positiv zu bewerten ist laut Autoren hier die vorhandene Raumvorstellung, um den Turm zu zerlegen und sich so das Rechnen zu vereinfachen. Im nächsten Schritt könnte B dazu angeregt werden, weitere Beispiele zu berechnen. Dies könnte bei der Musterbildung zur Vereinfachung der Berechnung der Anzahl der Würfel in einer Treppe hilfreich sein. Als Beispiel für Fragen zur Intervention an dieser Stelle nennen die Autorinnen und Autoren: „Wie könntest du die Anzahl der Würfel in einer Treppe berechnen ohne jeden Stein einzeln zu zählen?" (Hagland et al. 2005, S. 96).

Dies fasst sie in der Form $5 \cdot 12 + 6$ zusammen.[12]

4. Schüler D erkennt, dass man den Turm in Mittelturm und vier Seitenflügel zerlegen kann. Er hat die Zahlenfolge des Wachstums analysiert und sich überlegt, wie man einfach die Summe der Steinhöhen in einem Seitenflügel des Turmes bilden kann. Er notiert schließlich für den Fall der Höhe $n = 12$ die Formel $\frac{11(1+11)}{2} \cdot 4 + 12$ und kann dies verallgemeinern zu $2n(n-1) + n$.[13]

5. Das fünfte Beispiel für eine Schülerlösung von E zeigt eine geometrische Interpretation des vertikalen mittleren Turmschnitts, die aus Abbildung 6.4 hervorgeht.[14]

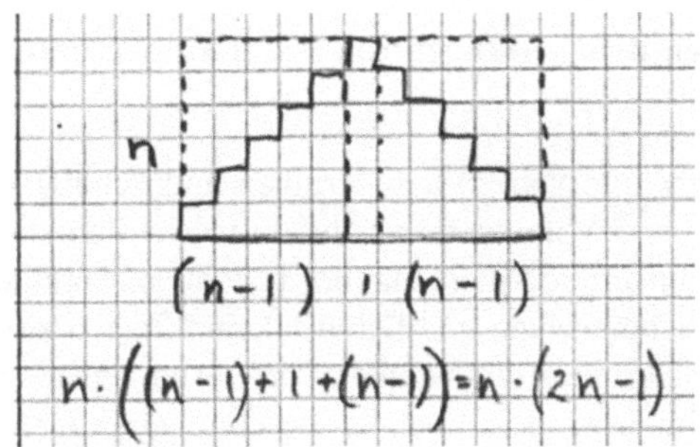

Abbildung 6.4   Notizen von Schülerin E

6. Das letzte Beispiel bezieht sich auf eine eigene Aufgabenvariation eines Schülers F. Er hat sich die Turmstruktur aus Abbildung 6.5 ausgedacht und berechnet die Anzahl der Steine in Abhängigkeit von der jeweils höchsten Stufe des Turmes.

---

[12] Als Beispiel für Fragen zur Intervention an dieser Stelle nennen die Autorinnen und Autoren: „Wie könntest du vorgehen, wenn du die Zahlen von zum Beispiel 1 bis 11 addieren willst ohne diese Zahlen alle aufzuschreiben?" (Hagland et al. 2005, S. 97).

[13] Als Beispiele für Fragen zur Intervention an dieser Stelle nennen die Autorinnen und Autoren: „Kannst du deine Formel noch weiter vereinfachen" und „Kannst du zeigen, dass deine Formel richtig ist?" (Hagland et al. 2005, S. 97).

[14] Als Beispiel für Fragen zur Intervention an dieser Stelle nennen die Autorinnen und Autoren: „In welchen Fällen funktioniert deine Methode? Wann funktioniert sich nicht? Warum? Was kannst du tun?" (Hagland et al. 2005, S. 100).

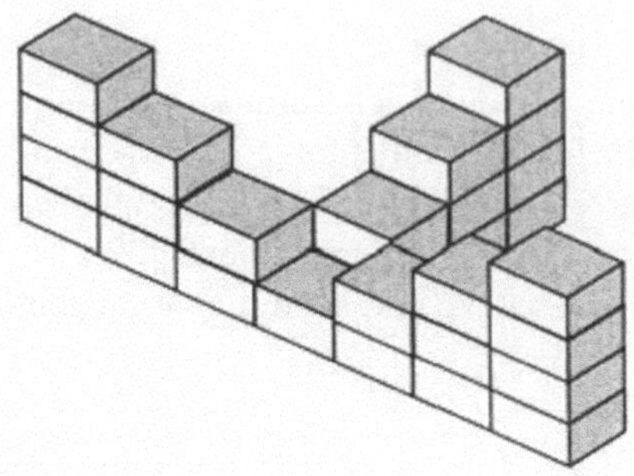

Abbildung 6.5   Notizen von Schüler F

Lösungswege in den Bearbeitungen von Schülerinnen und Schülern in der Vorstudie

Die Turm-Aufgabe wurde von 90 Schülerinnen und Schülern der in Kapitel 6.1 genannten Klassen in 45 Minuten bearbeitet. Fragen sollten die Schülerinnen und Schüler stets auch auf ihren Arbeitsblättern festhalten. So lässt sich rekonstruieren, dass 42% der Schülerinnen und Schüler keine Fragen zur Aufgabenstellung hatten. 32% der Schülerinnen und Schüler nennen sinngemäß die Frage, was n bedeutet. Einzelne Schülerinnen und Schüler beschreiben Fragen zur geometrischen Vorstellung („Hat der Turm 4 Seiten?", „Wie ist der Turm aufgebaut?") oder zur Notation („Soll man den Term aufschreiben?").

Zur Analyse der Aufgabenbearbeitung liegen ausschließlich schriftliche Dokumente vor. Es ist also möglich, die Bearbeitungsstadien zu beschreiben. Die Ursache für Fehler oder Abbrüche bei der Bearbeitung lässt sich allerdings im Nachhinein in der Regel nicht rekonstruieren. Aufgabenteil 1 lösen 82 der Schülerinnen und Schüler richtig (28 Steine), 7 Schülerinnen und Schüler nennen einen anderen Wert, und eine Person beantwortet diese Frage nicht. Nur 8 Schülerinnen und Schüler dokumentieren zur zweiten Fragestellung keinen Lösungsansatz. Die restlichen 82 Schülerinnen und Schüler beschreiben ihre Lösungswege auf den folgenden, unterschiedlichen Niveaus.

16 Schülerinnen und Schüler bleiben damit beschäftigt, die Anzahl der Steine für den Turm der Höhe 5 zu berechnen. Dies gelingt 10 dieser Schülerinnen und Schüler, die entweder „45" für die Gesamtzahl der Steine notieren oder „17" für die Anzahl der Steine, die hinzukommen. 38 Schülerinnen und Schüler versuchen darüber hinaus, eine Formel für das Wachstum zu finden, scheitern aber an einer

korrekten Antwort. Dies liegt zum einen daran, dass sie ihre intuitiven Vermutungen zwar nennen aber nicht überprüfen. Zum anderen finden sich Dokumente die zeigen, dass die Schülerinnen und Schüler von der Intention der Aufgabe abweichende Vorstellungen vom Wachstum des Turmes haben, so z. B. die Vorstellung, dass der Turm nicht in die Breite wächst und somit in jedem Schritt gleichviele Steine hinzukommen.

Beispiele machen 5 Schülerinnen und Schüler. Sie rechnen bis auf kleinere Rechenfehler genau die Anzahl der Steine von Türmen verschiedener Höhen aus, können aber keine Struktur beschreiben. 5 andere Schülerinnen und Schüler beschreiben nach der Bearbeitung von Beispielen eine allgemeine Struktur. Sie beziehen sich dabei entweder auf die Anzahl der Steine eines Seitenteils, auf die Anzahl der Steine des gesamten Turms oder auf die Anzahl der Steine, die in jedem Schritt hinzukommen.

18 Schülerinnen und Schülern gelingt eine allgemeine Darstellung des Wachstums, in 5 Fällen in präformaler Notation mit verbaler Begründung, in 13 Fällen sogar in akzeptabler formaler Darstellung. Die überwiegende symbolische Darstellung (6 Schülerinnen und Schüler) ist dabei $x \cdot 4 + n = y$. Die Variable x steht dabei für eine Seitentreppe, welche wiederum notiert wurde als $1 + 2 + 3 + \cdots + (n-1)$.

Summendarstellungen oder geometrische Lösungskonzepte wie die von Hagland et al. (2005) zitierten Schülerinnen und Schüler D und E fanden sich unter den Schülerlösungen aus der Vorstudie nicht. Die dort erhobenen Lösungswege endeten ausnahmslos auf Zwischenstufen der ersten drei von Hagland et al. (2005) beschriebenen Fälle.

6.3.3 Aufgabe Tangram

Zu dieser Aufgabe finden sich Schülerlösungen bei Hagland et al. (2005). Die Aufgabe wurde in der Voruntersuchung in der Sekundarstufe I erprobt (vgl. Kap. 6.1 und 6.2).

Die Aufgabe Tangram gehört zum Bereich der Geometrie. Die Lösung liegt auf der Hand, wenn man bereits über ein gewisses Verständnis der Grundideen der Flächenmessung besitzt.

Schülerlösungen aus Hagland et al.

Es werden bei Hagland et al. (2005) vier Schülerlösungen vorgestellt.

1. Schülerin A notiert sich in der Aufgabenstellung Namen für die einzelnen Teile und unterteilt das Parallelogramm und das Quadrat in Dreiecke wie in

Abbildung 6.6   Aufgabe Tangram

Bild 6.7. Sie notiert, dass a und b die Zahl 200 halbieren und notiert dann direkt, dass c und f den Wert 25 haben müssen und e, g und d den Wert 50.

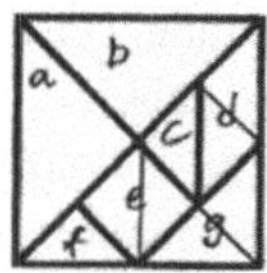

Abbildung 6.7   Notizen von Schülerin A

2. Schüler B berechnet die Seitenlängen wie in Bild 6.8 und zerlegt sie geschickt, so dass er die Größen aller Teile über Formeln berechnen kann, die er kennt.

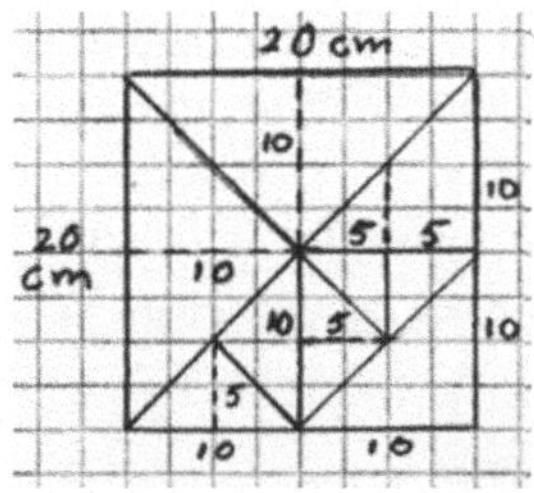

Abbildung 6.8   Notizen von Schüler B

3. Schülerin C löst das Problem, indem sie das Tangram auf Karopapier überträgt wie in Bild 6.9 und Kästchen zählt. Sie überträgt das Tangram nicht

maßstabsgetreu und muss daher ausrechnen, wie viel Flächeninhalt einem Kästchen entspricht, wenn die Gesamtfläche des selbst gezeichneten Tangrams 400 cm^2 wäre.

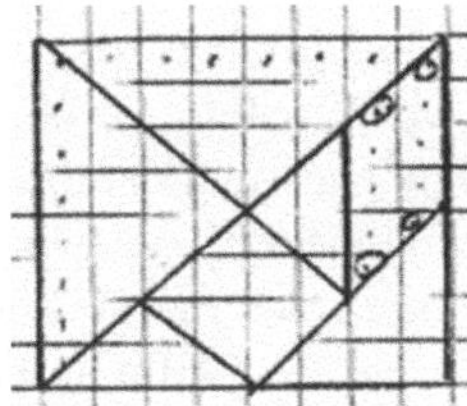

Abbildung 6.9 Notizen von Schülerin C

4. Schüler D malt nach dem Lösen der Tangram-Aufgabe ein anderes Puzzle (Abbildung 6.10) und bestimmt bei der Gesamtgröße von 25 cm^2 die Größe der einzelnen Teile.

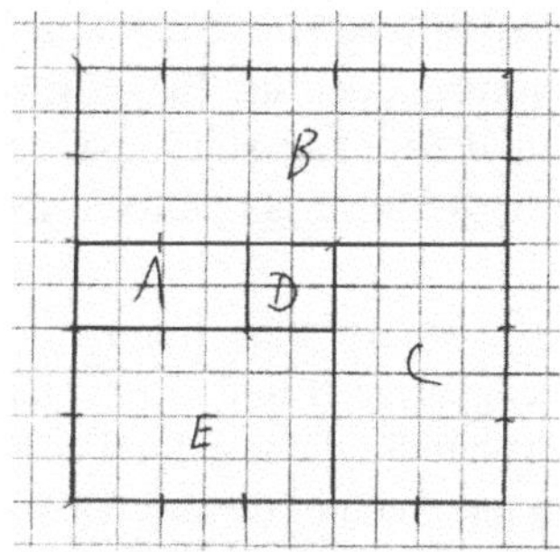

Abbildung 6.10 Notizen von Schüler D

Lösungswege in den Bearbeitungen von Schülerinnen und Schülern in der Vorstudie

Die Tangram-Aufgabe wurde in der Erprobung von 91 Schülerinnen und Schülern bearbeitet. 4 Schülerinnen und Schüler schafften es nicht, den Flächeninhalt aller Einzelteile des Tangrams zu berechnen, wie es in der Aufgabe für ein Tangram mit der vorgegebenen Größe 400 cm^2 gefordert wird. In 45 Schülerdokumenten sind für alle Zahlen die meist richtigen Werte eingetragen, aber es findet sich kein Hinweis auf den Lösungsweg. 6 Schülerinnen und Schüler teilten 400 cm^2 durch

die Anzahl der Teile des gesamten Tangrams (7), respektive 200 cm^2 durch die
Anzahl der verbliebenen Teile unterhalb der Diagonale (5). Weitere 6 Schülerinnen
und Schüler messen die Seitenlängen des auf dem Papier abgebildeten Tangrams
und versuchen, die Inhalte über ihnen bekannte Formeln zu errechnen.

20 Schülerinnen und Schüler beschreiben zur zweiten Frage das in den Schülerlösungen von Hagland et al. beschriebene Verfahren, das Tangram schrittweise
zu zerlegen und Größen zu vergleichen und darüber die Werte zu berechnen. Das
Aufteilen in kleine, gleichartige Dreiecke, wie es in der Schülerlösung von A aus
Hagland et al. angedeutet ist, findet sich bei 10 Schülerinnen und Schülern. Sie
zerlegen das gesamte Quadrat oder den Teil unterhalb der Diagonalen in Dreiecke und summieren diese dann, um für alle entsprechenden Teile zu den richtigen
Ergebnissen zu gelangen.

In 39 Fällen wird für den zweiten Teil der Aufgabenstellung keine Lösung doku-
mentiert. 21 Schülerinnen und Schüler berechnen nach der Bearbeitung der ersten
Aufgabenstellung Beispiele in mindestens einer anderen Größe. 6 Schülerinnen
und Schüler verfolgen den vielversprechenden Ansatz, das sukzessive Zerlegen zu
verallgemeinern und müssen die Darstellung vermutlich aus Zeitgründen abbre-
chen. 7 weitere dokumentieren falsche Ansätze, wie z. B. „n cm^2 : 7". In 8 Fällen
wird n als Zoomfaktor beschrieben, der das Tangram vergrößern und verkleinern
kann. Bei 10 Schülerinnen und Schülern kann man von einer vollständigen Lösung sprechen, wobei diese in 8 Fällen als präformal und in 2 Fällen als formal
bezeichnet werden kann.

Hier wird deutlich, dass bei der Aufgabe Tangram der Weg des Zerlegens der
Fläche dominierte. Die Lösungswege B und C aus Hagland et al. wurden in den
Schülerdokumenten in der Vorstudie nicht gefunden. Es messen zwar, wie oben
beschrieben, 6 Schülerinnen und Schüler die Seitenlängen des Tangrams auf dem
Papier und setzen die Werte in die Formeln für Dreieck und Quadrat ein, aber es
gelingt ihnen nicht, wie in Lösung B alle Seitenlängen geschickt zu ermitteln. Die
Strategie aus Lösung C – das Kästchenzählen – findet sich in keinem Dokument
aus der Voruntersuchung.

6.3.4 Aufgabe Rasen mähen

Zu dieser Aufgabe finden sich Schülerlösungen bei Hagland et al. (2005). Die
Aufgabe wurde in der Voruntersuchung *nicht* in der Sekundarstufe I erprobt (vgl.
Kap. 6.1 und 6.2).

Die Rasen-Aufgabe (Abb. 6.11) ist im Kompetenzbereich Funktionen anzusie-
deln. Die gemähte Fläche F lässt sich lokal als lineare Funktion der dafür benö-

Abbildung 6.11 Aufgabe Rasenmähen

tigten Zeit t modellieren. Wir erhalten also für jedes der Mädchen[15] eine Flächen-Zeit-Funktion:

Anna $F_a(t) = \frac{t}{2}$

Lisa $F_l(t) = \frac{t}{4}$, wobei beide in der Einheit Stunde (h) betrachtet werden.

Eine mit dieser mathematischen Darstellung vertraute Person schließt, dass das Inverse der Summenfunktion die Lösung ist. Die Gesamtfläche des Rasens kann ohne Beschränkung der Allgemeinheit auf 1 normiert werden. Es ergibt sich somit:

$$F_{ges}(t) = F_a(t) + F_l(t) = \frac{t}{2} + \frac{t}{4} = \frac{3 \cdot t}{4} \Rightarrow t = \frac{4}{3}\text{h}$$

Schülerlösungen aus Hagland et al.

Zu dieser Aufgabe liegen bei Hagland et al. sechs Schülerlösungen vor (vgl. Hagland et al. 2005, S.131ff.):

1. Schülerin A macht sich zunächst die in Abbildung 6.12 aufgeführte Skizze und notiert sich, dass Anna in einer Stunde zwei Viertel des Rasens mäht

---

[15]Im Originaltext heißen die Mädchen Jenny und Mona.

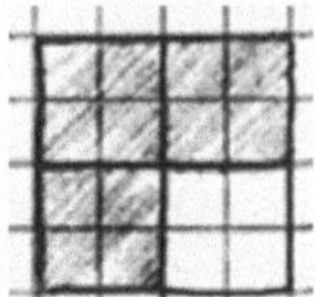

Abbildung 6.12   Skizze von Schülerin A

und Lisa ein Viertel. Dann setzt sie ihre Notizen wie in Abbildung 6.13 fort.

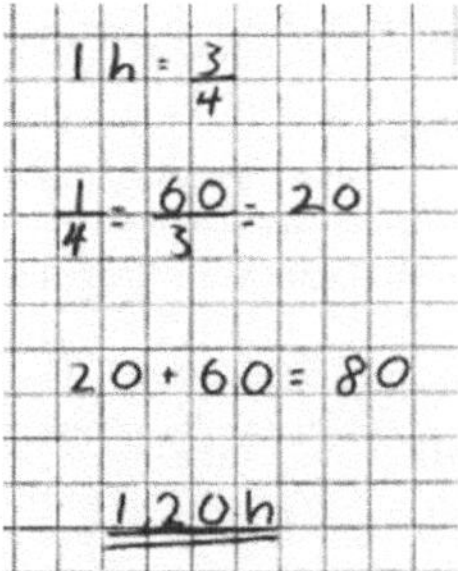

Abbildung 6.13   Rechnung von Schülerin A

Aus ihren vorigen Überlegungen scheint sie zu schließen, dass Anna und Lisa zusammen in einer Stunde drei Viertel einer Rasenfläche mähen. Dann berechnet sie anscheinend die Zeit für das verbleibende Viertel, indem sie die Stunde durch drei teilt (2 Anteile für Anna und ein Teil für Lisa). Im Folgenden muss sie nur noch die Zeiten addieren. Die Schülerin scheint keine Schwierigkeiten mit dem Einheitenwechsel von Stunden zu Minuten zu haben.

2. In Abbildung 6.14 ist die Lösung von Schülerin B zu sehen.

   Schülerin B nimmt sich eine konkrete Fläche zur Hilfe und berechnet für Anna (Jenny) und Lisa (Mona) eine Mäh-„Geschwindigkeit", die eine Einheit von Quadratmeter pro Stunde hat. Sie erkennt, dass die beiden also mit einer Gesamt-„Geschwindigkeit" von 60 m^2/Stunde mähen. Ihre Ausgangsfläche von 80 Quadratmetern teilt sie durch die bestimmte „Geschwindigkeit" und erhält so die Dauer des Mähvorgangs.

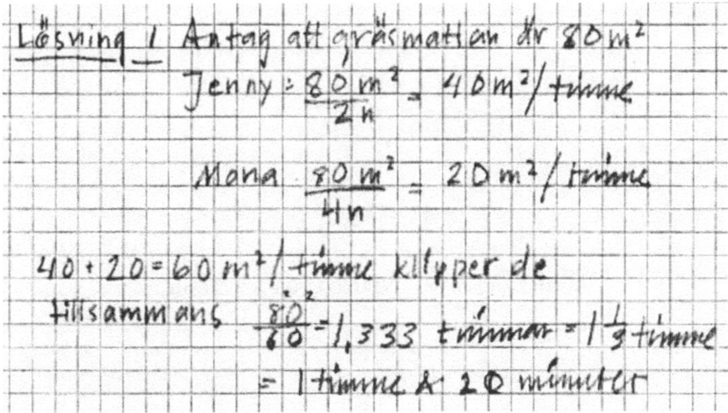

Abbildung 6.14 Notizen von Schülerin B

3. Schülerin C denkt sich zwei fiktive Fälle aus. Erster Fall: Jedes der Mädchen
   mäht genau eine Hälfte, und sie mähen nacheinander. Dann benötigen sie
   zusammen 3 Stunden. Zweiter Fall: Es sind zwei Rasenmäher vorhanden,
   und jedes der Mädchen mäht genau eine Hälfte, dann benötigen sie so viel
   Zeit wie die langsamere von beiden, also 2 Stunden.[16]

4. Schüler D notiert, dass Anna „in der Hälfte der Zeit von Lisa" mäht. D
   schließt richtig, dass Anna $\frac{2}{3}$ und Lisa $\frac{1}{3}$ mäht. Er rechnet:

$$\frac{2}{3} \cdot 2 \text{ Stunden} = \frac{2}{3} \cdot 120 \text{ Minuten} = 80 \text{ Minuten}.$$

5. Schülerin E wählt eine Beispielfläche von 4 m². Sie notiert, dass Anna auf
   dieser Beispielfläche einen Quadratmeter pro Stunde mäht und dass Lisa 2
   Quadratmeter pro Stunde mäht. Mit einer Variable x, die für die Zeit stehen
   soll, führt sie ihre Notizen wie in Abbildung 6.15 fort.

   Maßgeblich zur Lösung scheint hier der Ansatz in der ersten Zeile der Rechnung beizutragen.

6. In Abbildung 6.16 ist die Lösung von Schüler F zu sehen. Er ordnet sowohl
   der Mähgeschwindigkeit die Variable x als auch der Fläche die Variable y zu

---

[16]Die eigenwillige Interpretation der Aufgabe seitens der Schülerin vereinfacht natürlich die Lösung
erheblich. Hagland et al. bemerken jedoch, dass die Schülerin sich verschiedene Fälle überlegt hat,
die zu verschiedenen Lösungen führen.

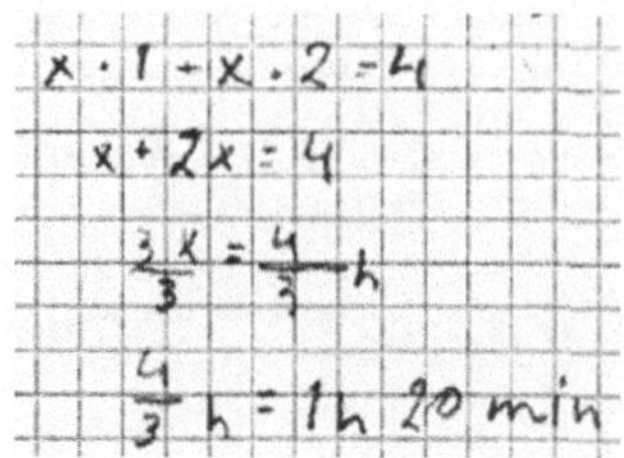

Abbildung 6.15   Notizen von Schülerin E

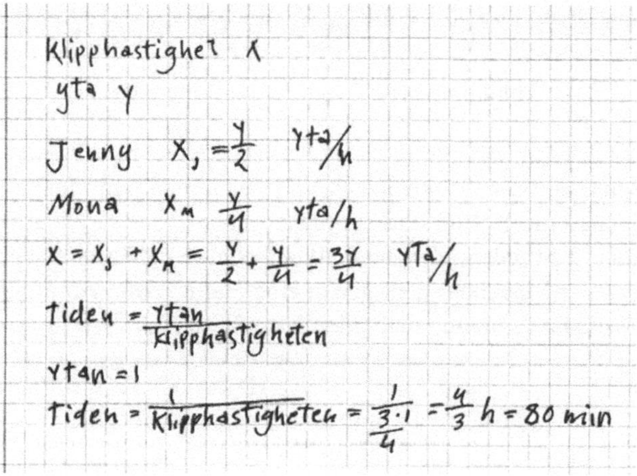

Abbildung 6.16   Notizen von Schüler F. Übersetzungen: klipphastighet – Mähgeschwindigkeit, yta – Fläche, tiden – Zeit.

und setzt die unterschiedlichen Mähgeschwindigkeiten x_J von Anna (Jenny) und x_M von Lisa (Mona) in Bezug zu y. Diese Mähgeschwindigkeiten addieren sich zur Gesamt-Mähgeschwindigkeit x. Er erkennt, dass sich die gesuchte Zeit aus dem Quotienten von Fläche und Mähgeschwindigkeit ergibt. Die Fläche normiert er auf 1. Diese Lösung ist fortgeschritten in Bezug auf die formale Notation. Die Einheiten werden konsequent mit aufgeführt.

7. Schülerin G denkt sich eine ähnliche Aufgabe aus, in der sie das Problem auf drei Personen erweitert.

6.3.5 Aufgabe Eis aussuchen

Zu dieser Aufgabe finden sich *keine* Schülerlösungen bei Hagland et al. (2005).
Die Aufgabe wurde in der Voruntersuchung *nicht* in der Sekundarstufe I erprobt
(vgl. Kap. 6.1 und 6.2). Daher wird an dieser Stelle eine kurze Stoffanalyse durchgeführt.

Abbildung 6.17   Aufgabe Eis aussuchen

Die Eis-Aufgabe (Abb. 6.17) ist eine klassische Kombinatorikaufgabe. Die Lösung der Aufgabe muss deutlicher als bei den anderen Aufgaben ausgehandelt
werden. Es ist personenabhängig, ob die Reihenfolge, in der zwei Eiskugeln in die
Waffel gelegt werden, wichtig ist oder nicht. Auch darüber, ob es erlaubt ist, von
einer Sorte zweimal zu nehmen oder nicht, kann diskutiert werden. Daher ergeben
sich die bekannten vier kombinatorischen Modelle.

Im Folgenden werden die Modelle allgemein vorgestellt mit N als Anzahl der
Eissorten, n als Anzahl der Eiskugeln, die genommen werden dürfen. Zur Illustration folgt jeweils das Ergebnis zur vorgestellten Aufgabe mit $N = 4$ und $n = 2$.
Grundlage der Modelle ist die Vorstellung einer Urne, die unterscheidbare Objekte
erhält. Aus dieser Urne wird zufällig ein Objekt gezogen. Danach kann das Objekt
entweder außerhalb der Urne verbleiben oder zurück in die Urne gelegt werden.

- **Ziehen mit Zurücklegen mit Beachtung der Reihenfolge**

  Die Elemente der Menge Ω_1, die die möglichen Kombinationen dieses Modells enthält, sind Tupel mit n Einträgen. Jeder dieser Einträge kann in diesem Modell N beliebige Werte annehmen.

$$\Omega_1 := \{(\omega_1, \dots, \omega_n) : \omega_i \in \{1, \dots, N\}, i = 1, \dots, n\}$$

Daher ergibt sich als Mächtigkeit der Menge die n-te Potenz von N.

$$|\Omega_1| = \underbrace{N \cdot N \cdots N}_{(n-fach)} = N^n$$

Im vorliegenden Spezialfall mit $N = 4$ und $n = 2$ lassen sich die Elemente aus Ω_1 leicht vollständig angeben.

$$\Omega_1 = \begin{cases} (1,1), & (1,2), & (1,3), & (1,4), \\ (2,1), & (2,2), & (2,3), & (2,4), \\ (3,1), & (3,2), & (3,3), & (3,4), \\ (4,1), & (4,2), & (4,3), & (4,4) \end{cases}$$

Die Zahlen in den Tupeln lassen sich auch als Eissorten interpretieren. In diesem Beispiel sind also alle Kombinationen von Eissorten zugelassen. Auch ein Eis mit zwei Kugeln gleicher Sorte kann gewählt werden.

In diesem Modell ist die Ordnung von Bedeutung. In Bezug auf die Eis-Aufgabe bedeutet dies, dass eine Kugel oben und eine Kugel unten in der Eiswaffel liegt. Ebenso wäre eine Interpretation möglich, in der von Bedeutung ist, welche der beiden Sorten zuerst in die Eiswaffel gelegt wird. Die Matrix kann also z. B. so interpretiert werden, dass die Zahl die in der ersten Stelle im Tupel steht, die Eissorte angibt, die unten in der Waffel liegt und, dass die Zahl, die in der zweiten Stelle im Tupel steht, die Eissorte angibt, die oben auf der unteren Kugel in der Waffel liegt.

Die richtige Lösung zur Frage, wie viele Kombinationen von Sorten man finden kann, wäre innerhalb dieses Modells 20.

- **Ziehen mit Zurücklegen ohne Beachtung der Reihenfolge**

Im zweiten Modell soll die Reihenfolge des Experiments keine Bedeutung mehr haben. Dadurch scheiden alle Tupel als Elemente der Menge aus, die die gleichen n Einträge besitzen, auch wenn die Reihenfolge dieser Einträge verschieden ist. In der Darstellung von Ω_2 wird also gefordert, dass die Elemente geordnet sind und nur in dieser einen Ordnung auftreten.

$$\Omega_2 := \{(\omega_1, \dots, \omega_n) \in \Omega_1 : \omega_1 \leq \omega_2 \leq \cdots \leq \omega_n\}$$

Die Mächtigkeit dieser Menge ist nicht so einfach ersichtlich wie im letzten Fall. Insbesondere die Tatsache, dass die Elemente der Tupel zwar geordnet sind, zwei Elemente aber auch gleich sein können, sorgt für Schwierigkeiten. Mit einem einfach Trick lässt sich die Ordnung „kleiner gleich" in eine Ordnung der Form „kleiner als" umwandeln: Es wird eine Abbildung geschaffen, die jedem Element wie folgt eine natürliche Zahl addiert.

$$f(\omega_1, \ldots \omega_n) := (\omega_1, \omega_2 + 1, \omega_3 + 2, \ldots, \omega_n + n - 1)$$

So entsteht eine Menge, die die gleiche Anzahl von Elementen hat[17] wie Ω_2 und die sich wie folgt als Ω_2^* darstellen lässt.

$$\Omega_2^* := \{(y_1, \ldots y_n) \in \{1, 2, \ldots, N + n - 1\}^n : y_1 < y_2 < \cdots < y_n\}$$

Nun sind alle Einträge der Tupel unterscheidbar. Für den ersten Eintrag des Tupels stehen $N + n - 1$ Werte zur Verfügung, für den zweiten sind es $N + n - 2$, für den dritten $N + n - 3$ usw. Da es n Einträge gibt, bleiben für den letzten Eintrag $N + n - 1 - (n - 1) = N$ Möglichkeiten. Die Unterscheidbarkeit der Einträge ist damit gewährleistet, nun sollen noch die Tupel ausgeschlossen werden, die die gleichen Werte in anderer Reihenfolge enthalten. Pro Tupel gibt es $n!$ Variationen mit gleichen Einträgen. Durch diese Anzahl muss also noch geteilt werden. Als Mächtigkeit der Menge ergibt sich:

$$|\Omega_2| = \frac{(N+n-1)!}{n!(N-1)!} = \frac{(N-n-1)!}{n!(N+n-1-n)!} = \binom{N+n-1}{n}$$

Im konkreten Beispiel sieht dies weniger kompliziert aus. Es bleiben im Vergleich zu Ω_1 folgende 2-Tupel übrig.

$$\Omega_2 = \left\{ \begin{array}{cccc} (1,1), & (1,2), & (1,3), & (1,4), \\ & (2,2), & (2,3), & (2,4), \\ & & (3,3), & (3,4), \\ & & & (4,4) \end{array} \right\}$$

Gleiche Eissorten in einer Eiswaffel sind nach wie vor zugelassen. Wenn die aufgabenbezogene Interpretation von eben herangezogen wird, dann wird

---

[17]Das müsste streng genommen noch bewiesen werden.

deutlich, dass in den Tupeln der Menge Ω_2 zum Beispiel an der ersten Stelle die 4 nur einmal auftaucht. Dies liegt daran, dass hier die Reihenfolge der Eiskugeln nicht von Bedeutung ist. Wenn ein Eis mit der Kombination Erdbeer-Banane aufgezählt wurde, dann wird Banane-Erdbeer in diesem Modell nicht mehr als neue Möglichkeit gezählt.

Die richtige Lösung zur Frage, wie viele Kombinationen von Sorten man finden kann, wäre innerhalb dieses Modells also 10.

- **Ziehen ohne Zurücklegen mit Beachtung der Reihenfolge**

Im dritten Fall ist die Reihenfolge wieder von Bedeutung. Es kann also lediglich davon ausgegangen werden, dass einmal verwendete Einträge an anderer Stelle im Tupel nicht wieder auftauchen.

$$\Omega_3 := \{(\omega_1, \ldots, \omega_n) : \omega_i \in \{1, \ldots, N\}; i = 1, \ldots, n;\ \omega_i \neq \omega_j\ \forall i \neq j\}$$

So ergibt sich, dass die erste Stelle eines Tupels mit N verschiedenen Einträgen besetzt werden kann, die zweite Stelle mit $N-1$ Einträgen, die dritte mit $N-3$ usw. und die letzte mit $N-(n-1)$ verschiedenen Einträgen.

$$|\Omega_3| = N \cdot (N-1) \cdot \cdots \cdot (N-n+1) = \frac{N!}{(N-n)!}$$

In Bezug auf die Eis-Aufgabe bedeutet „ohne Zurücklegen", dass in diesem Modell nicht zwei Mal von einer Eissorte genommen werden darf. Ansonsten bleibt aber wichtig, welche Kugel oben und welche unten in der Eistüte liegt. Es finden sich also in unserer Beispiel-Matrix nur Tupel, die zwei verschiedene Zahlen beinhalten.

$$\Omega_3 = \left\{ \begin{array}{llll} & (1,2), & (1,3), & (1,4), \\ (2,1), & & (2,3), & (2,4), \\ (3,1), & (3,2), & & (3,4), \\ (4,1), & (4,2), & (4,3) & \end{array} \right\}$$

Die richtige Lösung zur Frage, wie viele Kombinationen von Sorten man finden kann, wäre innerhalb dieses Modells also 12.

- **Ziehen ohne Zurücklegen ohne Beachtung der Reihenfolge**

Zusätzlich zu den Bedingungen für Ω_3 spielt die Ordnung für Ω_4 wieder eine Rolle.

$$\Omega_4 := \{(\omega_1, \ldots, \omega_n) \in \Omega_3 : \omega_1 \leq \omega_2 \leq \cdots \leq \omega_n\}$$

Im Gegensatz zum etwas komplizierten Fall bei Ω_2 handelt es sich hier nicht tatsächlich um eine Ordnung im Sinne „kleiner gleich" sondern um die strenge Ordnung im Sinne „kleiner", denn gleiche Werte sind ohnehin nicht erlaubt. So muss, mit der gleichen Begründung wie in Fall 2, durch $n!$ geteilt werden, um die Mächtigkeit von Ω_4 zu erhalten.

$$|\Omega_4| = \frac{|\Omega_3|}{n!} = \frac{N!}{n!(N-n)!} = \binom{N}{n}$$

In unserem Beispiel bleiben nur noch 6 Kombinationen übrig.

$$\Omega_4 = \left\{ \begin{array}{ccc} (1,2), & (1,3), & (1,4), \\ & (2,3), & (2,4), \\ & & (3,4) \end{array} \right\}$$

Die richtige Lösung zur Frage, wie viele Kombinationen von Sorten man finden kann, wäre innerhalb dieses Modells also 6. In unserem Kontext wäre eine Person denkbar, die auf jeden Fall zwei verschiedene Kugeln haben möchte, egal in welcher Reihenfolge.

Diese Ausführungen sind im Vergleich zu den vorherigen Schülerlösungen sehr theoretisch. Bei Hagland et al. (2005) finden sich außer der Aufgabenstellung jedoch keine weiteren Informationen. Die stoffanalytische Betrachtung der Aufgabe spiegelt hier zumindest ein mathematisches Theoriegebäude wider, das hinter der zunächst simpel scheinenden Aufgabe steckt.

6.3.6 Zusammenfassende Analyse

Die Untersuchungen der Vorstudie zu den Aufgaben Turm und Tangram (vgl. Kap. 6.1) ergeben, dass die Aufgaben für die Schülerinnen und Schüler in den untersuchten Klassen mathematische Probleme in dem Sinne darstellten, dass die Lösung nicht auf der Hand lag und vielfältige Lösungswege beschritten wurden. Die in der Vorstudie beobachteten Lösungswege geben jeweils nur einen kleinen Ausschnitt dessen wieder, was von Hagland et al. (2005) an möglichen Lösungswegen angegeben wird. Andererseits zeigen die Lösungswege, die in der vorliegenden

Untersuchung zu der Tangram- und der Turm-Aufgabe erhoben wurden, dass es lohnenswert ist, auch Teilerfolge zu erfassen, die bei Hagland et al. (2005) nicht erwähnt werden. Die in der Vorstudie beobachteten Schülerinnen und Schüler stoßen in der Bearbeitung der Problemaufgabe häufig schon im Anfangsstadium der Bearbeitung auf Barrieren, die überwunden werden müssen. Wenn man die Bearbeitungen der Aufgaben ergebnisorientiert betrachtet, so muss man feststellen, dass nur ein kleiner Teil der Schülerinnen und Schüler die Aufgaben in 45 Minuten in dem Sinne tatsächlich lösen konnte, dass ein geschlossener Term bzw. eine formale Darstellung für die (allgemeine) Frage gefunden wurde.

So wurde in der Erprobung deutlich, dass bei Hagland et al. (2005) zwar die Vielfalt an Lösungswegen ansatzweise dargestellt wird, dass aber falsche Vorstellungen, wie zum Beispiel das Teilen des Flächeninhalts des Grundquadrats im Tangram durch die Anzahl der Teile, nicht thematisiert werden. Gerade hier scheinen sich aber systematisch Barrieren für die Schülerinnen und Schüler zu befinden.

Insgesamt muss festgehalten werden, dass die Darstellung der Schülerlösungen im Lehrerhandbuch von Hagland et al. (2005) dazu beitragen können, verschiedene Lösungswege kennen zu lernen und sich darüber eventuell gegenüber verschiedenen Bearbeitungswegen von Schülerinnen und Schülern zu öffnen.

Andererseits erwecken exemplarisch dargestellte Schülerlösungen aber auch Erwartungen. Im Rahmen der eigenen Erprobung der Aufgaben Turm und Tangram wurden vereinzelt ähnlich interessante Bearbeitungen von einzelnen Schülerinnen und Schülern verfasst. Der größere Teil der Schülerinnen und Schüler konnte in 45 Minuten Unterrichtszeit nur Teilideen zur Lösung formulieren. Nicht wenige Schülerinnen und Schüler fanden in dieser Zeit keine zielführende Lösungsidee. Ein Gefühl dafür, welche Barrieren während der Bearbeitung generell auftreten können und wie diese mit Lehrerhilfe geschickt überwunden werden können, vermitteln die exemplarischen Schülerlösungen aus Hagland et al. nicht.

Es ist also nötig, im Rahmen der Hauptstudie Lösungsgespräche zu analysieren, die – im Gegensatz zur Analyse schriftlicher Dokumente – die Möglichkeit zur genaueren Analyse von Barrieren schaffen. Nur so kann festgestellt werden, ob die Lehrerinnen und Lehrer so intervenieren, dass diese Barrieren von den Schülerinnen und Schülern selbstständig überwunden werden. Die Analyse der schriftlichen Bearbeitungen aus der Vorstudie bietet mit ihrer vergleichsweise großen Zahl eine Grundlage zur Einschätzung des Lösungserfolgs der Schülerinnen und Schüler, die an den Gesprächen im Rahmen der Hauptstudie teilnehmen.

7 Untersuchungsdesign

Die Datenerhebung zur Hauptstudie fand im Herbst und Winter 2008 statt. Es wurden Einzelgespräche zwischen einer Lehrperson und einer Schülerin bzw. einem Schüler über jeweils eine der ausgewählten Aufgaben erhoben. Die leitenden Fragestellungen waren die schon in der Einleitung und in Kapitel 4.7 explizierten Forschungsfragen: Welche Rolle spielen strategische Interventionen in Problemlöseprozessen? Auf welche Weise setzen Lehrpersonen strategische Interventionen in Problemlöseprozessen ein? Welche Bedeutung haben strategische Interventionen im Problemlöse-Gespräch? Wie sehen Gesprächsstrukturen (unter Berücksichtigung strategischer Interventionen) aus, die konstruktiv in Hinblick auf den Problemlöseprozess erscheinen?

In den folgenden Abschnitten werden einige Entscheidungen für den Studienaufbau dargelegt und begründet.

7.1 Beobachtung im Einzelgespräch

Das Eins-zu-Eins-Gespräch einer Lehrperson mit einer Schülerin oder einem Schüler gilt in der mathematikdidaktischen Forschung als „Laborsituation". Im alltäglichen Unterricht kommt diese Situation nur selten vor. Daher lassen sich Ergebnisse, die sich aus Untersuchungen dieser Form ergeben, nur bedingt auf den alltäglichen Mathematikunterricht übertragen. Einzelgespräche sind für diese Untersuchung allerdings aus mehreren Gründen gerechtfertigt. Zunächst existieren nur wenige Prozessbeschreibungen für unterrichtliche Interventionen (vgl. Leiss 2007). Es liegt also ein deutlicher Bedarf an Grundlagenforschung zu Interventionen vor. Wegen der größeren Dichte an Interventionen im Eins-zu-Eins-Gespräch können in kürzerer Zeit viele Interventionen erfasst werden. Das Eins-zu-Eins-Gespräch wird aus naheliegenden Gründen im Vergleich zu Interventionen im Klassenraum weitgehend frei von organisatorischen Interventionen sein und liefert auch dadurch mehr Raum für strategische Interventionen.

Des Weiteren stellt sich das Einzelgespräch für die teilnehmenden Lehrpersonen als geschützter Übungsraum dar, in dem ohne Zeit- und Aufmerksamkeitsdruck neue Interventionsmuster ausprobiert werden können.

7.2 Auswahl der Lehrpersonen

Die Lehrpersonen, die die Einzelgespräche mit den Schülerinnen und Schülern durchführen sollten, mussten sich bereit erklären, sich dabei filmen zu lassen. Zusätzlich war Bedingung, dass sich die an der Studie beteiligten Lehrpersonen darauf einlassen, die Aufnahmen im Nachhinein zu betrachten, um gegebenenfalls das grundlegende Gesprächsverhalten zu verbessern. Unter diesen Rahmenbedingungen war die Akquise von Teilnehmerinnen und Teilnehmern an der Studie schwierig. Da die Einzelgespräche parallel zum laufenden Mathematikunterricht stattfinden sollten, um die Schülerinnen und Schüler möglichst in ihrer gewohnten Umgebung zu belassen, kamen berufstätige Lehrerinnen und Lehrer schon aus organisatorischen Gründen kaum in Frage. Zudem ist fraglich, ob diese Kolleginnen und Kollegen in ihren Mustern und Routinen in der Interaktion durch viele Berufsjahre nicht schon derart gefestigt sind, dass eine begleitende Fortbildung wenig erfolgreich gewesen wäre.

Es wurden zuletzt zwei Teilnehmerinnen und ein Teilnehmer gefunden, die eine entsprechende Offenheit und Motivation, aber auch ausreichend fachliche und fachdidaktische Kenntnisse mitbrachten: Eine Studentin und ein Student, die kurz vor ihrem ersten Staatsexamen standen, und eine Referendarin, die das Referendariat gerade begonnen hatte. Alle drei interessierten sich aus persönlichen Gründen für die Fragestellung „geeignete Impulse zu finden, um problemlösendes Lernen zu unterstützen“, brachten ein gewisses Vorwissen darüber mit und waren offen für Anregungen und Änderungsvorschläge. Bettina[1] war Studentin mit Berufsziel gymnasiales Lehramt mit dem zweiten Fach Deutsch. Robert war Student mit Berufsziel gymnasiales Lehramt mit dem zweiten Fach Philosophie. Sara war zu Beginn der Untersuchung seit einem halben Jahr im Referendariat und unterrichtete die Fächer Mathematik und Musik.

7.3 Fortbildung

Die drei begleitenden Fortbildungstermine für die an der Studie teilnehmenden Lehrpersonen hatten zum Ziel, diese in Hinblick auf die eigene Beobachtung ihres Gesprächsverhaltens zu sensibilisieren.

Die Fortbildungen bezogen sich auf zwei Schwerpunkte. Zum einen vermittelten sie Wissen bezüglich des Feldes Problemlösen, insbesondere über Charakterisierungsmöglichkeiten von Problemaufgaben und über Problemlösestrategien.

---

[1] Alle Namen wurden geändert.

Es wurden die für die Problemlöse-Einzelgespräche ausgewählten Aufgaben bearbeitet und verschiedene Lösungswege verglichen. Darüber hinaus wurden die im Werk von Hagland et al. (2005) vorgestellten Schülerlösungen thematisiert. Zum anderen wurden Grundlagen professioneller Gesprächsführung in Eins-zu-Eins-Situationen vermittelt.[2] Dies soll im Folgenden genauer dargestellt werden.

Grundlagen guter Gesprächsführung in Eins-zu-Eins-Situationen

Neben der Befassung mit den zu bearbeitenden Aufgaben haben sich die Lehrpersonen mit den „Grundlagen guter Gesprächsführung" auseinandergesetzt. Basis hierfür waren die Anregungen, die Selter und Spiegel im Zusammenhang mit dem klinischen Interview nach Piaget geben (vgl. Selter und Spiegel 1997).

Fragen, die sich für die Interviewerin bzw. den Interviewer stellen, sind in ähnlicher Art und Weise für die Begleitperson im Problemlöseprozess von Bedeutung. Unterschiede und Gemeinsamkeiten sollen im Folgenden kurz dargestellt werden.

Das klinische Interview dient dazu, die Frage „Wie denkt das Kind?" zu beantworten (Selter und Spiegel 1997, S. 101). Es geht also um das Erkenntnisinteresse der Forscherin oder des Forschers. Auch angehenden Lehrpersonen wird empfohlen, sich auf dieser forschenden Ebene mit Denkprozessen von Kindern auseinanderzusetzen, um eine Sensibilität für deren Denk- und Lösungswege zu entwickeln.

In Tabelle 7.1 findet sich eine Übersicht über die von Selter und Spiegel thematisierten Aspekte zur Gesprächsführung beim klinischen Interview und deren Begründung (vgl. Selter und Spiegel 1997, S. 101ff.). In der dritten Spalte wurde die theoretische Bedeutung dieses Interventionsverhaltens im Problemlöseprozess gegenübergestellt. Es wird deutlich, dass die angesprochenen Themen auch für das Gespräch im Problemlöseprozess zentrale Bedeutung haben.

---

[2]Die Voruntersuchungen ergaben hier einen dringenden Bedarf

Tabelle 7.1 Übersicht über Gründe spezifischer Gesprächsführung in klinischen Interviews nach Spiegel und Selter (1997) und theoretischer Begründung dieses Gesprächsverhaltens in Problemlösesituationen

Gesprächsverhalten	Begründung im Rahmen der Durchführung eines *klinischen Interviews*	Begründung im Rahmen der *Begleitung eines Problemlöseprozesses*
Allgemeine, bewusste Zurückhaltung	Dem Kind Freiraum geben, damit es in der gewünschten Form am Interview teilnimmt.	Dem Kind Freiraum geben, damit es eigene Gedanken entwickeln kann.
Eine gute Gesprächsatmosphäre schaffen	Die unangenehme „Prüfungssituation" für das Kind so angenehm wie möglich machen.	Die Unsicherheit in der Problemlösesituation für das Kind so angenehm wie möglich machen.
Schweigen	Dem Kind Zeit geben, damit es Zeit zum Denken hat.	Dem Kind Zeit geben, damit es Zeit zum Denken hat.
Nicht suggerierend fragen	Suggestivfragen stören methodisch das Erkenntnisinteresse der Forscherin bzw. des Forschers.	Suggestivfragen sind lenkend und stören die Eigentätigkeit des Kindes.
Den schmalen Grat zwischen Zurückhalten und Eingreifen berücksichtigen	Das Kind nicht beunruhigen oder belästigen, aber genug über das Denken erfahren.	Dem Kind helfen aber nicht eigene Gedanken dem Kind aufzwängen.

Im Projekt KIRA[3] wurde Videomaterial entwickelt, dass Situationen aufzeigt, die diese verschiedenen Interventionen veranschaulichen. Ausschnitte davon wurden auch für die Fortbildung der Lehrpersonen in dieser Studie genutzt.

Zwei wichtige Unterschiede bleiben zwischen dem klinischen Interview und der Begleitung im Problemlöseprozess bestehen. Im klinischen Interview wird die Aufgabe so ausgewählt, dass sie dem Erkenntnisinteresse der Forscherin bzw. des Forschers entspricht. Die Auswahl der Problemlöseaufgaben in dieser Studie er-

---

[3] „Kinder rechnen anders", Leitung: Christoph Selter, TU Dortmund, Videomaterial unter www.tu-dortmund.de/kira, Stand: Oktober 2010

folgte wie in den Kapiteln 2.7 und 6.1 beschrieben. Parallel zur Leitfrage „Wie denkt das Kind?" ist bei der Begleitung eines Problemlöseprozesses die möglichst authentische Begleitung des Arbeitsprozesses einer Schülerin bzw. eines Schülers durch eine Lehrperson leitend. Die Lehrperson befindet sich also im Lehr-Lern-Prozess und damit in ihrer natürlichen Situation, in der es ihre Aufgabe ist, die Schülerinnen und Schüler zu beobachten und ihnen Anregungen zu geben. Möglicherweise wird sich die Lehrperson in dieser Rolle auch nicht davon befreien können, die Schülerinnen und Schüler intuitiv zu bewerten.

Zur Umsetzung der Vermittlung von Grundlagen in professioneller Gesprächsführung gehörten beispielsweise Übungen in Nichtintervention[4] aber auch Diskussionen über die von Zech (1977) vorgeschlagenen Äußerungs-Beispiele (vgl. Tabelle 4.3 auf Seite 84).

7.4 Supervision

Zusätzlich zur Fortbildung fand die Supervision statt. Nach dem ersten, dem dritten und dem fünften Interview kam jede Lehrperson einzeln zum sogenannten „Metagespräch" währenddessen die Interviews gemeinsam mit mir angeschaut wurden. Das Metagespräch diente dazu, über die Methode des *stimulated recall* Informationen über Interventionsabsichten seitens der Lehrpersonen zu erhalten. Die Lehrpersonen hatten auch Gelegenheit, Schwierigkeiten in der Umsetzung ihrer eigenen Vorstellungen zu Interventionen zu artikulieren und Rückmeldung zu ihrem Gesprächsverhalten zu erhalten.

7.5 Auswahl der Schülerinnen und Schüler

Die Auswahl der Schülerinnen und Schüler erfolgte nach eigener Entscheidung von Bettina, Robert und Sara in Absprache mit den jeweiligen Mathematiklehrerinnen und Mathematiklehrern und unter Berücksichtigung der Rahmenbedingungen wie z. B. dem Vorliegen der Einverständniserklärung der Eltern. Zentrale Vorgabe war, dass sowohl Gespräche mit leistungsschwachen, als auch leistungsmittleren und leistungsstarken Schülerinnen und Schülern angestrebt und dass für jedes Interview eine Schülerin oder Schüler ausgewählt werden sollten, mit der oder dem vorher noch nicht zusammengearbeitet wurde. Die Auswahl der Klassenstufe 8 als Untersuchungsjahrgang geschah aufgrund der Befunde zu metakognitiven

---

[4]Ich bedanke mich herzlich bei der KIRA-Arbeitsgruppe, die mir hierfür ein Video zur Verfügung gestellt hat.

Fähigkeiten. Bekannt ist, dass „sich zwischen dem 13. und 15.–16. Lebensjahr, – zumindest bei Gymnasiasten – die qualitativen Voraussetzungen selbstregulierten Lernens deutlich verbessern" (Baumert 1993, S. 347). Dies ist eine günstige Voraussetzung für den Einsatz von Problemaufgaben im Unterricht und für die Beobachtung des Problemlöseprozesses.

7.6 Materialeinsatz

Da die Voruntersuchung ergab, dass viele Schülerinnen und Schüler schon zu Beginn des Arbeitsprozesses auf Barrieren stoßen, sollte in den Eins-zu-Eins-Gesprächen zu den Aufgaben passendes Material zur Verfügung stehen, auf das die Schülerinnen und Schüler bei Bedarf zurückgreifen können würden.

Für die Eis-Aufgabe lagen die in Abbildung 7.1 abgebildeten, an einer Seite abflachten Kugeln bereit. Die Spielsteine hatten die Farben blau, rot, grün und gelb. Von jeder Farbe waren 10 Spielsteine vorhanden.

Zur Lösung der Tangram-Aufgabe wurde das in Abbildung 7.2 gezeigte Holztangram zur Verfügung gestellt. Es hatte eine Seitenlänge von 13,5 cm.[5]

Abbildung 7.1 Spielsteine in den Farben blau, rot, grün und gelb

Abbildung   7.2 Holz-Tangram, blau

Zur Rasen-Aufgabe gab es einige Blätter grünes Faltpapier (Abb. 7.3), das geknickt und beschrieben werden durfte.

---

[5]Dies weicht, wie die Skizze in der Aufgabenstellung, von der vorgegebenen Größe des Tangrams ab. Das Material ermöglichte den Schülerinnen und Schülern über die Skizze hinaus jedoch ein einfaches Umlegen und Experimentieren mit den einzelnen Formen des Tangrams.

Für die Turm-Aufgabe lagen die in Abbildung 7.4 dargestellten 35 Holzwürfel bereit. Diese Anzahl reicht aus, um einen Turm der Höhe 4 zu bauen (28 Steine). Für einen Turm der Höhe 5 reicht die Holzwürfelanzahl jedoch nicht mehr.

Abbildung 7.3 Faltpapier, grün, 20 cm Seitenlänge

Abbildung 7.4 Holzwürfel, Seitenlänge 2 cm

Zur Steinplatten-Aufgabe wurde kein Material bereitgestellt. Die Steinplattenmuster lassen sich recht einfach zeichnen. Die Lehrpersonen waren angewiesen, das Material zu Beginn des Gesprächs sichtbar auf den Tisch zu legen und es im Weiteren der Initiative der Schülerin bzw. des Schülers zu überlassen, ob es zum Einsatz kommt.

7.7 Zusammenfassender Überblick über den Studienaufbau

Im Herbst 2008 fand die Datenerhebung statt. Als Lehrinnen und Lehrer wurden Personen ausgewählt, die ihre Interventionskompetenz in Problemlösesituationen verbessern wollten. Die Lehrpersonen nahmen an einer Fortbildung teil.

Jede Lehrperson führte alle fünf ausgewählten Problemlöseaufgaben in Eins-zu-Eins-Gesprächen mit einer Schülerin oder einem Schüler durch. Diese Gespräche wurden videographiert. Einige der Lehrpersonen führten zu einzelnen Aufgaben ein zweites Gespräch mit einer anderen Schülerin bzw. einem anderen Schüler durch.

Nach jeweils etwa zweien solcher Gespräche fand zwischen der Lehrperson und mir ein sogenanntes Meta-Gespräch statt, bei dem die Lehrperson sich Szenen aus ihren Problemlöse-Einzelgesprächen noch einmal ansehen konnte und Gelegenheit bekam, diese zu reflektieren.

Als Datengrundlage für die vorliegende Studie liegen die professionellen Problemlöse-Einzelgespräche vor. Eine Übersicht über die Menge der so gewonnenen Gespräche findet sich in der Tabelle 7.2.

Tabelle 7.2   Übersicht über alle analysierten Gespräche

	Lehrperson R	*Lehrperson S*	*Lehrperson B*
Eis	R31Ei	S21Ei	B31Ei
Rasen	R51Ra	S51Ra	B41Ra
Tangram	R21Ta, R32Ta	S31Ta	B21Ta
Steinplatten	R11Sp, R61Sp	S11Sp	B11Sp, B61Sp
Turm	R41Tu, R52Tu, R62Tu	S41Tu	B51Tu, B71Tu

Jedes Gespräch wurde durch einen fünfstelligen Code gekennzeichnet.

- An erster Stelle wird die Lehrperson, die das Gespräch begleitet, durch ihren Anfangsbuchstaben gekennzeichnet (B := Betina, R := Robert, S := Sara).

- Die zweite Stelle kennzeichnet die Reihenfolge in der die Lehrperson die Gespräche durchgeführt hat: 1 := 1. Gespräch, 2 := 2. Gespräch usw.

- Die dritte Stelle gibt Auskunft darüber, ob es sich um die erste bzw. gegebenenfalls zweite Aufgabe handelt, die die Lehrperson mit der Schülerin bzw. dem Schüler bearbeitet.

- An vierter und fünfter Stelle steht ein Kürzel für die Aufgabe: Sp := Steinplatten-Aufgabe, Tu := Turm-Aufgabe, Ra := Rasen-Aufgabe, Ei := Eis-Aufgabe, Ta := Tangram-Aufgabe.

Die Einzelgespräche wurden an den Schulen der jeweiligen Schülerinnen und Schüler von den Lehrpersonen durchgeführt und gefilmt. Die Meta-Gespräche fanden an der TU Dortmund statt und wurden auch videographisch aufgezeichnet, ebenso wie die Fortbildungen. Transkribiert und weiter untersucht wurden die Einzelgespräche zwischen der Lehrperson und der Schülerin bzw. dem Schüler.

8 Methoden der Datenauswertung

Zur Datenaufbereitung gehört im Rahmen dieser Studie die Transkription der Videos. Die Dateninterpretation erfolgte über die epistemologische Analyse nach Steinbring und das Zuordnen der Lehrerinterventionen zu den vier in Kapitel 4.7 dargestellten Ebenen. Die abschließend durchgeführte Analyse der Daten erfolgte auf der Basis der „Methode" der Grounded Theory.

8.1 Transkription

Um die Video-Daten einer Analyse unterziehen zu können, wurden sie zunächst transkribiert.

> „Ziel der Herstellung eines Transkripts ist es, die geäußerten Wortfolgen (verbale Merkmale), häufig aber auch deren lautliche Gestaltung z. B. durch Tonhöhe und Lautstärke (prosodische Merkmale), sowie redebegleitendes nichtsprachliches Verhalten (sei es vokal wie Lachen oder Räuspern – parasprachliche Merkmale – oder nichtvokal wie Gesten oder Blickverhalten – außersprachliche Merkmale) möglichst genau auf dem Papier darzustellen, sodass die Besonderheiten eines Gesprächs sichtbar werden" (Kowal und O'Connell 2005, S. 438).

Im deutschsprachigen Raum gehört die *Halbinterpretative Arbeitstranskription (HIAT)* zu den ältesten Transkriptionssystemen, ein weiteres bekanntes Transkriptionssystem ist das *Gesprächsanalytische Transkriptionssystem (GAT)* (vgl. Kowal und O'Connell 2005, S. 439f.). Kowal und O'Connell sehen jedoch keine Notwendigkeit, sich an ein bestehendes Transkriptionssystem zu binden. Damit würde viel zu häufig „mit erheblichem Aufwand viel mehr transkribiert, als analysiert wird" (Kowal und O'Connell 2005, S. 443). Viel wichtiger sei „das Verhalten beim Gebrauch des Systems. So müssen Transkribierende etwa bei der Verschriftung von Gesprächen verbale Phänomene zu Papier bringen, die sie als Gesprächsteilnehmer zu überhören gelernt haben" (Kowal und O'Connell 2005, S. 443f.). Sie müssen sowohl die Dauer von Sprechpausen wahrnehmen als auch die Betonung von Silben.

Die Transkription der Videos der Gespräche in dieser Arbeit erfolgte nach folgenden, selbst gewählten Regeln, die sich nach den Empfehlungen von Kowal und O'Connell zur Entwicklung von Transkriptionssystemen richten.

- Die Aussprache der Sprecherinnen und Sprecher sollte möglichst übernommen werden. So tauchen in den Transkripten Worte wie nich oder nö auf, obwohl vermutlich „nicht" oder „nein" gemeint war. Diese Darstellung dient der authentischen Wiedergabe der Gesprächsbeiträge.

- In Eins-zu-Eins-Gesprächen finden sich selten Überlappungen der Gesprächsbeiträge. Falls das Ende eines Gesprächsbeitrags mit dem Anfang des Gesprächsbeitrags der Gesprächspartnerin oder des Gesprächspartners doch einmal überlappt, so ist dies mit Schrägstrichen /..../ im Text gekennzeichnet.

- Kurze Atempausen im Gesprächsfluss wurden durch zwei .. (sehr kurz wahrgenommene Atempause) oder drei ... (kurz wahrgenommene Atempause) aufeinanderfolgende Punkte gekennzeichnet.

- Längere Pausen wurden so exakt wie möglich bestimmt und in Klammern angegeben, z. B. *(Pause,5sec)*, und kursiv gesetzt.[1]

- Die Intonation der Stimme am Ende des Satzes ist durch die Zeichen ' (Tonhöhe der Stimme steigt, häufig bei Fragen) oder . (Tonhöhe der Stimme sinkt, häufig bei Feststellungen) dargestellt. Findet sich am Satzende kein Zeichen, bleibt die Tonhöhe der Stimme bestehen.

- Gesten oder über den Text hinausgehende Äußerungen, wie z. B. Lachen, wurden in Klammern notiert und kursiv gesetzt: *(lacht)*.

- In der Transkription wurde in von der Transkribierenden frei gewählten Abständen die Laufzeit des entsprechenden Videos festgehalten (z. B. 8:53)[2].

- Aus technischen Gründen sind bei der Konvertierung in die Tabellenform Leerzeilen entstanden, die die Lesbarkeit jedoch nicht beeinflussen.

---

[1] Die exakte Messung längerer Pausen erschien im Kontext dieser Arbeit sinnvoll, um Aussagen darüber zu gewinnen, wie viel Zeit die Lehrpersonen den Schülerinnen und Schülern tatsächlich nach den Interventionen zur Verfügung stellen.

[2] In einem Interview finden sich regelmäßige Einschübe der Zeit in der Form <00:08:53>, die durch Nutzung eines speziellen Transkriptions-Programms entstanden. Das Transkript war allerdings weniger gut lesbar, so dass die Nutzung des Programms nicht beibehalten wurde.

- Bei der Überarbeitung der Transkripte wurden, wo es nötig und hilfreich für das Verständnis des Textes erschien, Bildausschnitte aus den Videos neben dem entsprechenden Text eingefügt. Auch die verschiedenen Stadien der Schülerlösung auf dem Papier wurde rekonstruiert und die jeweiligen Ausschnitte, wo nötig, als Bilder neben den Text gesetzt.

Auch für die Darstellung der Transkriptausschnitte wurden begründete eigene Regeln entwickelt.

Da aus Transkripten nicht im klassischen Sinne „zitiert" werden kann, werden in dieser Arbeit alle Ausschnitte aus Zitaten grau hinterlegt. Diese Darstellung bietet mir die Möglichkeit, Transkriptausschnitte im laufenden Text originalgetreu zu zitieren, was üblicherweise nicht für Transkripte vorgesehen ist. Im Rahmen dieser Arbeit wird jedoch auf die authentische Wiedergabe der Redebeiträge Wert gelegt.

Längere Transkriptausschnitte werden eingerückt. Der besseren Lesbarkeit halber findet sich dabei der Gesprächs- bzw. Zeilencode am Rand rechts neben dem Ausschnitt. Beispiel:

> I: Ja. ... Gut. Kannst du das noch umformen'   B71Tu292

8.2 Interpretation der Transkripte

Ziel der Datenauswertung ist die Klärung der Forschungsfragen, insbesondere die Untersuchung der Rolle strategischer Interventionen im Problemlöse-Gespräch. Dazu wurden die Transkripte in mehreren Schritten ausgewertet und zwar in jedem Schritt mit passenden Interpretations-Ansätzen.

8.2.1 Identifikation der Lernmomente

Im ersten Schritt fand eine Interpretation der Gespräche auf der Basis der epistemologischen Theorie von Steinbring statt. Fokus der Interpretation war, einerseits Anhaltspunkte zu finden, an welchen Stellen im Lernprozess der Schülerin oder des Schülers Entscheidendes passiert, und andererseits die Entwicklung der thematisierten Begriffe erfassen und später verfolgen zu können.

Die Interpretation fand in einer Gruppe statt. Dieses Verfahren sichert die Herstellung von Intersubjektivität in der Interpretation. Abschnitt für Abschnitt lesen die Interpretinnen und Interpreten das Transkript und halten ihre Deutungen (unter Berücksichtigung der rahmenden Theorie) fest. Die verschiedenen Perspektiven werden danach in einem kurzen Gespräch erläutert und am Text begründet. Jede

Interpretation bleibt solange plausibel, bis Indikatoren im (weiteren) Text auftauchen, die zur Ablehnung der Interpretation führen müssen. Insofern ist die Interpretation in dieser Form offen, denn neue Interpretationen bleiben prinzipiell möglich. Es gilt das „Konzept der Falsifikation" (Beck und Maier 1991, S. 67).

Aus den Ausführungen Jungwirths zur interpretativen Mathematikdidaktik seien hier weitere Techniken wiedergegeben, die im Interpretationsprozess genutzt werden.

> „Wesentlich ist die ‚extensive' Interpretation der Äußerungen; d. h. eine Interpretation, die nicht (nur) die subjektiv präsenten Vorgänge bei den Handelnden zu erfassen versucht, sondern auf den Gehalt der Äußerungen im System Sprache zielt: auf das, was die Äußerungen dort ‚noch' bedeuten. [...]

> Ein wichtiger Kunstgriff zur Generierung einer Deutung ist, das betrachtete Geschehen bzw. das betrachtete Selbstzeugnis zu verfremden; etwa durch das Versetzen in einen anderen Kontext. [...]

> Letztendliches Ziel sind Deutungshypothesen, die sich dann nicht auf Einzelereignisse [...] allein beziehen, sondern auf längere bzw. mehrere Abschnitte aus dem Datenkorpus [...]. Die Deutungshypothesen entstehen im systematischen Vergleichen von Daten [...].

> Das gesamte Datenmaterial wird dann durch mehrere Deutungshypothesen überdeckt, die dort vorhandene Gemeinsamkeiten und Unterschiede in Bezug auf die Forschungsfrage auf einer begrifflich-theoretischen Ebene rekonstruieren" (Jungwirth 2005, S. 5).

Nach Beck und Maier (1994) bleibt es der Intention der Forscherin bzw. des Forschers überlassen, welches Verfahren sie oder er zur Interpretation anwendet.

Die Interpretationstiefe wurde angemessen gewählt. Da es aufgrund der Forschungsfragen nicht im vornherein möglich war, „interessante" Sequenzen auszuwählen, um diese tiefer zu erfassen, bestand die Notwendigkeit, alle Gespräche vollständig zu interpretieren. Pro Gesprächszeiteinheit stand damit die etwa dreifache Zeit zur Interpretation zur Verfügung.

Abschließend wurde die „konsensuell validierte" (Maier 1991, S. 146) Variante der Interpretation übersichtlich zusammengefasst. Tabellarisch wurden Zeile des Gesprächs, Zeichen, Referenzkontext, Begriff und darüber hinausgehende Informationen zusammengefasst.

8.2.2 Zuordnung der Lehrerinterventionen

Zeitlich und inhaltlich unabhängig von der eben beschriebenen Interpretation des gesamten Gesprächs wurden in einem zweiten Schritt die Lehrerinterventionen genauer erfasst.

Zwei unabhängige Personen ordneten zu diesem Zweck die Lehrerinterventionen den vier Kategorien „organisatorische Intervention", „affektive Intervention", „strategische Intervention" bzw. „inhaltliche Intervention" zu.

Durch diese Kodierung sollten im Rahmen dieser Studie insbesondere die strategischen Interventionen gegenüber den inhaltlichen, organisatorischen und affektiven Interventionen seitens der Lehrperson herausgefiltert werden.

Da das Bewerten der Interventionen in Bezug auf ihre Ebene zwar unabhängig stattfand, aber trotzdem wegen der reinen Textbasis eine interpretative Tätigkeit darstellt, die zwangsläufig mit Unschärfen behaftet ist, wurden in die Auswertung alle strategischen Interventionen aufgenommen, die mindestens eine der Kodiererinnen als solche identifizierte.

8.3 Entwicklung einer Grounded Theory

Die Fusion der Ergebnisse der beiden genannten Interpretationen gibt Aufschluss über die Rolle von strategischen Interventionen.

Durch die Kodierung der Lehrerinterventionen in die verschiedenen Interventionsebenen kann auf das Repertoire der strategischen Interventionen geblickt werden. Diese werden im chronologischen Ablauf an der Zeit bzw. der Zeile verankert. Ebenso können die Lernmomente, die über die epistemologische Interpretation gefunden wurden, in der Regel an einer Äußerung seitens der Schülerin oder des Schülers festgemacht werden. Der Kontrast von strategischen Interventionen und Lernmomenten liefert bei der Datenauswertung die Grundlage zur Beobachtung von Mustern innerhalb von Sequenzen aufeinanderfolgender strategischer Interventionen. Über das Verfahren der Grounded Theory gelang es, (begründete) Muster im Rahmen von strategischen Interventionen *und* Lernmomenten zu identifizieren und zu klassifizieren.[3]

„Grounded Theory" ist, auch sinnbildlich, ins Deutsche übersetzbar mit „geerdeter Theorie"[4]. Die „Erdung" bezieht sich auf die Nähe zur Realität im Datenmaterial (Strauss und Corbin 1996, S. 1). Es ist also nicht ganz richtig von „dem

---

[3]Dieser Arbeitsschritt erfolgte unabhängig von der Interpretation der Lernprozesse im Alleingang.
[4]In Strauss und Corbin (1996) wird „grounded" mit „gegenstandsverankert" übersetzt.

Verfahren der Grounded Theory" zu sprechen, da es sich nur um ein Bündel von Wegweisern zum Erreichen substantieller Forschung handelt.

Eine Grounded Theory kann auf verschiedenstem qualitativem und auch quantitativem Datenmaterial beruhen, ist aber in ihrer Auswertung immer qualitativer Natur (Strauss und Corbin 1996, S. 4ff.). Den Forschenden, die nach der Entwicklung einer Grounded Theory streben, geht es immer um die Aufdeckung zugrundeliegender, inhaltlicher Zusammenhänge und nicht um die statistische Verifizierung bekannter Zusammenhänge (vgl. Strauss und Corbin 1996, S. 39ff.). Böhm (2005) beschreibt die Grounded Theory als „Kunstlehre, weshalb das Vorgehen nicht rezeptartig zu erlernen ist" (Böhm 2005, S. 476; vgl. Strübing 2008). Trotzdem gibt es einige Anhaltspunkte, an denen die Forscherin oder der Forscher sich orientieren kann.

Der Prozess der Datenanalyse wird im Entwicklungsprozess einer Grounded Theory als Kodieren bezeichnet. Offenes, axiales und selektives Kodieren bezeichnen dabei Verfahren, um aus den Daten abstrakte Kategorien zu entwickeln *(Offenes Kodieren)* und diese immer wieder weiterzuentwickeln, Verbindungen zwischen Kategorien zu schaffen *(Axiales Kodieren)*, aber diese Beziehungen auch wieder zu validieren (Selektives Kodieren) (Strauss und Corbin 1996, S. 43ff.; Strübing 2008, S. 18f.). Dabei findet eine Hypothesenprüfung implizit in jedem Schritt statt (Beck und Jungwirth 1999).

Die Analyse bezieht sich dabei auf ein theoretisches Sampling, womit die nachvollziehbare Auswahl der Stichproben gemeint ist, die zum aktuellen Zeitpunkt der Untersuchung in die Analyse einbezogen wurden. Zunächst werden in Bezug auf das untersuchte Phänomen möglichst homogene Fälle zusammengetragen, bis eine theoretische Sättigung erreicht ist. Das heißt, dass jeder weitere Fall den entwickelten Kategorien zugeordnet werden kann. Daraufhin wird die Strategie geändert und das theoretische Sampling um Daten erweitert, die explizit schwierig in das vorhandene Modell einzuordnen sind. So lassen sich u. a. neue Konzepte entwickeln (vgl. Strübing 2008, S. 32ff.; vgl. Böhm 2005). Die theoretische Sättigung ist auch hier erreicht, wenn „zusätzliche Daten und eine weitere Auswertung keine neuen Eigenschaften der Kategorie mehr erbringt und auch zu keiner Verfeinerung des Wissens um diese Kategorie mehr beiträgt" (Strübing 2008, S. 33).

Abbildung 8.1 gibt einen groben Überblick über die Vernetzung von Datenerhebung, -analyse und Theoriebildung zur Entwicklung einer Grounded Theory zur Rolle strategischer Interventionen in mathematischen Problemlöseprozessen in dieser Arbeit. Obwohl der gesamte Ablauf der Studie als Entwicklung einer Grounded Theory betrachtet werden muss, ist die dargestellte „Entwicklung von Kategorien von Gesprächsmustern" als wesentlicher erkenntnisgenerierender Schritt dieser Arbeit zu betrachten.

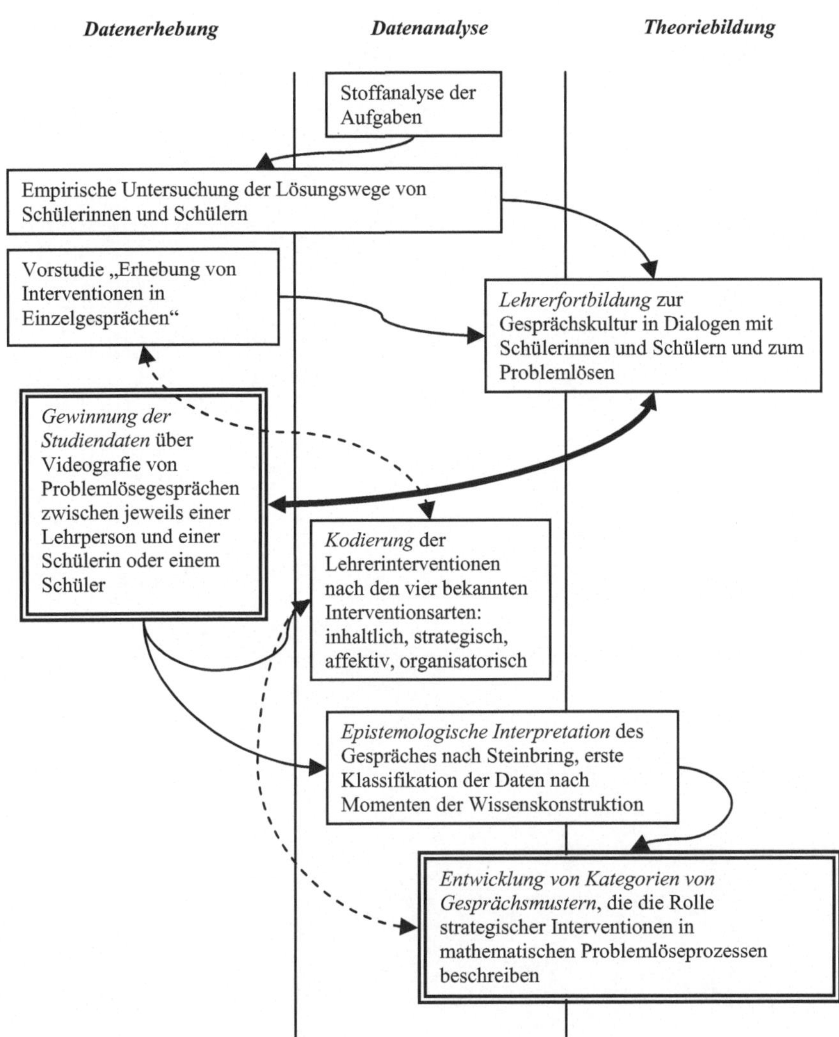

Abbildung 8.1 Entwicklung einer Grounded Theory zur Rolle strategischer Interventionen in mathematischen Problemlöseprozessen

9 Methodologische Überlegungen

„Methodologien als Theorien der Methoden zu beschreiben greift zu kurz. Eher noch sind sie so etwas wie Scharniere zwischen Erkenntnis- und Wissenschaftstheorie einerseits und den praktischen Verfahren andererseits, weil sie beides in einen gemeinsamen Begründungszusammenhang stellen" (Strübing und Schnettler 2004, S. 9).

In gewissem Sinne können schon die Ausführungen in Kapitel 5, spätestens aber ab Kapitel 5.3 als methodologische Überlegungen interpretiert werden. Blumer (Blumer 1969/2004, S. 343) war der Auffassung, dass der symbolische Interaktionismus keine Philosophie ist, sondern „eine bestimmte Betrachtungsweise innerhalb der empirischen Sozialwissenschaft" darstellt und daher auch methodologisch zu begründen sei. Blumer selbst entwirft handlungsleitende Linien für die Auswahl von Forschungsmethoden (vgl. Blumer 1969/2004 , S. 343ff.). Im Zusammenhang meiner Arbeit verstehe ich den symbolischen Interaktionismus Blumers, wie dargestellt, als theoretisches Modell für soziales Handeln und als spezifische Auffassung von zwischenmenschlichen Gesprächen und ordne ihn damit der Theorie zu.

Auch die Grounded Theory ist streng genommen keine Methode, sondern „vielmehr als ein Stil zu verstehen, nach dem man Daten qualitativ analysiert und der auf eine Reihe von charakteristischen Merkmalen hinweist: Hierzu gehören u. a. das Theoretical Sampling und gewisse methodologische Leitlinien, wie etwas das kontinuierliche Vergleichen und die Anwendung eines Kodierparadigmas, um die Entwicklung und Verdichtung von Konzepten sicherzustellen" (Strauss 1987/2004, S. 434).

Blumer und Strauss betonen in ihren jeweiligen methodologischen Betrachtungen die Wichtigkeit der wohlüberlegten und konsistenten Vernetzung von Fragestellung, Theorie und Auswertungsmethode. Daher möchte ich meine Überlegungen dazu, in Bezug auf diese Arbeit, kurz vertiefen.

Instruktionsforschung, wie sie von Duncker (1935/1963; vgl. Kap. 4.4.1) betrieben wurde, basiert auf der Annahme, dass Instruktionen seitens der Lehrperson kognitive Veränderungen der Schülerinnen und Schüler bewirken. Der Fokus liegt also auf den Möglichkeiten der Beeinflussung der Schülerinnen und Schüler bzw. der Beeinflussung der Gespräche durch die steuernde Lehrperson.

Problematisch in der letztgenannten Analyse von Wirkungen ist, dass Gespräche von sehr komplexer Natur sind und diese nicht ohne weiteres auf einzelne Faktoren reduziert werden können. In der Psychologie übliche Methoden geraten dabei an ihre Grenzen.

> „Once we attend to interactions, we enter a hall of mirrors that extends to infinity. However far we carry our analysis – to third order or fifth order or any other – untested interactions of a still higher order can be envisioned" (Cronbach 1975, S.119; vgl. Weinert 1996a, S.24).

Cobb und Yackel (1996) machen deutlich, dass es unter einem prozessbezogenen Blickwinkel und einer präskriptiv gegebenen Auffassung darüber, was Lehrpersonen im Mathematikunterricht leisten sollen, methodisch unmöglich ist, Interventionsstudien mit vorgegebenen Interventionen (vgl. Kap. 4.4.1) durchzuführen.

> „The conception of teachers as professionals who continually adjust their plans on the basis of ongoing assessments of individual and collective activity in the classroom in fact suggests that complete replicability is neither desirable nor, perhaps, possible" (Cobb und Yackel 1996, S. 180).

Sie kritisieren außerdem, dass gelegentlich in psychologisch-konstruktivistisch geprägten Analysen der kognitiven Prozesse, die Forscherin oder der Forscher mit dem Forschungsobjekt, d. h. der Schülerin oder dem Schüler kommuniziert, wie z. B. im Rahmen des klinischen Interviews. Hier beeinflusst die Forscherin oder der Forscher durch die Interventionen, wenn auch ungewollt, die Begriffsbildung des Forschungsobjekts. Die Forscherin oder der Forscher möchte durch das Gespräch etwas über die Begriffsbildung bzw. die Gedanken des Forschungsobjekts erfahren.

Die Methode der interpretativen Analyse der Interaktion ist also ein wesentlich passenderer Ansatz zur Beschreibung von Gesprächen.

> „In contrast, an interactional analysis is made from the outside and makes the interaction between the student and the researcher an object of analysis. The focus is on patterns and regularities in their interactions and on the consensual meanings that emerge between them rather than on the student's personal interpretations" (Cobb und Yackel 1996, S. 184).

Goos et al. (2002) halten die Beobachtung von Interaktionsprozessen sogar für privilegiert in Bezug auf herkömmliche analytische Methoden, da Prozesse der Selbststeuerung nicht mehr beobachtet werden müssten:

„The present study, grounded in sociocultural theories of learning, has extended this view of metacognition as self-directed dialogue to include collaborative conversations between peers of comparable expertise that made the processes of monitoring and regulation overt. From a methodological perspective, the techniques developed to analyse peer interactions represent a distinct advance over existing analytical frameworks" (Goos et al. 2002, S. 219).

Nicht jede theoretische Grundlage ist in Kombination mit der Methode der Interpretation ist jedoch geeignet, einen mathematischen Lernprozess zu beschreiben.

„Entsprechend solcher beispielhafter Untersuchungsziele sagt eine rein kommunikative Analyse von (mathematischer) Unterrichtsinteraktion zunächst noch gar nichts über die mathematische Qualität oder den Lernzuwachs der Kinder aus. [...] Die 'mikroskopischen' Analysen alltäglicher mathematischer Unterrichtsgespräche [zeigen], daß der Versuch von Schülern, sich reibungslos in den Unterrichtsgesprächen anzupassen, sogar dem Mathematiklernen abträglich sein kann. [...] Wir sollten der Versuchung widerstehen, Mathematiklernen mit der erfolgreichen Beteiligung des Schülers an Interaktionsmustern zu identifizieren" (Steinbring 2000, S. 30f.)

Eine Theorie, die zur Beschreibung von Lernprozessen führen soll, muss auch eine fachlich verankerte Bedeutung des Gesagten mit einbeziehen (vgl. Sierpinska und Lerman 1996, S. 841; Kap. 5.1). Steinbrings Theorie der epistemologischen Analyse von Unterrichtsgesprächen, die eine Variante des semiotischen Dreiecks (Zeichen, Bezeichnende, Bezeichnete) auf die mathematische Sprache überträgt (vgl. Steinbring 1994), genügt diesen Forderungen.

Ich sehe die Wahl dieser Theorie als Grundlage für die Beschreibung von mathematischen Lernprozessen auch als Antwort auf die Kritik von Zimmermann (1991), welcher bemängelt, dass sich der Bereich der mathematikdidaktischen Lehr-Lernforschung zu stark auf isolierte Aspekte wie z.B. soziale oder kognitive Aspekte konzentriert. Es müsse eine adäquate Passung gefunden werden, die die komplexe Realität aber nicht zu stark einengt (vgl. Zimmermann 1991, S. 42).

Die interpretative Herangehensweise zur Beschreibung der Lernprozesse ist somit begründet.

Die epistemologische Interpretation nach Steinbring und die Zuordnung der Lehrerinterventionen zu Kategorien waren nötig, um neue Erkenntnisse über Gesprächsstrukturen gewinnen zu können.

Die theoretische Perspektive auf Gesprächsprozesse in dieser Arbeit beinhaltet den Bezug zu verschiedenen Interventionsarten: inhaltlich, strategisch, organisatorisch und affektiv (vgl. Kap. 5.4). Diese sind im Rahmen dieser Studie nicht als absolut anzusehen. Die Kodierung ist nur als Hinweis darauf anzusehen, an welchen Stellen der Text der Lehreräußerung als strategische Intervention interpretiert werden kann.

Auch die Interpretation nach Steinbring ist als Vorarbeit zur Bearbeitung der eigentlichen Forschungsfrage anzusehen, allerdings baut die Theorieentwicklung zur Bestimmung der Bedeutung strategischer Interventionen auf der epistemologischen Analyse in ihrer ganzen Tiefe auf. Insofern kann auch davon gesprochen werden, dass es sich hier um eine erste Stufe in der Erfassung der Daten handelt, im Sinne der Fragestellung: „Was geht hier vor?"

Zum Vorwissen zählen auch alle anderen Analysen: Die Stoffanalysen der Aufgaben, die Erprobung der Aufgaben mit Schülerinnen und Schülern usw. Die Bedeutung des Vorwissens muss jedoch im Rahmen der Grounded Theory diskutiert werden. Strübing (2008) sieht hier allerdings keinen Widerspruch.

> „Wenn Konzepte tatsächlich aus den Daten ‚emergieren' sollen, wenn die Forschenden davon Abstand nehmen sollen, ihren Daten vorgängige theoretische Konzepte über zu stülpen – dann könnte daraus der Eindruck entstehen, über Vorwissen zu verfügen sei, wenn nicht verwerflich, so doch mindestens hinderlich für die sachangemessene Analyse der jeweiligen Daten. [...] Übersehen wird [...] allerdings das schon in dieser ersten Schrift zur Grounded Theory eingeführte Konzept der ‚theoretischen Sensibilität', über das die Vorstellung einer bereits vor Beginn der jeweiligen Forschungsarbeit geprägten (theoretischen) Perspektive in den Ansatz der Grounded Theory integriert wird. Der Unterschied zu nomologisch-deduktiven Verfahren liegt also nicht in dem unterstellten Verzicht auf die Berücksichtigung vorgängiger Theorien, sondern vielmehr in einem veränderten Umgang mit jenem notwendig immer schon vorhandenen Vorwissen sowie generell in einem Theorieverständnis, das die prinzipielle Unabgeschlossenheit von Theorien stärker betont als strukturelle Verfestigungen" (Strübing 2008, S. 57f.; vgl. Glaser und Strauss 2005, S. 54ff.).

Die Grounded Theory eignet sich als Methode in Bezug auf diese Studie besonders, da sie den Anspruch erhebt, Theorien zu entwickeln, „die näher an alltäglichen oder praktisch relevanten Themen ansetzen" (Flick 2007, S. 75). Das entspricht dem, was in Kapitel 4 als übergeordnetes Ziel dieser Studie genannt wurde:

Ein Instrument zu schaffen, das Lehrpersonen Hilfe in der Unterstützung selbstständigkeitsorientierter Problemlöseprozesse gibt. Dieses Ziel wird im Rahmen dieser Untersuchung angestrebt, aber nicht umgesetzt. Die Gründe dafür wurden in Kapitel 5.4 erläutert: Die epistemologische Deskription steht in Widerspruch zur präskriptiven Unterrichtsgestaltung.

Ein gelungenes und erfolgreiches Interaktionsverhalten der Lehrpersonen bei der Begleitung von Problemlöseprozessen (aber auch im Instruktionsprozess) ist in natura nur selten anzutreffen. Lehrpersonen sind, insbesondere wenn sie für die Sekundarstufen ausgebildet wurden, nicht in einer Gesprächsführung geschult, wie Steinbring sie explizit fordert. Insbesondere strategische Interventionen sind selten zu beobachten (vgl. Leiss 2007) und dies selbst bei Sinus-best-practice-Lehrpersonen, die ansonsten durch engagierte Unterrichtsmethoden auf sich aufmerksam gemacht haben. Auch in der Voruntersuchung zur Erhebung von Interventionen in Einzelgesprächen wurden Ergebnisse gewonnen, die nahelegen, dass die gezielte Schulung und Supervision mit Lehrpersonen notwendig ist, um passable Gesprächsergebnisse zu erhalten. Die Rolle strategischer Interventionen kann nur dann untersucht werden, wenn strategische Interventionen in Gesprächen stattfinden. Die begleitende Fortbildung war also notwendig, um die Voraussetzungen für die Untersuchung zu schaffen. Hier ist jedoch ein sensibler Umgang mit der Problematik des Widerspruchs zwischen normativem und deskriptivem Paradigma angebracht. Es stellt allerdings, im Sinne der Auffassung der Mathematikdidaktik als Wissenschaft, die nicht nur zur Erforschung, sondern auch zur Entwicklung des Mathematikunterrichts beitragen muss, kein neues Konzept dar, Konstruktion und Untersuchung von Unterrichtsszenarien[1] zu kombinieren. Dabei wurde, insbesondere wegen der methodologischen Problematik, darauf geachtet, dass die Fortbildung den Untersuchungsgegenstand *strategische Interventionen* nicht tangiert.

Die Einzelgespräche, auf die die Interaktion in der Datenerhebung beschränkt wurde, sind aus ethnomethodologischer Sicht nicht wirklichkeitsabbildend für Mathematikunterricht. Sie bilden allerdings mathematische Gespräche zwischen Lehrperson und Schülerin bzw. Schüler insofern ab, als dass den Lehrpersonen keine konkreten Vorschriften zur Interaktion gemacht wurden, wie sie etwa ein Interviewleitfaden beinhalten würde. Leiss stellt fest, dass das Interventionsverhalten in Labor- und Klassensituation in Bezug auf Grad der physischen Präsenz der Lehrperson und in Bezug auf die Frequenz der Interventionen erstaunlich gut übereinstimmt (vgl. Leiss 2010, S. 220f.). Für die epistemologische Analyse des Problemlöseprozesses liegen solche Vergleiche nicht vor.

---

[1]Das gleiche gilt auch für Unterrichtsmaterialien, Unterrichtseinheiten u. a.

Cobb deutet an, dass Einzelgespräche auch sinnvoll für die Untersuchung bestimmter Fragestellungen sein können, allerdings muss beachtet werden, dass ihre Aussagekraft auch auf diese Settings beschränkt bleibt.

> „[They] ... do not delegitimize psychological analysis of, say, interviews or one-on-one teaching sessions. However, we do question the assumption that such analysis can, in principle, capture individual students' conceptual understandings independently of situation and purpose" (Cobb und Yackel 1996, S. 185).

Die damit einhergehenden Einschränkungen in der Bewertung der Ergebnisse müssen in Kauf genommen werden und werden in die Auswertung mit einbezogen.

Der komplexe Aufbau des Untersuchungsdesigns wird also notwendig durch den im Alltag seltenen Untersuchungsgegenstand „strategische Interventionen". Zur Datenaufbereitung der Gespräche werden zwei verschiedene Analyse-Ansätze genutzt, die methodisch verträglich sind.

In den folgenden Kapiteln sind die Ergebnisse der Untersuchung der unter diesem Aufbau gewonnenen Eins-zu-Eins-Gespräche zusammengefasst. In Kapitel 10 wird vorgestellt, welche konkreten inhaltlichen Barrieren zu Lernmomenten seitens der Schülerinnen und Schüler geführt haben. Hier wird sichtbar, wie vielfältig an den vorliegenden Aufgaben gelernt wurde.

Die Grundlage für die Herausarbeitung der Kontexte und Bedeutungen strategischer Interventionen ist die fundierte Erkenntnis über den Lernprozess der Schülerin bzw. des Schülers und das Vorfinden strategischer Interventionen im Gespräch.

In Kapitel 11 werden diese Lernmomente der Schüler dann in Kontrast zu den Interventionen seitens der Lehrpersonen gesetzt. In Kapitel 11.2 werden erste grundlegende, allgemeine Beziehungen zwischen strategischen Interventionen und Lernprozessen vorgestellt, um schließlich in Kapitel 11.3 ausführlich auf die gefundenen Gesprächsmuster mehrstufiger strategischer Interventionen einzugehen.

Schließlich werden ab Kapitel 11.3 die gefundenen, potentiell sinnvollen strategischen Interventionsmuster an ausführlichen Beispielen vorgestellt.

Teil III

Ergebnisse

10 Begriffsbildungen bei der Bearbeitung mathematischer Probleme

Nach erster, allgemeiner Durchsicht der Gespräche lässt sich festhalten, dass alle Gespräche[1] „gute" Problemlösegespräche im Sinne der Schulung waren. Aber auch hier gab es graduelle Unterschiede. Manche Gespräche wirkten gelöster und lockerer, andere verkrampfter. Die Lehrpersonen wirkten unterschiedlich interessiert und die Schülerinnen und Schüler unterschiedlich motiviert und unterschiedlich selbstbewusst.

Von Interventionen als unabhängigen Gesprächsbeiträgen kann unter der eingenommenen theoretischen Perspektive in dieser Szenerie nicht gesprochen werden. Jedes Gespräch ist ein Fluss von abwechselnden Äußerungen mit, wie zu erwarten war, nur geringen zeitlichen Pausen.

Jedes Gespräch wurde mit Hilfe des auf Seite 142 vorgestellten Codes eindeutig gekennzeichnet.

10.1 Empirisch erfasste Begriffsbildungen

In Kapitel 6.3 wurden die Aufgaben vorgestellt, die dieser Studie zugrunde lagen. Neben den dort präsentierten Schülerlösungen findet sich bei Hagland et al. (2005) zu jeder Aufgabe eine Liste von Begriffen[2]. Diese Liste soll (den Lehrpersonen) als Referenz dafür dienen, welche Begriffe anhand der Aufgabe im Unterricht thematisiert werden können. In diesem Kapitel stelle ich diese Listen den in der epistemologischen Interpretation im Rahmen dieser Studie gefundenen Begriffsbildungen gegenüber.

Es wird sich damit zeigen, inwiefern die Lernprozesse der Schülerinnen und Schüler in den hier erhobenen Gesprächen das widerspiegeln, was im Werk von Hagland et al. über die Möglichkeit des begrifflichen Lernens zu den Aufgaben

---

[1] Die Grundlage dieser Hauptuntersuchung liefern die Einzelgespräche zu den ausgewählten Problemaufgaben zwischen jeweils einer Lehrperson und einer Schülerin oder einem Schüler. Daher wird in diesem und den folgenden Kapiteln stets nur von „Gesprächen" die Rede sein.

[2] Die einzige Ausnahme bildet die Eis-Aufgabe. Hier werde ich meine Stoffanalyse aus Kapitel 6.3 als Vergleich heranziehen.

geschrieben wird. Dies ermöglicht einen tieferen Einblick in die tatsächlichen Schwierigkeiten der Schülerinnen und Schüler bei der Bearbeitung der ausgewählten Aufgaben und ist somit die Grundlage für die Untersuchung der Gesprächsstrukturen insgesamt.

10.1.1 Aufgabe Steinplatten

In Tabelle 10.1 findet sich der Vergleich der Liste der Begriffe aus Hagland et al. (2005) mit den Begriffen, die aus der epistemologischen Analyse als neu erlerntes bzw. neu konstruiertes Wissen in der Auseinandersetzung mit der Steinplatten-Aufgabe gefunden wurden.

Tabelle 10.1   Vergleich der Begriffsbildungsmöglichkeiten zur Steinplatten-Aufgabe. Die linke Spalte zeigt die Begriffe der Stoffanalyse aus Hagland et al. (2005), die rechte Spalte die in den vorliegenden Daten beobachteten Begriffsbildungen.

Stoffanalyse	*Beobachtung*
Natürliche Zahl	—
Proportionalität	—
Tabelle	—
Fläche	—
Muster	Geometrisches *Muster* in der gegebenen Folge erkennen, Verhältnis dunkler zu heller Platten
Variablenbegriff	*Variable*
Formel	Beispiel für den expliziten *Term* finden, expliziten Term über geometrisches Muster finden, explizite Darstellung des Terms
—	*Zuordnung* Figur / Folgenindex
—	Im Muster *rekursive Folge* erkennen / Verhältnis für Folgeglieder
—	Zusammenhang *Term und Tabelle*

Bei der Steinplatten-Aufgabe sind die Überschneidungen zwischen den stoffanalytisch explizierten und den beobachteten Begriffen gering. Zusätzlich findet sich über die empirische Untersuchung allerdings ein Lernmoment, das zentral für die Lösung dieser Aufgabe ist: Muster erkennen und eine allgemeine Beschreibung über eine Formel finden.

Dies lässt sich in weitere Barrieren differenzieren. Das Muster wird meist in den Bildern gesucht. Die Bildstruktur wird dabei analysiert, und im weiteren Verlauf versuchen die Schülerinnen und Schüler, dies zu arithmetisieren. In einem Gespräch wird (nicht zielführend) das Verhältnis von dunklen zu hellen Platten betrachtet. Auch das ist ein Muster.

Eine wesentliche Barriere lag dabei in der Entwicklung der Folgenstruktur, d. h. die Erkenntnis, dass es ein Folgenglied gibt und einen Index, zwischen denen eine Zuordnung besteht.

Die Zuordnung des Index zum Folgenglied auf allgemeine Weise zu beschreiben, scheint wiederum ein anderer Zugang zum Erstellen eines Terms zu sein als in der folgenden Aufgabe.

10.1.2 Aufgabe Turm

In Tabelle 10.2 folgt der Vergleich der Liste der Begriffe aus Hagland et al. (2005) mit den Begriffen, die aus der epistemologischen Analyse als neu erlerntes bzw. neu konstruiertes Wissen in der Auseinandersetzung mit der Turm-Aufgabe gefunden wurden.

Auf den ersten Blick wirkt die Liste der in den Gesprächen konstruierten Begriffe sehr kurz. Die Barriere „Formel" ist indes eine sehr große: Die geometrische Figur ist dreidimensional, sie ist nicht, wie in der Steinplatten-Aufgabe über eine Folge angesetzt, sondern soll auf eigenen Wegen als Term dargestellt werden. Der Term hat bei fast allen Schülerinnen und Schülern zunächst zwei Variablen, nämlich die Anzahl der Steine des Mittelturms n und die Anzahl der Steine jedes Seitenflügels x. Die innere Abhängigkeit $x(n)$ ist schwer zu erkennen. Falls sie erkannt wurde, gab es Schwierigkeiten bei der Notation.

Einige Schülerinnen und Schüler haben die Struktur des Turmes erkannt, taten sich aber mit der Notation sehr schwer.

10.1.3 Aufgabe Tangram

In Tabelle 10.3 folgt der Vergleich der Liste der Begriffe aus Hagland et al. (2005) mit den Begriffen, die aus der epistemologischen Analyse als neu erlerntes bzw. neu konstruiertes Wissen in der Auseinandersetzung mit der Tangram-Aufgabe gefunden wurden.

Tabelle 10.2 Vergleich der Begriffsbildungsmöglichkeiten zur Turm-Aufgabe. Die linke Spalte zeigt die Begriffe der Stoffanalyse aus Hagland et al. (2005), die rechte Spalte die in den vorliegenden Daten beobachteten Begriffsbildungen.

Stoffanalyse	*Beobachtung*
Natürliche Zahlen	—
Tabelle	—
Fläche	—
Zweidimensionale Figuren	—
Dreidimensionale Figuren	—
Muster	*Muster* in Tabelle, Strukturiertes Abzählen, Muster in Figur, Gauß'sche Summenformel
Arithmetische Zahlenfolge	*Zusammenhang zwischen* zwei aufeinander folgenden *Folgengliedern*
Variablenbegriff	*Variable*
Formel	Arithmetischen *Term* zur geometrischen Struktur finden, Notation eines Terms, Term mit mehreren Variablen
—	*Algorithmus* zur Berechnung der allg. Anzahl

In dieser Aufgabe wird deutlich, dass in der stoffanalytischen Auflistung der Begriffe, im Gegensatz zur empirischen Untersuchung, zwei äußerst wichtige Begriffe gar nicht auftauchen: *Kongruenz* und *Symmetrie*.

An einigen Stellen zeigt sich, dass es für die Schülerinnen und Schüler ganz und gar nicht selbstverständlich ist, dass sich der Flächeninhalt bei einer Figur, die verschoben oder gespiegelt wird, nicht verändert.

Auch das geschickte Zerlegen eines Dreiecks als Rückführung auf kleinere Dreiecke kann nicht als selbstverständlich vorausgesetzt werden.

Dass diese Lernergebnisse nicht trivial sind, deckt sich mit dem, was Wittmann über ein Piaget-Experiment berichtet, bei dem sich „noch 12-jährige [...] von den relativ großen Seiten des Dreiecks [dazu] verleiten [ließen], dies als größer zu be-

Tabelle 10.3 Vergleich der Begriffsbildungsmöglichkeiten zur Tangram-Aufgabe. Die linke Spalte zeigt die Begriffe der Stoffanalyse aus Hagland et al. (2005), die rechte Spalte die in den vorliegenden Daten beobachteten Begriffsbildungen.

Stoffanalyse	*Beobachtung*
Bruchzahl	—
Proportionalität	—
Fläche	*Flächengleichheit* von Teilekombinationen
Geometrische Figuren	2-dimensionale *Grundformen*, Zusammensetzung von Grundformen
Formel	*Term*
Variablenbegriff	*Variable*
—	*Strecken und Längen* (Längenmessung, Längenteilung)
—	*Größenvergleich* der Teile im Tangram
—	*Kongruenz*
—	*Zusammenhang Fläche und Seiten* (Flächeninhalt über Seitenlänge bestimmen, Seitenlänge über gegebenen Flächeninhalt bestimmen, Berechnung der Hypothenuse)
—	*Zusammenhang Fläche und Grundrechenarten* (Teilen von Fläche als Division durch eine Zahl, Subtraktion von Flächeninhalten)
—	*Symmetrie* (Symmetrische Flächenteilung vorhandener Teile, abstrakte Zerlegung des Tangrams in kleine, gleichartige Einheiten)

zeichnen [als ein vom Flächeninhalt her gleichen Quadrats, Anm. d. Aut.]" (Wittmann 1987, S. 305). [3]

---

[3]Auf Seite 307 stellt Wittmann 1987 das Tangram vor, als „Verkörperung der Invarianz des Inhalts gegenüber Kongruenzabbildungen und der Additivität des Inhalts bei Zerlegungen".

10.1.4 Aufgabe Rasen mähen

Bei Hagland et al. (2005) finden sich zu dieser Aufgabe Begriffe, die erlernt oder thematisiert werden können. Tabelle 10.4 zeigt den Vergleich der Liste der Begriffe aus Hagland et al. (2005) mit den Begriffen, die aus der epistemologischen Analyse als neu erlerntes bzw. neu konstruiertes Wissen in der Auseinandersetzung mit der Rasen-Aufgabe gefunden wurden.

Tabelle 10.4 Vergleich der Begriffsbildungsmöglichkeiten zur Rasen-Aufgabe. Die linke Spalte zeigt die Begriffe der Stoffanalyse aus Hagland et al. (2005), die rechte Spalte die in den vorliegenden Daten beobachteten Begriffsbildungen.

Stoffanalyse	*Beobachtung*
Bruchzahlen	—
Einheiten	*Einheiten* und deren Umrechnung
Proportionalität	*Verhältnis* der unterschiedlichen Mäh-„Geschwindigkeiten" (Flächeninhalt pro Zeit)
Tabelle	—
Fläche	Halbieren der *Fläche*
Gleichung	*2 Variablen in Abhängigkeit* (Zeitänderung bei konstanter Fläche, Flächenänderung bei konstanter Zeit, Zeit pro Fläche in Abhängigkeit von der jeweiligen Person unterschiedlich)
—	*Algorithmus* (Zerlegungsalgorithmus für die Fläche, Absehbarkeit des Endes eines Algorithmus)
—	*Gleichzeitigkeit* des Arbeitsprozesses
—	Mäh-„Geschwindigkeit" als *Änderungsrate*

Bruchzahlen müssen zwar in jeder Darstellung für die Lösung der Aufgabe genutzt werden, stellten aber für die Probanden allesamt kein Problem dar. Tabelle ist meines Erachtens zunächst kein mathematischer Begriff sondern ein heuristisches Hilfsmittel. Es wäre jedoch möglich gewesen, dass die Schülerinnen und Schüler sich mit der Begriffsbildung im Rahmen der Findung von speziellen Funktionswerten auseinandergesetzt hätten. Dies war allerdings nicht zu beobachten.

Über alle Gespräche hinweg war der Begriff der *Gleichung* die zentrale Barriere. Hierbei ist zu bedenken, dass die Schülerinnen und Schüler auf einem Niveau arbeiten, bei dem sie nicht analytisch eine Gleichung als Lösungsinstrument einsetzen, sondern sie müssen diese Gleichung „erfinden" als mathematischen Ausdruck der Abhängigkeit zweier Variablen. Wenn man, wie in den weiteren Gesprächen zu sehen sein wird, davon ausgeht, dass der Variablenbegriff noch nicht gefestigt ist, dann stellt dies eine enorme Herausforderung dar.

Über die aus Hagland et al. (2005) erwarteten Barrieren hinaus zeigten sich die Begriffe *Algorithmus*, *Gleichzeitigkeit* und *Änderungsrate*. Während nur in einem der Gespräche ein Algorithmus thematisiert wurde (S51Ra), waren die beiden anderen Begriffe zentrale Barrieren. Die „Gleichzeitigkeit des Arbeitsprozesses" spiegelt sich in der mathematischen Betrachtung zweier funktionaler Abhängigkeiten wider, wobei die Einteilung der Abszissenachse der beiden Funktionen identifiziert wird, um diese vergleichen zu können. In allen drei Gesprächen war dies Thema.

In der Bearbeitung der Rasen-Aufgabe durch die Schülerinnen und Schüler wurde der Quotient von gemähter Fläche zurzeit mit dem Begriff Geschwindigkeit assoziiert. Dies ist formal nicht richtig. Sprachlich werden aber auch andere Arbeitsprozesse mit „schneller als" oder „langsamer als" verglichen. Dies sind Worte, die anschaulich direkt mit dem Geschwindigkeitsbegriff zusammenhängen.

Der Begriff „Änderungsrate" ist Oberbegriff für die „mittlere Änderungsrate", die von mir statt dem Begriff „Differenzenquotient" genutzt wird. Die zugehörige Vorstellung ist statisch und beinhaltet die mittlere Änderung einer Funktion auf festen Intervallen. Verkleinerung der Intervalle führt zum Konzept der Änderungsrate in einem Punkt, also der Ableitung, die „lokale Änderungsrate" genannt wird. Ausgehend von der Änderungsrate kann andersherum (und unter bestimmten Bedingungen) auch der Bestand ermittelt werden.[4] Bei der Interpretation der Gespräche wurde deutlich, dass Mäh-„Geschwindigkeit" über die statische Vorstellung des Quotienten Fläche pro Zeit hinaus genutzt wurde, um auf den Bestand zu schließen.

An dieser Stelle wird auch deutlich, warum diese Aufgabe (im Vergleich zu den anderen) ein hohes Schwierigkeitspotential hat: Durch die Offenheit im Umgang

---

[4]Die mathematischen Definitionen zu den Begriffen „Differenzenquotient", „Differentialquotient", „Ableitung" und „Integral" finden sich in jedem Buch zur Analysis (bspw. Büchter und Henn 2010), werden hier aber nicht aufgeführt, da die zugrundeliegenden Vorstellungen der Schülerinnen und Schüler sich auf präformalem Niveau befinden. Dies ist auch der Grund für die Nutzung des Wortes „Änderungsrate".

mit den Einheiten stoßen die Schülerinnen und Schüler, ohne es zu merken, auf die Infinitesimalrechnung[5].

10.1.5 Aufgabe Eis aussuchen

Zu dieser Aufgabe werden bei Hagland et al. (2005) keine Angaben über eine mögliche Thematisierung von Begriffen gemacht. In Kapitel 6.3 findet sich jedoch die Stoffanalyse, die vier inhaltliche Fälle unterscheidet: Ziehen mit Zurücklegen mit Beachtung der Reihenfolge, Ziehen mit Zurücklegen ohne Beachtung der Reihenfolge, Ziehen ohne Zurücklegen mit Beachtung der Reihenfolge und Ziehen ohne Zurücklegen ohne Beachtung der Reihenfolge. Alle vier Fälle wurden in Bezug auf den Kontext der Aufgabe interpretiert und als gleichwertig möglich erachtet. Sie sollen hier als Referenz für die Stoffanalyse stehen.

Eine Übersicht der Begriffe, an denen in den vorliegenden Gesprächen gelernt wurde, findet sich in Tabelle 10.5. In der Tabelle wurden zu jedem Gespräch und jedem Begriff die Zeilen angegeben, in denen Zeichen gefunden wurden, deren Analyse einen begrifflichen Wissens-Neuerwerb nahelegte.

Da im Aufgabentext der Eis-Aufgabe danach gefragt wird „wie viele Möglichkeiten" es gibt, ist es nicht überraschend, dass die Berechnung der Anzahl der Möglichkeiten zentraler Inhalt der Gespräche ist.

Es fällt jedoch auf, dass die Schülerinnen und Schüler die Aufgabenstellung in ihrem Sachkontext so interpretierten, dass sie stets davon ausgingen, dass die gleiche Kugel Eis wiederholt genommen werden kann. Sie befassten sich daher ausschließlich mit den zwei kombinatorischen Fällen „mit Zurücklegen".[6]

Die Auseinandersetzung mit den beiden kombinatorischen Fällen „Mit Zurücklegen mit/ohne Beachtung der Reihenfolge" in den Gesprächen allerdings gleich für mehrere Barrieren verantwortlich ist.

Ein Schüler (R31Ei) beginnt damit, alle Kombinationen zu legen, ohne sich vorher darüber Gedanken gemacht zu haben, ob gelb-rot die gleiche Kombination wie rot-gelb ist oder nicht. Im weiteren Verlauf des Gesprächs setzt sich der Schüler zunehmend damit auseinander, was es bedeutet, die Reihenfolge außer Acht zu lassen oder sie wichtig zu nehmen. Diese Auseinandersetzung fand sich auch in den beiden anderen Gesprächen (S21Ei und B31Ei).

In einem Gespräch stellte es im Folgenden für den Schüler einen Lernaufwand dar, die (unterschiedliche) Anzahl der Möglichkeiten für die beiden Fälle mit bzw. ohne Berücksichtigung der Reihenfolge zu finden (B31Ei). Im Gespräch S21Ei war dem Schüler die Ermittlung der entsprechenden Anzahlen sofort klar, nur die

---

[5]Keine der Lehrpersonen hat dieses Thema aufgegriffen.
[6]Eine Begründung hierfür wäre interessant, aber auf Grundlage der erhobenen Daten rein spekulativ.

Tabelle 10.5 Vergleich der Begriffsbildungsmöglichkeiten zur Eis-Aufgabe. Die linke Spalte zeigt die Begriffe der Stoffanalyse aus Kapitel 6.3, die rechte Spalte die in den vorliegenden Daten beobachteten Begriffsbildungen.

Stoffanalyse	*Beobachtung*
Ziehen mit Zurücklegen mit Beachtung der Reihenfolge	*Anzahl* der Möglichkeiten *mit* Beachtung der Reihenfolge
Ziehen mit Zurücklegen ohne Beachtung der Reihenfolge	*Anzahl* der Möglichkeiten *ohne* Beachtung der Reihenfolge
Ziehen ohne Zurücklegen mit Beachtung der Reihenfolge	—
Ziehen ohne Zurücklegen ohne Beachtung der Reihenfolge	—
—	*Anzahl* der Möglichkeiten *ohne Informationen* über die Beachtung der Reihenfolge
—	*Anzahl* der Möglichkeiten *trotz unklaren Informationen* über die Beachtung der Reihenfolge
—	*Unterschied* zwischen *mit / ohne* Beachtung der Reihenfolge
—	*Relevanz der Reihenfolge* bei *gleichfarbigen Steinchen*
—	*Vollständigkeit*, alle Möglichkeiten finden
—	*Baumdiagramm*
—	*Wahrscheinlichkeit*
—	*Gleichverteilung*

Auseinandersetzung mit der Bedeutung dieses Unterschieds im Kontext musste von ihm konstruiert werden.

Darüber hinaus fand sich in einem Gespräch (R31Ei) die Auseinandersetzung mit der Bedeutung der Reihenfolge bei gleichfarbigen Steinchen und in einem anderen Gespräch (S21Ei) fanden sich weitere kontextbezogene Begriffe wie Baumdiagramm, Wahrscheinlichkeit, Gleichverteilung und Pfadwege.

In zwei der Gespräche (S21Ei und B31Ei) wurde seitens der Schüler auch die Vollständigkeit ihrer Anzahl von Möglichkeiten in Frage gestellt: Wie kann ich sicher sein, dass ich wirklich alle Möglichkeiten gefunden habe?

10.2 Zusammenfassung

Der erste Teil der Analyse bestand in einer vergleichenden Analyse des Begriffsbildungspotentials der genutzten Aufgaben. Die Ergebnisse zeigen, dass eine reine Stoffanalyse der Aufgaben, wie sie bei Hagland et al. vorgenommen wurde, nicht angemessen ist, um Problemlöseaufgaben in ihrem Unterrichtswert zu beurteilen.

Zum Teil decken sich die über die epistemologische Interpretation aus den Gesprächen herausgefilterten Begriffe mit den Begriffen der Stoffanalyse von Hagland et al. (2005). Allerdings ist erkennbar, dass ein Begriff bzw. ein Begriffsnetz, der bzw. das in der Stoffanalyse genannt ist, in der empirischen Beobachtung differenzierbare begriffliche Barrieren besitzt. Wenn, wie bei der Rasen-Aufgabe, in der Stoffanalyse der Begriff „Gleichung" genannt ist, dann ist nicht zu erwarten, dass die Aufgabe sich für intraindividuelles Entwickeln eines allgemeinen Gleichungsbegriffs eignet. Tatsächlich kommt in den Gesprächen nur zum Ausdruck, dass es zunächst um die Abhängigkeit zweier Variablen geht. Im günstigsten Fall kann dies mit Unterstützung der Lehrperson durch die Schülerinnen und Schüler am Ende des Gesprächs in Form einer Gleichung ausgedrückt werden. Andere Vorstellung von Gleichungen, wie z. B. Notation, Termumformungen oder Einsetzen sind damit noch nicht erreicht.

Aus anderer Perspektive betrachtet, bedeutet dies auch, dass, wie erwartet, nicht von der *einen* Barriere gesprochen werden kann, sondern dass ein und derselbe Begriff verschiedenste Barrieren aufweisen kann. „Kombinationen" untergliedern sich demzufolge z.B. nicht nur in die vier mathematischen Fälle mit/ohne Zurücklegen und mit/ohne Berücksichtigung der Reihenfolge und den zugehörigen Rechenverfahren, sondern auch in die praktische Anwendung bzw. Bedeutung der verschiedenen Fälle in der „Realität", also im Aufgabenkontext. Schließlich traf ein Schüler auch auf die philosophische Frage, ob zwei gleichfarbige Steinchen eine Reihenfolge haben können.

Die in der Stoffanalyse vorgeschlagenen Begriffe zur Thematisierung im Unterricht weichen also zumindest im Rahmen der vorliegenden Daten inhaltlich deutlich von den empirisch gefundenen Lernmomenten ab. Dies deckt sich mit den Aussagen von Winter.

> „Geradezu verhängnisvoll können sich weiterhin sogenannte *Sachanalysen* auf die Schulwirklichkeit auswirken, wenn diese sich reduktionistisch allein an der Mathematik (womöglich gar an vermeintlicher) anlehnen und andere wesentliche Konstituenten des Mathematiklernens ausblenden" (Winter 1985, S. 80f., Hervorhebung i. Orig.)

Die Aufgaben entsprechen in den empirisch gefundenen Begriffsbildungsmöglichkeiten ihren ursprünglich zugeordneten Einsatzgebieten. Die Eis-Aufgabe kann zum Einstieg in die Kombinatorik genutzt werden, an der Tangram-Aufgabe kann man verschiedene (bereits erworbene) geometrische Strategien zur Lösung ansetzen. Die Rasen-Aufgabe verlangt ein Eindringen in den Bereich Funktionen, der über statische Zuordnungen und das Zeichnen von Graphen hinausgeht, und die Steinplatten- bzw. Turm-Aufgabe liegen im Bereich der Algebra mit dem Schwerpunkt „Mustererkennung", wobei mit der Darstellung der Steinplatten-Aufgabe anscheinend eher Begriffsbildungsprozesse zu Folgen angeregt werden, mit der Turm-Aufgabe eher die Auseinandersetzung mit Termstrukturen.

In allen Problemlöseaufgaben fanden also, wie erwartet, Begriffsbildungsprozesse statt. Schwierigkeiten bzw. Verzögerungen im Arbeitsprozess ergaben sich dort, wo geeignete Begriffe nicht zur Verfügung standen. Insofern kann auch in dieser Arbeit davon gesprochen werden, dass Barrieren im Problemlöseprozess dort auftauchten, wo Begriffsbildung zur Weiterarbeit nötig war. Auch Lesh weist auf die Tatsache hin, dass sich die Entwicklung von Begriffen im Problemlöseprozess auffallend mit psychologischen oder mathematikdidaktischen Untersuchungen deckt, die die allgemeine Begriffsentwicklung beschreiben.

> „...when a model-eliciting activity requires students to develop a conceptual tool that involves a construct or conceptual systems whose stages of development have been investigated by developmental psychologists or mathematics educators, the task-specific modeling cycles often bear striking similarities to corresponding general stages in the development" (Lesh und Harel 2003, S. 186).

In Untersuchungen über Begriffsentwicklungen wird allerdings meist ein Begriff zur Analyse fokussiert. Anhand verschiedener, von Schülerinnen und Schülern entwickelter Vorstellungen zu diesem Begriff werden die entstehenden Begriffserweiterungen beschrieben.

Die Analysen in der vorliegenden Arbeit zeigen, dass einzelne, komplexe Problemlöseaufgaben, die für den Mathematikunterricht in ihrem Schwierigkeitsgrad angepasst wurden, durchaus Begriffsbildung in unterschiedlichen Begriffsfeldern anregen. Umso wichtiger scheint eine ausführliche Analyse von „klassischen" Problemlöseaufgaben in Bezug auf ihr tatsächliches Begriffsbildungspotential. Nur so ergibt sich die Chance, mit solchen Aufgaben inhaltliches Lernen geschickt zu verbinden.

Die vorgestellte Begriffsbildungsanalyse bezieht sich auf die Lernprozesse der Schülerinnen und Schüler. Dabei darf nicht außer Acht gelassen werden, dass sich diese Prozesse im Gespräch zeigen und dass hier davon ausgegangen wird, dass dies einen Einfluss auf die Begriffsbildung haben kann.

> „The complex epistemological structure of mathematical concepts is not simply to a certain extend given, at the same time it has to be constituted in social processes of negotiation and development" (Steinbring 1991, S. 85).

Diese Sichtweise der Gespräche führt zum nächsten Kapitel, in dem, ausgehend von den Begriffsentwicklungen, die Lehrerinterventionen charakterisiert werden, die im selben Zeitintervall stattfinden.

11 Strukturen der Dialoge

In Anbetracht der Fülle von möglichen Lernergebnissen wie sie im vorangegangenen Kapitel vorgestellt wurden, könnte man sich die Frage stellen, wozu eine Theorie der Interventionen seitens der Lehrpersonen überhaupt nötig ist. Wie schon in Kapitel 5.2 dargestellt, wird hier aber davon ausgegangen, dass die Lehrperson durchaus auch inhaltlich auf die Begriffsbildung Einfluss nehmen kann.

Lehrerseitige Interventionen sind natürlicher Bestandteil der vorliegenden Gespräche, d.h. es wird davon ausgegangen, dass die Schülerinnen und Schüler die Begriffe nicht ganz von allein entwickelt haben. Die Anregungen durch äußere Impulse seitens der Lehrperson tragen gleichermaßen zum Gespräch und damit zur Begriffsentwicklung bei, auch wenn nicht explizit zu erkennen ist, an welchen Stellen.

Ebenso ist zu berücksichtigen, dass nicht in allen Gesprächen alle Begriffe entwickelt wurden, sondern in der Regel nur vereinzelte Aspekte eines Begriffsnetzes ausgebildet wurden. Dies wird besonders deutlich an Tabelle 10.5 auf Seite 167, auf der zur Eis-Aufgabe die Gesprächsabschnitte den Begriffen zugeordnet wurden. Wenn also auch in allen Gesprächen von Seiten der Schülerinnen und Schüler Begriffe bzw. Begriffsaspekte gelernt wurden, so doch in unterschiedlicher zeitlicher Dichte und mit unterschiedlichen Schwerpunkten.

Während die epistemologische Deutung sich vornehmlich auf die mathematische Erkenntnis auf Seiten der Schülerin bzw. des Schülers bezieht, werden im Folgenden die Interventionen der Lehrpersonen innerhalb der vorliegenden Daten beschrieben und in die Analyse einbezogen. Zunächst wird noch einmal die Bedeutung der Lernmomente vertieft, über die schon im letzten Kapitel berichtet wurde. In den folgenden Abschnitten werden Gesprächsstrukturen aufgedeckt, die bekanntermaßen als wenig produktiv gelten. Schließlich soll in der Kontrastierung von strategischen Interventionen und epistemologisch begründeten Lernmomenten aufgedeckt werden, wie potentiell konstruktive strategische Interventionen aussehen können.

Vorab sei hier noch einmal auf die in dieser Arbeit verwendeten Transkriptionsregeln hingewiesen. Diese finden sich in Kapitel 8.1. Insbesondere werden im Folgenden die transkribierten Äußerungen der Lehrpersonen als Zitate übernommen und sind zur Kennzeichnung grau hinterlegt.

Längere Beispiele werden eingerückt. Der besseren Lesbarkeit halber findet sich dabei der Gesprächs- bzw. Zeilencode am Rand rechts neben dem Beispiel. Die Wahl dieser Darstellung beruht auf meiner Entscheidung für die authentische Wiedergabe der Interventionen. Werden Interventionen abstrahierend und verallgemeinernd wiedergegeben, dann sind sie in Anführungszeichen gesetzt.

11.1 Zeichen und Lernmomente

Im Rahmen der Interpretation der Gespräche über das epistemologische Dreieck kam die Interpretationsgruppe an einzelnen Stellen zu dem Schluss, dass auch der Lehrperson ein „Zeichen" zuzuordnen wäre. An diesen Stellen stellte die Lehrperson durch eine Äußerung einen Begriff zur Verfügung, den die Schülerin oder der Schüler im Folgenden aktiv deutete. Zunächst könnte man annehmen, dass die Lehrperson mit diesen Äußerungen direkt gegen die vorgegebenen Regeln guter Kommunikation verstoßen habe, denn sie war, wie beschrieben, angewiesen, die Schülerinnen und Schüler auf deren Lösungswegen zu begleiten ohne eigene Ideen einzubringen. Es gibt allerdings verschiedene Begründungen, warum auch die Lehrperson Begriffe einbringt, die für die Schülerinnen und Schüler neues Wissen darstellen und zu denen von ihnen Bedeutung konstruiert wird. Einige Beispiele dafür seien angeführt:

- Die Lehrperson will diagnostizieren und nennt einen Begriff (durch ein Wort), um zu erfragen, ob die Schülerin oder der Schüler zu diesem Wort Assoziationen hat. Die Schülerin bzw. der Schüler wird aufmerksam und hinterfragt das Wort und deutet mithin den Begriff. Beispiel:

  > I: Ja. ... Gut. Kannst du das noch umformen'   B71Tu292

  Die Lehrperson bringt hier explizit den Begriff „Umformen" ein und deutet damit eine Termumformung an.

- Die Lehrperson stellt implizit Wissen zur Verfügung, indem sie die Schülerin bzw. den Schüler auf einen Weg bringen bzw. sie oder ihn dort halten will. Beispiel:

  > I: Genau. *(nickt)* Gut. *(Pause 4 sec)* Und bei ... fünfzig Klötz-   S41Tu209
  > chen'

  In dieser Äußerung ist nicht explizit ein mathematischer Begriff dargestellt. Allerdings wird im Kontext des Gesprächs deutlich, dass die Lehrperson hier den Begriff „Term" implizit zur Verfügung stellt, ohne dass dieser dem Schüler vorher bekannt ist.

- Die Lehrperson ist sich ihrer begrifflichen Intervention bewusst. Sie setzt sie gezielt ein, um eine Schülerin bzw. einen Schüler auf einen neuen Weg zu bringen. Für diesen neuen Weg ist der Begriff wichtig. Beispiel:

> I: Aber kannst du ... entweder kannst du was mit den Diago-   B51Tu413
> nalen anfangen *(zeigt auf die Figur)* kann man da ... irgend-
> was mit machen ... oder kann man irgendwas mit der Höhe
> machen ... findet man die irgendwie hier drin wieder *(zeigt
> auf die Figur)* oder

Die Lehrperson stellt hier die „Geometrische Betrachtungsweise des Terms" zur Verfügung.

Zeichen der Lehrperson sind ein Indiz dafür, dass die Lehrperson einen Inhalt einbringt, den das Kind nicht unmittelbar ignoriert, weil es ihn entweder überhaupt nicht oder aber nicht unmittelbar versteht. Die Auseinandersetzung der Schülerin bzw. des Schülers mit dem Zeichen kann zu verschiedenen Ergebnissen führen. Die Auseinandersetzung kann erfolgreich sein und wiederum zu einem Zeichen seitens des Kindes führen. Oder die Auseinandersetzung ist nicht erfolgreich. In jedem Fall muss erst durch Entstehung eines Zeichens zum entsprechenden Begriff auf Seiten des Kindes gezeigt werden, dass dem Kind die Deutung des Zeichens der Lehrperson gelingt. Dies ist in den vorliegenden Daten längst nicht immer der Fall.

In der weiteren Analyse der Gespräche werden diese speziellen Fälle aus mehreren Gründen nicht weiter thematisiert. Über die Interpretation eines Gespräches kann a posteriori festgestellt werden, ob die Lehrperson einen Begriff implizit oder explizit, wissentlich oder unabsichtlich einbringt. Meiner Einschätzung nach ist es für die Lehrperson selbst in Anbetracht zukünftiger Gespräche zweitrangig, über diese Möglichkeiten Bescheid zu wissen. Denn ob es sich um ein Zeichen handelt oder nicht, kann nur deutlich durch den weiteren Gesprächsverlauf geklärt werden, den die Lehrperson zum Zeitpunkt der Intervention noch nicht absehen kann. Dies gilt insbesondere für Interventionen mit diagnostischer Absicht, wie sie im ersten Beispiel präsentiert wurden. Inhaltliche Interventionen, die dazu dienen, die Schülerin oder den Schüler auf einen neuen Lösungsweg zu bringen, können unter Umständen unvermeidlich im Gespräch sein, auch im Problemlösegespräch.

Während sich die epistemologische Interpretation zur Aufdeckung von Lernmomenten im Gesprächsprozess eignet, scheint mir zur Beurteilung der Interventionen seitens der Lehrperson, mit Blick auf die Entwicklung von Hilfestellungen für Lehrpersonen, die Zuordnung der Interventionen zu den verschiedenen Ebenen nach Kapitel 4.7 schlüssiger. Auch aus Sicht der Logik der Arbeit ist eine Abgrenzung zwischen dem Lernen der Schülerin oder des Schülers und der Intervention zwingend nötig. Nach der epistemologischen Interpretation und der Kodierung erfolgt die Entwicklung von Gesprächsstrukturen unabhängig vom interpretativen Kontext.

Unabhängig von der Zuordnung zu Interventionsebenen oder der epistemologischen Deutung finden sich in den Gesprächen vereinzelt Gesprächsstrukturen, die problematisch erscheinen. Dazu gehören zum Beispiel Trichtermusterstrukturen, implizite Lehrerführung oder gelegentliche Unachtsamkeiten in Bezug auf die Regeln guter Gesprächsführung (Kap. 7.3).

Dass die problematischen Gesprächsmuster aber nur vereinzelt auftraten, lässt zum einen hoffen, dass die Lehrerfortbildung zur Vermeidung solcher Muster gelungen ist. Zum anderen gibt es die Möglichkeit, in den verbleibenden Gesprächsabschnitten nach Strukturen Ausschau zu halten, die konstruktiver erscheinen.

11.2 Interventionen und Lernmomente

Wie schon im Kapitel 10 ausführlich beschrieben, findet innerhalb der Problemlösegespräche begriffliches Lernen statt. Da der Bezug zu einzelnen Begriffen im Folgenden nicht mehr nötig ist, wird allgemein von „Lernmomenten" die Rede sein.

Die Analyse der Lernmomente gibt Auskunft über den Lernprozess, genauer den Begriffsbildungsprozess seitens der Schülerin oder des Schülers, im Dialog.

Gleichzeitig können diese Lernmomente als begriffliche Barrieren im Problemlöseprozess interpretiert werden.

Die Häufigkeit der Lernmomente in einem der Problemlösegespräche gibt keine Auskunft über die Qualität eines Lernprozesses. Aus den vorliegenden Daten ist ersichtlich, dass Schülerinnen und Schüler, die eine schnelle Auffassungsgabe haben und die Aufgabe relativ sicher lösen können, meist wenig Neues dabei lernen. Dagegen ist das Lernen von neuem schwierig, so dass auch Schülerinnen und Schüler mit wenigen Lösungsideen mitunter wenige Lernmomente aufzuweisen haben – trotz guter Begleitung seitens der Lehrperson.

Nur im interpretativen Zusammenhang des Gesprächsverlaufs wird deutlich, warum Lernmomente eine gute Grundlage bilden, um von hier aus nach Interventionsstrukturen zu suchen. Das Auftreten der Lernmomente lässt sich gut als dynamischer Prozess veranschaulichen. Zwischen zwei Lernmomenten gibt es kürzere oder längere, unregelmäßige Abstände, in denen die Begriffsbildung „gärt". Der Lernmoment ist die Stelle, an der klar wird, dass neues Lernen stattgefunden hat, mitunter interpretativ gestützt durch spätere Aussagen der Schülerin oder des Schülers.

Die Abschnitte vor den Lernmomenten bzw. zwischen Lernmomenten sind somit geeignete Orte an denen die Lehrerinterventionen genauer untersucht werden.

11.3 Mehrstufige strategische Interventionen

Die Analyse der Szenen vor dem Auftreten von Lernmomenten und unter der Berücksichtigung des Fokus auf strategische Interventionen hat gezeigt, dass Gesprächsmuster, die den Regeln guter Gesprächsführung folgen, aus mehreren aufeinanderfolgenden strategischen Interventionen bestehen. Im Datenverdichtungsprozess im Rahmen der Grounded Theory ergab sich so eine Auswahl von Szenen, die folgendermaßen aufgebaut sind:

- Der Problemlöseprozess stockt.

- Die Lehrperson beginnt mit einer strategischen Intervention.

- Während der Szene greift die Lehrperson nicht mit eigenen Ideen in den Lösungsverlauf inhaltlich ein.

- Die Szene endet mit einem Lernmoment bzw. mit einem Neuansatz selbstständigen Arbeitens der Schülerin bzw. des Schülers, der zu einem Lernmoment führt.

Die Beschreibung, Analyse und Kategorisierung dieser Szenen ist das zentrale Ergebnis dieser Studie. Es zeigt sich, dass in diesen Szenen strategische Interventionen nicht vereinzelt auftreten. Die gefundenen Muster mehrstufiger strategischer Interventionen werden im Folgenden vorgestellt.

Die potentiell sinnvollen Interventionsstrukturen zeichnen sich dadurch aus, dass sie mehrere aufeinander folgende strategische Interventionen seitens der Lehrperson beinhalten, wobei jede Intervention eine andere Ebene betrifft. Die einzelnen Interventionen lassen sich im Spannungsfeld von allgemein-strategischen Interventionen bis hin zu inhaltsspezifisch-strategischen Interventionen unterscheiden (vgl. Tabelle 11.1). Hierbei sind die allgemein-strategischen Interventionen solche, die für mehrere Aufgabentypen unterschiedlichen mathematischen Inhalts identisch sind. Die inhaltsspezifisch-strategischen Interventionen sind solche, die nicht nur auf die mathematische Grundlage der Aufgabe abgestimmt sein müssen. sondern auch auf den von der Schülerin oder dem Schüler bisher verfolgten Lösungsweg.

Tabelle 11.1   Differenzierung der strategischen Interventionen in drei Ebenen

Ebene der Intervention	*Beschreibung*
allgemein-strategisch	Äußerungen, die sich in allgemeiner Art und Weise auf den Fortgang des Arbeits- und Lernprozesses beziehen
strategieorientiert-strategisch	Äußerungen, die heuristische Strategien thematisieren
inhaltsorientiert-strategisch	Äußerungen, die in prozessorientierter Art und Weise auf den Inhalt beziehen

Die sich ergebende Zwischenebene wird hier als strategiespezifisch-strategische Intervention[1] bezeichnet. Sie bezieht sich auf mögliche Arbeitsstrategien, die der Schülerin oder dem Schüler vorgeschlagen werden. Diese Arbeitsstrategien sind zwar insofern allgemein, als dass sie in verschiedenen Aufgaben sinnvoll angebracht werden können. Allerdings muss sowohl in Bezug auf die Aufgabe als auch in Bezug auf den Lösungsweg darauf geachtet werden, dass die Arbeitsstrategie an dieser Stelle Sinn macht[2].

Im Folgenden sind die verschiedenen gefundenen Kategorien und Subkategorien zusammenfassend dargestellt.

- Gespräch zeitlich strukturieren

- Zum Reflektieren anregen
    - Vergangene Lösungswege reflektieren
    - Zukünftiges Vorgehen erfragen

- Über potentielle Fehler sprechen
    - Probleme im Aufgabenverständnis klären
    - Fehler im bisherigen Lösungsverlauf thematisieren
    - Weg als mögliche Sackgasse bewerten

- Validieren

---

[1]Das doppelte Auftauchen von „Strategie" in diesem Ausdruck ist sprachlich sicherlich nicht elegant, inhaltlich aber zur Abgrenzung einzig sinnvoll.

[2]Für einen Schüler, der schon etliche Beispiele dargestellt hat, ist nur unter besonderen Bedingungen die Aufforderung sinnvoll, sich einige Beispiele auszudenken.

- Aufschreiben

Abschließend werden nun die verschiedenen, aus den Daten entwickelten Kategorien mehrstufiger strategischer Interventionen vorgestellt. Dies geschieht jeweils an einer ausgewählten, besonders prägnanten Szene.

Nach Vorstellung und Analyse der Szene folgt jeweils eine kurze Zusammenfassung der ähnlichen Szenen dieser Kategorie. Aufgrund der vergleichsweise kleinen Anzahl der jeweiligen Szenen ist das in dieser Arbeit möglich. Die Szenen werden über ihre strategischen Interventionen tabellarisch aufgelistet. Die Tabelle zeigt die Übersicht der Gesprächsbeispiele zu den gefundenen Interventionsmustern (vgl. z. B. die Tabelle auf Seite 180). Die ersten drei Spalten geben die drei Ebenen an, auf denen die strategischen Interventionen stattfinden: Die allgemeinstrategische, die strategieorientiert-strategische und die inhaltsorientiert-strategische Ebene. In der vierten Spalte steht der Code für den Transkriptausschnitt, in dem dieses Gesprächsbeispiel gefunden wurde. Die Zahl in Klammern gibt an, in welcher Reihenfolge die Interventionen in diesem Gesprächsabschnitt stattfanden.

Abschließend werden jeweils die Wortlaute für die zentralen[3] strategischen Interventionen in der Interventionskette wiedergegeben, um der Leserin bzw. dem Leser einen Eindruck davon zu vermitteln, wie unterschiedlich der Wortlaut strategischer Interventionen gleicher Intention (und gleicher Ebene) sein kann.

11.4 Gespräch zeitlich strukturieren

In den Fortbildungen wurde den Lehrpersonen ein Gefühl dafür vermittelt, wie sie das Gespräch ruhig gestalten können und wie leicht man als Lehrperson die Dauer überschätzt, die ohne Kommunikation vergangen ist. Darauf zu achten, dass den Schülerinnen und Schülern bei ihrer Arbeit Zeit bleibt, damit sie überhaupt auf eigene Ideen kommen können, ist besonders im Eins-zu-Eins-Gespräch wichtig.[4]

Um ein Gespräch allerdings in einer begrenzten Zeit mit Ergebnissen abschließen zu können, die für die Schülerin bzw. den Schüler Erfolgserlebnisse darstellen, muss das in der Fortbildung trainierte Muster der Geduld und Ruhe gegebenenfalls wieder unterbrochen werden, um möglichst zielorientiert, aber nicht inhaltlich, zu intervenieren.

---

[3]Bei dieser Intervention handelt es sich um diejenige, die leitend für die Benennung der Kategorie war, welche wiederum die Rolle der strategischen Interventionsmuster widerspiegelt.

[4]In anderen Gesprächskonstellationen kann die Lehrperson auch in Kommunikationen mit anderen Gesprächsteilnehmerinnen und -teilnehmern beschäftigt sein, so dass den Schülerinnen und Schülern dadurch mehr Zeit für die eigene Arbeit bleibt.

In drei verschiedenen Gesprächen (S41Tu, R21Ta, S51Ra) wurden in fünf Szenen strategische Interventionsmuster sichtbar, die sich auf dieses Problem bezogen. Die Gemeinsamkeit besteht im Beginn durch die explizite Aufforderung der Lehrperson, sich Zeit zu lassen.

Szene

Die Szene, die ausgewählt wurde, um dieses Gesprächsmuster genauer zu beleuchten, entstand im Rahmen des Einzelgespräches von Sara mit einer Schülerin (S51Ra156-226). Die zugrundeliegende Aufgabenstellung ist die Rasen-Aufgabe.

Die Schülerin hat bisher versucht, das grüne Papierquadrat an die beiden Rasenmäherinnen aufzuteilen. Sie hat das Quadrat in 16 Felder zerlegt und will diese nun den beiden Mädchen zuordnen. Die Schülerin wirkt zu Beginn der Szene ziellos und unsicher. Nach 39 Sekunden Pause fragt sie: Muss man eher was mit Brüchen machen oder so? Sara reagiert mit folgender Intervention:

> I: Wär vielleicht mal ne Idee das auszuprobieren *(lacht)* *(Pause 4 sec)* ich glaube es gibt einige Möglichkeiten wie man die Aufgabe lösen könnte such dir einfach ... probier einfach mal was aus... was dir einfällt... wenn du ne gute Idee hast
>
> S51Ra156

Sara wehrt das Drängen der Schülerin auf einen konkreten Tipp ab und gibt die abstrakte Arbeitsaufforderung zurück Probier einfach mal was aus. Damit gibt sie das Problem – auch zeitlich – an die Schülerin zurück. Es vergehen 39 Sekunden. Die nächste strategische Intervention ist das Vorschlagen des Aufschreibens.

> I: Manchmal hilft es auch total... wenn du dir einfach schon mal was hinschreibst was du so denkst .. nicht versuchst alles im Kopf vorzudenken *(kreist mit den Händen links und rechts von ihrem Kopf während sie spricht)* und dann hinzuschreiben *(zeigt auf den Tisch)* sondern einfach schon mal so... gucken um ein bisschen rumzuprobieren.
>
> S51Ra160

Die Schülerin entgegnet, dass sie ja noch gar keinen Anfang habe. Sara deutet an, dass die Quadrate zu grob (Z169) sind, die Schülerin scheint diese Anmerkung aber nicht zu verstehen (Z170). Schließlich gibt Sara der Schülerin doch den inhaltlichen Hinweis, das letzte Quadrat aufzuteilen. Damit schlägt sie einen Weg zur Weiterarbeit vor.

> I: Keine Ahnung oder du überlegst dir einfach mal gut ähm S51Ra175
> *(Pause 2 sec)* hmm sie brauchen für die halbe Wiese brauch
> jeder wie lange oder wie viel schaffen sie denn in einer Stun-
> de'

> I: Dass du das mal ein bisschen aufteilst S51Ra177

An dieser Stelle kann die Schülerin selbst inhaltlich anknüpfen und stellt fest, dass ein Viertel (ein Streifen, Z178) des Feldes bei ihrer Aufteilung übrig bleibt.

Sara gibt ihr den inhaltlichen Vorschlag, zu überlegen, wie man dies aufteilen kann. Dabei orientiert sie sich in der inhaltlichen Anknüpfung sowie im Sprachgebrauch an der Schülerin, die schon weit früher (Z164) erwähnt hatte, sie suche nach einer Möglichkeit das irgendwie teilen zu können.

Die Schülerin arbeitet daraufhin gute zwei Minuten an dem Problem selbstständig weiter. Sara unterstützt den Arbeitslauf durch „Mmh's" und Bewertung inhaltlicher Vorschläge im Sinne von: „Das geht! Richtig!"

Die Schülerin entdeckt, dass Anna und Lisa unterschiedliche Zeiten zum Mähen *eines* Kästchens benötigen und dass sie dies ausrechnen kann.

Analyse

Der Schülerin scheinen diese zwei aufeinanderfolgenden Interventionen Folgendes zu ermöglichen: Nach der ersten allgemein-strategische Intervention kann sie zunächst in Ruhe einen eigenen Ansatz finden. Dann bekommt sie eine Strategie vorgeschlagen, die ihr noch einmal verdeutlicht, worum es hier geht (Muster suchen, Regel finden). Nachdem sie hilflos bleibt, bekommt sie einen Vorschlag, der ihr das Anknüpfen an eine ihrer eigenen Lösungsideen ermöglicht, die sie im Weiteren fähig ist, selbstständig zu verfolgen. Hierbei unterstützt Sara durch Bewertung inhaltlicher Vorschläge und kurze sprachliche Wiederholung von bisher genannten inhaltlichen Problemen, ohne jedoch sprachlich oder inhaltlich der Schülerin vorzugreifen.

Andere Kontexte

In der folgenden Tabelle sind zeilenabschnittsweise die Szenen aufgelistet, die derselben Kategorie zuzordnen sind. Die einzelnen Interventionen innerhalb des Gesprächsmusters wurden ihren verschiedenen Ebenen zugeordnet und sind durch die Nummerierung in ihrer Reihenfolge gekennzeichnet.

Tabelle 11.2 Gespräch zeitlich strukturieren

allgemein	*strategieorientiert*	*inhaltsorientiert*	*Abschnitt*
(1) Zeit geben	(2) Beispiele verlangen		S41Tu-62-72
(1) Zeit geben	(2) Muster verlangen	(3) Weg des Schülers aussuchen	S41Tu-315-359
(1) Zeit geben	(2) Notation verlangen	(3) Neuen Weg vorschlagen	S51Ra-156-226
(1) Zeit geben		(2) Aus vorgeschlagenen Wegen einen auswählen	R21Ta-13-31
(1) Zeit geben		(2) Lösung hinterfragen	S51Ra68-82

In Szene S41Tu62-72 folgt als nächste Intervention die strategiespezifische Intervention „Beispiele machen". Auch in den Szenen S41Tu315-359 und der vorgestellten Szene folgen zunächst strategiespezifische Interventionen. Im vorgestellten Fall ist dies „Aufschreiben" und in Szene S41Tu315-359 „Muster suchen". In diesen beiden Beispielen reicht aber die strategiespezifische Intervention offenbar nicht als Impuls aus und wird ergänzt durch eine inhaltsspezifische Intervention. In Szene S41Tu315-359 wählt die Lehrperson einen vorher gezeigten Lösungsansatz der Schülerin als zur Fortsetzung geeignet aus, im vorigen Beispiel schlägt die Lehrperson einen neuen Lösungsansatz vor. In Szene R21Ta13-31 verzichtet die Lehrperson auf eine strategiespezifische Intervention und wählt aus den von der Schülerin zahlreich gezeigten Wegen einen aus. Szene S51Ra68-82 ist insofern besonders, als dass auf die allgemein-strategische Intervention „Zeit geben" von der Schülerin umgehend eine unbegründete Lösung zur Verfügung gestellt wird. Die Lehrperson reagiert darauf mit der inhaltsspezifischen Intervention „Lösungsweg hinterfragen".

Allen Beispielen gemeinsam ist die explizite Äußerung der Lehrperson, dass (zunächst) genügend Zeit zur Bearbeitung des nächsten Aufgabenschrittes zur Verfügung stehen wird. Dies ist eine allgemein-strategische Intervention.

In allen Gesprächen wird dieses Versprechen eingehalten. Dabei ist sicherlich die unterschiedliche Zeitwahrnehmung zu berücksichtigen. Im Gesprächsprozess wirkt eine Pause von einer halben Minute länger, als sich in einem Transkript mit *(Pause30sec)* beschreiben lässt.

Die dritte Gemeinsamkeit ist, dass nach einiger Zeit eine weitere strategische Intervention folgt, aber auf einer anderen Ebene.

Sprachliche Umsetzung

Im Folgenden finden sich die Originalwortlaute der für dieses Muster zentralen allgemein-strategischen Intervention „Zeit geben".

> I: Überleg dir ... erstmal wie du das machen würdest *(Pause 2 sec)* vielleicht hast du ja ein paar Ideen ... ich lass dir mal nen Augenblick Zeit ne'   S41Tu62

> I: Lass dir doch ein bisschen Zeit ... mach dir doch keinen Stress ... wir haben Zeit   S41Tu317

> I: Wär vielleicht mal ne Idee das auszuprobieren *(lacht)* *(Pause 4 sec)* ich glaube es gibt einige Möglichkeiten wie man die Aufgabe lösen könnte such dir einfach ... probier einfach mal was aus ... was dir einfällt ... wenn du ne gute Idee hast   S51Ra156

> I: .. versuch einfach mal ganz locker ran zu gehen... einfach zu denken ...   R21Ta13

> I: Probier einfach mal rum – I: *(lacht)* Vertrackte Situation – I: Lass dir ruhig Zeit.   S51Ra68-72

11.5 Zum Reflektieren anregen

Eine Reihe von Szenen wurde der Kategorie „Zum Reflektieren anregen" zugeordnet. Die Äußerungen der Lehrperson deuten darauf hin, dass sie die Schülerinnen und Schüler entweder über vergangene Lösungswege nachdenken lassen will oder Ideen für zukünftige Lösungsansätze erfahren will. Diese beiden Subkategorien werden im Folgenden unterschieden.

11.5.1 Vergangene Lösungswege reflektieren

Die Interventionsmuster in dieser Kategorie beginnen mit einer strategie-orientierten Intervention. Es handelt sich dabei um die Frage danach, wie die Schülerin bzw. der Schüler bisher vorgegangen ist.

Szene

Die Szene, die ausgewählt wurde, um dieses Gesprächsmuster genauer zu beleuchten, entstand im Rahmen des Einzelgespräches von Sara mit einer Schülerin (S11Sp233-246). Die zugrunde liegende Aufgabenstellung ist die Steinplatten-Aufgabe.

Die Schülerin hat zuvor mit fragend-entwickelnder Unterstützung herausgefunden, dass sich die Anzahl der hellen Platten algebraisch als n mal n notieren lässt. Sara schlägt vor, dass die Schülerin sich nun über die algebraische, allgemeine Beschreibung der Anzahl der dunklen Platten am Rand Gedanken machen soll. Es entsteht eine längere Pause (25s), die Schülerin deutet keine Idee an. Sara interveniert daraufhin auf strategieorientiert-strategischer Ebene, nur unterbrochen von kurzen Zustimmungsäußerungen seitens der Schülerin:

> I: Nee... Vielleicht rek... rekapituliern wir erst mal was für ne Strategie *(zeigt auf das Arbeitsblatt)* haben wir denn hier gerade angewandt'... Wie... wie bist du zu dem Ergebnis gekommn... hast ja eine bestimmte Strategie gehabt oder wie nennt man das... eine Art Masterplan wie du zum Ziel gekommen bist ne'   S11Sp233

> I: Wie haben wir das gemacht'   S11Sp235

> I: Oder wie hast du das gemacht'   S11Sp239

Die Schülerin nennt für zwei Figuren (Figur sechs und Figur zwei) die Anzahl der hellen Platten (sechs mal sechs und zweimal zwei). Sara hakt noch einmal auf strategieorientiert-strategischer Ebene nach, nur unterbrochen von einem „Ja" der Schülerin.

> I: Mmh. Das heißt du hast nach einem Muster gesucht... nach   S11Sp242

> I: Nach einer Regelmäßigkeit'   S11Sp244

> I: Ne' *(Pause 2sec)* Vielleicht kannst du für die hellen Käst   S11Sp246
> äh für die schwarzen Kästchen auch eine Art Regelmäßigkeit
> finden... ne andere Regelmäßigkeit

Saras letzte Intervention (Z246) ist im Gegensatz zu den vorherigen, die das Vergangene reflektieren lassen sollen, nun ein konkreter Arbeitsauftrag, allerdings auf strategischer Ebene. Der Schülerin gelingt es jedoch sofort, zu erfassen, worum es geht.

Sie nennt umgehend ein strukturiertes Beispiel, um die Anzahl der dunklen Platten am Rand der Figur zu beschreiben, welches sich schnell algebraisch verallgemeinern ließe: Für Figur zwei ist die Anzahl der dunklen Platten zweimal vier plus zweimal zwei. Bis der Schülerin eine mathematisch einwandfreie algebraische Darstellung gelingt, vergehen weitere Minuten.

Analyse

Saras Gesprächsanteil in dieser Szene ist dominant. Bis auf eine kurze Unterbrechung seitens der Schülerin, in der diese zeigt, dass sie Sara folgen kann, spricht Sara. Sie interveniert durchgehend strategieorientiert-strategisch. Allerdings nutzt sie zwei Nuancen. Zunächst fordert sie die Schülerin auf, die vergangene Strategie der Lösung für die hellen Platten selbst in Worte zu fassen. Sara gibt der Strategie den Namen Muster suchen bzw. auch eine Art Regelmäßigkeiten finden[5]. Danach gibt Sara der Schülerin den Auftrag, diese konkrete Strategie auf die dunklen Platten zu übertragen. Der Schülerin gelingt dies umgehend.

Andere Kontexte

In der folgenden Tabelle sind zeilenabschnittsweise die Szenen aufgelistet, die derselben Kategorie zuzuordnen sind. Die einzelnen Interventionen innerhalb des Gesprächsmusters wurden ihren verschiedenen Ebenen zugeordnet und sind durch die Nummerierung in ihrer Reihenfolge gekennzeichnet.

---

[5]Die Äußerung schließt nicht aus, dass Sara hier auf die Strategie des „Analogisierens" hinaus will.

Tabelle 11.3 Zum Reflektieren anregen – Vergangene Lösungswege reflektieren lassen

allgemein	*strategieorientiert*	*inhaltsorientiert*	*Abschnitt*
	(1) Bisherigen Lösungsweg reflektieren lassen (Mustersuche) (2) Muster suchen lassen		S11Sp-233-246
	(1) Bisherigen Lösungsweg reflektieren lassen	(2) konkretes Problem nennen	S51Ra-298-321

Die andere Szene, in der bisherige Lösungswege reflektiert wurden, ist
S51Ra298-321. Sara leitet hier die Reflexion ein mit den Worten

> I: Jetzt ... erst mal durchatmen und gucken was du jetzt schon   S51Ra298
> hast

Im Folgenden wiederholt die Schülerin ihre Teilergebnisse, und Sara achtet darauf, dass sie inhaltlich richtig und vollständig wiedergegeben werden. An einer
entscheidenden Stelle, an der die Schülerin im vorhergehenden Gesprächsverlauf
schon wiederholt unvollständig argumentiert hat, interveniert Sara auf inhaltsorientiert-strategischer Ebene.

> I: Ja... Du musst ja daran denken die mähn gleichzeitig   S51Ra321

In beiden Gesprächen wird die strategische Intervention der Reflexion von den
Schülerinnen umgesetzt, indem sie Sara Teile ihres bisherigen Lösungsweges erneut präsentieren. Sara wiederum nutzt diese Präsentation, um auf inhaltliche
Mängel hinzuweisen. Es folgt also in beiden Fällen eine Sequenz inhaltlicher Äußerungen auf beiden Seiten. Danach interveniert allerdings Sara wieder auf strategischer Ebene und öffnet so wieder die Perspektive in Hinblick auf die gesamte
Aufgabenstellung.

Sprachliche Umsetzung

Im Folgenden finden sich die Originalwortlaute der für dieses Muster zentralen
strategischen Intervention „Vergangenen Lösungsweg reflektieren lassen".

> I: Nee. ... Vielleicht rek .... rekapituliern wir erst mal was   S11Sp233
> für ne Strategie *(zeigt auf das Arbeitsblatt)* ... habn wir denn
> hier gerade angewandt' ... Wie ... wie bist du zu dem Ergeb-
> nis gekommn ... hast ja eine bestimmte Strategie gehabt oder
> wie nennt man das ... eine Art Masterplan wie du zum Ziel
> gekommen bist, ne'

> I: Jetzt ... erst mal durchatmen und gucken was du jetzt schon   S51Ra298
> hast

11.5.2 Zukünftiges Vorgehen erfragen

Im Gegensatz zur Reflektion des Vergangenen kann auch chronologisch in die
Zukunft reflektiert werden. Hier werden geplante Vorgehensweisen von den Lehr-
kräften erfragt. Die leitende Frage „Wie würdest du vorgehen?" findet sich an verschiedenen Stellen im Muster.

Szene

Die Szene, die ausgewählt wurde, um dieses Gesprächsmuster genauer zu beleuchten, entstand im Rahmen des Einzelgespräches von Robert mit einem Schüler
(R41Tu27-68). Die zugrundeliegende Aufgabenstellung ist die Turm-Aufgabe.

Der Schüler hat den Turm aus kleinen Würfeln nachgebaut und eine kleine Tabelle notiert (siehe Abb. 11.1).

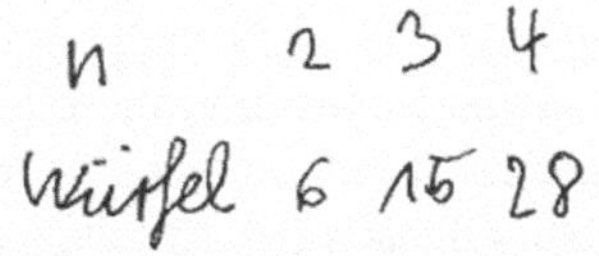

Abbildung 11.1 Erste Notizen eines Schülers zur Turm-Aufgabe

Er erklärt, dass er eine Regelmäßigkeit sucht. Robert interveniert inhaltsorientiert-strategisch.

> I: [...] die Frage ist wie bist du auf die achtundzwanzig Wür-   R41Tu27
> fel da oben bei dem ersten Teil gekommen'

Der Schüler erklärt, dass er die Würfelanzahl in einer der Seitentreppen bestimmt und das Ergebnis mal vier genommen hat.

I: Gut Vielleicht können wir damit mal weiter arbeiten   R41Tu37

Nach einer Pause von 23 Sekunden fragt Robert, was in diesem Fall für n eingesetzt werden müsse, und der Schüler antwortet mit vier. Nach eineinhalb Minuten
fragt der Schüler, wie der Turm aussähe, wenn er einen Stein tiefer wäre. Robert
erklärt, dass auch die Treppenstufen alle einen Stein weniger hoch wären.

I: Und wie würdest du dann vorgehen'   R41Tu54

Der Schüler wiederholt, dass er die Würfelanzahl in den Flügeln bestimmt und
das Ergebnis mal vier nimmt. Er ergänzt, dass er den Mittelturm addiert.

I: Mmh.. Wie würdest dus machen wenn das Ganze noch   R41Tu58
einen tiefer wär'

Der Schüler wiederholt noch einmal das Muster von eben .. hier wär nur einer ..
[...] mal vier plus zwei. Robert nennt diese Strategie die außen plus dem was innen
steht.

I: Jetzt müssen wir das Ganze nur irgendwie noch... mit n   R41Tu65
ausdrücken

Es entsteht eine Pause. Robert setzt nach: Wie passt das n darein'
Der Schüler äußert nun eine neue Idee. Er findet heraus, wie die Breite des
Turms in Abhängigkeit von der Höhe bestimmt werden kann.

Analyse

Robert bekommt vom Schüler eine fertige Lösung präsentiert und hinterfragt diese
nach der angewendeten Strategie. Er bewertet diese Strategie als gut und fordert
den Schüler auf, weiterzumachen. Nach einiger Zeit interveniert er öffnend: Wie
würdest du dann vorgehen', um danach gezielt inhaltsorientiert-strategisch zu intervenieren.

Andere Kontexte

In der folgenden Tabelle sind zeilenabschnittsweise die Szenen aufgelistet, die derselben Kategorie zuzordnen sind. Die einzelnen Interventionen innerhalb des Gesprächsmusters wurden ihren verschiedenen Ebenen zugeordnet und sind durch
die Nummerierung in ihrer Reihenfolge gekennzeichnet.

Tabelle 11.4 Zum Reflektieren anregen – Zukünftiges Vorgehen erfragen

allgemein	*strategieorientiert*	*inhaltsorientiert*	*Abschnitt*
(1) Was willst du herausfinden?		(2) Klärung des Sachverhalts	B11Sp-97-109
(2) Wie würdest du weiter vorgehen?	(1) Wie bist du auf dein Ergebnis gekommen?	(3) Was bedeutet deine Idee in Bezug auf die Aufgabe?	R41Tu-27-68
(2) Zukünftigen Weg erfragen	(1) Aufgabe auf strategischer Ebene erklären		S11Sp-112-132

Die anderen Szenen, in denen Gesprächsmuster gefunden wurden, die mit der Frage nach zukünftigen Lösungswegen eingeleitet wurden, sind B11Sp97-109 und S11Sp112-132.

Bettina nutzt für die Einleitung die Worte:

> I: Was willst du denn jetzt herausfinden ... oder was ... woran   B11Sp97-109
> willst du dich erinnern

Die Schülerin erläutert daraufhin ihr derzeitiges Verständnisproblem.

In Szene S11Sp112-132 fragt die Schülerin nach der Bedeutung von *n*. Sara erläutert daraufhin das Ziel der Aufgabe und öffnet schließlich die Perspektive mit Blick auf zukünftige Lösungswege:

> I: Möchtest nicht soviel malen und soviel zähln ... was wür-   S11Sp130
> dest du dann tun´

Hiernach schlägt die Schülerin direkt eine Beschreibung zur Berechnung vor.

Den Szenen gemeinsam ist, dass die konkrete inhaltliche Arbeit unterbrochen wird. Stattdessen wird der Fokus auf das „wohin wollen wir" gelegt. In der vorgestellten Szene und in der Szene B11Sp97-109 wird außerdem inhaltlich sinnvoll weiter interveniert, da dort die Schülerin bzw. der Schüler nach der allgemeinen strategischen Intervention noch keinen Lösungsansatz zeigt. Im ersten Fall genügt ein strategischer Hinweis, in der Szene B11Sp97-109 klärt Bettina auf inhaltlicher Ebene das Verständnisproblem.

Sprachliche Umsetzung

Im Folgenden finden sich die Originalwortlaute der für dieses Muster zentralen
strategischen Intervention „Zukünftigen Weg erfragen".

> I: Was willst du denn jetzt herausfinden ... oder was ... woran willst du dich erinnern   B11Sp97-109

> I: Und wie würdest du dann vorgehen'   R41Tu27-68

> I: Möchtest nicht soviel malen und soviel zähln ... was würdest du dann tun´   S11Sp130

11.6 Über potentielle Fehler und Irrwege sprechen

Potentielle Fehler und Irrwege können im Lösungsprozess an jeder Stelle auftreten. Fehler erhalten hier den Zusatz „potentiell", da Fehlerdiagnostik im Gesprächsprozess grundsätzlich mit Unsicherheiten behaftet ist. An schriftlichem
Material kann die Lehrperson beurteilen, ob die schriftliche Form in allgemeinem
Verständnis korrekt ist. Allerdings kann im Problemlöseprozess auch der Fall auftreten, dass Schülerinnen und Schüler subjektive schriftliche Darstellungen verwenden, die ihre inhaltlich richtigen Gedanken und Ideen vernünftig festhalten,
aber noch nicht dem wissenschaftlichen Schriftgebrauch der Mathematik entsprechen. In mündlichen Äußerungen mögliche Fehlvorstellungen zu entdecken, benötigt noch mehr Aufmerksamkeit.

11.6.1 Probleme im Aufgabenverständnis beheben

Unter dieses Gesprächsmuster fallen Szenen, die damit beginnen, dass die Schülerin oder der Schüler Probleme im Aufgabenverständnis zeigt und die Lehrperson
mit einer geeigneten strategischen Intervention darauf reagiert.

Szene

Die Szene, die ausgewählt wurde, um dieses Gesprächsmuster genauer zu
beleuchten, entstand im Rahmen des Einzelgespräches von Bettina mit einer
Schülerin (B11Sp64-75). Die zugrundeliegende Aufgabenstellung ist die Steinplatten-Aufgabe.

Die Schülerin hat die Anzahl der hellen und dunklen Platten in Figur 4 (Abb. 11.2) richtig ermittelt. Nun fragt sie Bettina, was n bedeute. Bettina erklärt zunächst inhaltlich. Die Schülerin mutmaßt, dass aufgrund der Aufgabenstellung n den Wert 5 haben müsse. Bettina interveniert inhaltsorientiert-strategisch.

Abbildung 11.2   Zeichnung der Schülerin zu Figur 4

I: Zum Beispiel... kann aber auch Größe zehn sein deswegen wolln wir ja halt herausfinden... oder diese Aufgabe... sollst du herausfinden wie viele Steine du brauchst wenn du Größe... ja fünf oder... sechs oder zehn oder fünfzehn hast.   B11Sp64

Die Erklärung des Aufgabenziels ist eine strategische Intervention, da sie sich auf zukünftiges Handeln bezieht. Sie bezieht sich aber auf den konkreten Inhalt und ist damit eine inhaltsorientiert-strategische Intervention. Bettina lässt der Schülerin daraufhin Zeit (24 sec) und organisiert die Kommunikation (Überleg mal laut, Z70). Die Schülerin sagt: Sind neun *(räuspertsich)* Felder ... beziehungsweise Platten *(2sec)* dann kommt sechzehn *(10sec)* hier kommt fünfundzwanzig. Sie erklärt also, was sie sieht.

Bettina interveniert strategieorientiert-strategisch.

I: Lies dir noch mal Aufgabe b durch *[(b) Wie viele dunkle bzw. helle Steinplatten braucht man für eine Figur der Größe n?, Anm. d. Aut.]*   B11Sp72

Die Schülerin liest leise die Aufgabenstellung (7 sec), Bettina fordert auf: Also Die Schülerin sagt: Ach ja .. was war das noch ... wie hießen die denn noch *(lacht)* *(5sec)* das warn doch so Quadratzahlen oder'. Bettina nickt.

Analyse

Die Ausgangssituation für die Schülerin vor dieser Szene ist die Auseinandersetzung mit dem Begriff der Variable. In der Aufgabenstellung steht „n", aber die Schülerin kann diesem Buchstaben zunächst keine Bedeutung zuordnen. Bettinas inhaltliche Intervention Also ähm... das n steht jetzt für irgendeine Zahl, beantwortet sie mit Ah ... also ungefähr wie x. Die Schülerin kann nun also etwas zu „n" assoziieren. Die Aufgabe stellt jedoch vermutlich für sie einen neuen begrifflichen Kontext dar.

Bettinas Erklärung des Aufgabenziels schafft an dieser Stelle zwei Möglichkeiten. Erstens lässt Bettina Freiraum für Entdeckungen, indem sie „x" und „n" nicht weiter inhaltlich thematisiert. Durch die Fokussierung auf das Aufgabenziel wird außerdem deutlich, dass es sich um eine Aufgabe der Schülerin handelt, dass sie also wieder selbst tätig werden muss.

Die Schülerin nimmt sich Zeit zum Nachdenken. Bettina lässt ihr diese Zeit. Dass die Schülerin beim „lauten Überlegen" auf die Figuren verweist, könnte für Bettina ein Anlass gewesen sein, sie noch einmal mehr auf die Aufgaben*stellung* zu fokussieren. Die zweite Intervention, Lies dir noch einmal Aufgabe b durch, gibt der Schülerin offenbar einen guten Impuls. Dass sie anschließend das geometrische Muster der hellen Platten über den Term „Quadratzahlen" beschreiben kann, wird an keiner Stelle inhaltlich von der Lehrerin nahe gelegt. Die zweite strategische Intervention schafft also folgende Möglichkeiten: Sie lässt wiederum Freiraum für inhaltliche Entdeckungen und sie gibt eine Strategie vor: Die Aufgabenstellung erneut zu lesen.

Andere Kontexte

In der folgenden Tabelle sind zeilenabschnittsweise die Szenen aufgelistet, die derselben Kategorie zuzordnen sind. Die einzelnen Interventionen innerhalb des Gesprächsmusters wurden ihren verschiedenen Ebenen zugeordnet und sind durch die Nummerierung in ihrer Reihenfolge gekennzeichnet.

Tabelle 11.5 Zum Reflektieren anregen – Probleme im Aufgabenverständnis beheben

allgemein	*strategieorientiert*	*inhaltsorientiert*	*Abschnitt*
(2) Geh deinen eigenen Weg		(1) Es gibt keine feste Regel	S41Tu-276-289

Tabelle 11.5 Zum Reflektieren anregen – Probleme im Aufgabenverständnis beheben

allgemein	*strategieorientiert*	*inhaltsorientiert*	*Abschnitt*
	(2) Lies dir noch mal Aufgabe b durch	(1) Erklärung des Aufgabenziels	B11Sp-64-75
	(2) Aufgabe in einen Kontext einbetten	(1) Erklärung des Aufgabenziels	R11Sp-135-142

Gesprächsmuster mit der Einleitung über potentielle Missverständnisse in der Aufgabenstellung finden sich auch in den Szenen R11Sp135-142 und S41Tu276-289.

In der Szene R11Sp135-142 erklärt Robert das Ziel, aus dem Stehgreif zu sagen, dass so und so viele helle Platten gebraucht werden. Die Schülerin hatte zuvor wiederholt versucht, einen rekursiven Zusammenhang zwischen den Plattenmustern zu finden. Nachdem die Schülerin hierauf nicht eingeht, nutzt Robert eine strategieorientiert-strategische Intervention, in dem er die Situation an einem realen Beispiel (Fliesenleger) erklärt.

In der Szene S41Tu276-289 vermutet die Schülerin, man müsse jeden Turm einzeln rechnen und gibt damit einen Hinweis darauf, dass sie keine allgemeine Formel finden kann oder glaubt, dass es trotz der so lautenden Aufgabenstellung, nicht möglich ist, eine allgemeine Formel zu finden.

Sara interveniert auf inhaltsorientiert-strategischer Ebene, dass es in dieser Aufgabe keine feste Regel gibt, mit der man das Muster findet. Die Frage der Schülerin, ob es denn eine gute Formel geben würde, gibt Sara auf allgemein-strategischer Ebene zurück:

> I: Nö ... ich glaub es gibt ganz viele Möglichkeiten – I: Aber du musst die ja nicht alle entdecken ... ist deine ... deine ... eigenen ... deinen eigenen Weg finden   S41Tu283-285

Sie ermutigt damit die Schülerin, einen eigenen Weg zu finden und zu verfolgen.

Nach dem vergleichbaren Beginn der Szenen, in dem das Ziel bzw. die Bedeutung der Aufgabe auf inhaltsorientiert-strategischer Ebene erklärt wird, wird in allen Szenen noch eine strategische Intervention nachgeschoben. Je nach Gespräch sieht diese allerdings anders aus. Während Sara die Schülerin ermutigt, ihren eigenen Weg zu gehen, geben Robert und Bettina den Schülerinnen Strategien an die

Hand (reales Beispiel durchdenken, Aufgabenstellung erneut lesen). Diese zweiten Interventionen ergeben sich jeweils sinnvoll aus dem Kontext.

Die Aufgabenstellung in strategischer Hinsicht zu wiederholen, vermeidet in allen Fällen, dass Schülerinnen und Schülern Fehler unterstellt werden. Potentielle Fehler werden in diesen Gesprächen gar nicht thematisiert, obwohl deutlich wird, dass Schülerinnen und Schüler Probleme im Lösungsprozess haben. Dies trägt dazu bei, dass das Gespräch kompetenzorientiert bleibt.

Sprachliche Umsetzung

Im Folgenden finden sich die Originalwortlaute der für dieses Muster zentralen strategischen Intervention „Probleme im Aufgabenverständnis thematisieren".

> I: Man muss ... gar nichts ... also – I: ich mein *(lacht)* das gibt jetzt keine feste Regel mit der du das machen musst ... das gibt da bestimmt ganz viele Ideen wie man das machen kann
>
> S41Tu276-278

> I: Zum Beispiel ... kann aber auch Größe zehn sein, deswegen wolln wir ja halt herausfinden ... oder diese Aufgabe ... sollst du herausfinden wie viele Steine du brauchst, wenn du Größe ... ja fünf oder ... sechs oder zehn oder fünfzehn hast
>
> B11Sp64

> I: Sondern direkt zu n. Wir haben ... geh mal davon aus ein Bild ... für n gleich ... sach mal ne Zahl [S nennt 7] – I: Sieben. Für n gleich sieben ... habn wir das Bild ... – I: Und die Frage ist wenn wir n gleich sieben haben, wie können wir aus dem Stehgreif sagen *(holt laut Luft)* ... ja ... das ist toll, dann brauchen wir jetzt so und so viele helle Platten
>
> R11Sp135-139

11.6.2 Fehler im bisherigen Lösungsverlauf thematisieren

Auch im laufenden Lösungsprozess können Fehler auftreten. Hier werden Muster mit der leitenden strategischen Interventionen vorgestellt, die bezweckt, Schülerinnen und Schüler hierauf aufmerksam zu machen.

Szene

Die Szene, die ausgewählt wurde, um dieses Gesprächsmuster genauer zu beleuchten, entstand im Rahmen des Einzelgespräches von Robert mit einem Schüler (R31Ei51-73). Die zugrundeliegende Aufgabenstellung ist die Eis-Aufgabe.

Der Schüler hat als Ergebnis 16 Varianten vorgeschlagen. Robert hat die Aufgabe erweitert, indem er darauf hingewiesen hat, dass die Reihenfolge der Eiskugeln auch „egal" sein könnte. Der Schüler übersetzt das in seine Sprache mit den Worten Reihenfolge unwichtig und Reihenfolge wichtig. Es fällt ihm schwer, die beiden Fälle zu unterscheiden und sprachlich richtig zuzuordnen. Seine Äußerungen erscheinen konfus. Es entsteht eine Pause von sechs Sekunden, dann interveniert Robert strategieorientiert-strategisch.

> I: *(atmet laut schnell aus) (Pause 5 sec)* Du denkst in die richtige Richtung ... hattest allerdings gerade noch nen kleinen Dreher drin ... einmal zurücklehnen   R31Ta51

Der Schüler lehnt sich zurück und lacht. Robert ergänzt Entspannen und So, gestreckt. Dann interveniert er allgemein-strategisch.

> I: Und noch mal mit frischem Geist heran gehen.   R31Ta57

Der Schüler wiederholt einen Gedanken, der Begriff „egal" wird noch einmal inhaltlich thematisiert.

Dem Schüler gelingt es, an den mit Material aufgebauten Möglichkeiten zu klären, dass die Variationen, bei denen die Reihenfolge wichtig ist, vor ihm liegen und, dass es von den Variationen, bei denen die Reihenfolge „egal" ist, weniger geben muss.

Analyse

Der Schüler war durcheinander. Robert erklärt ihm strategieorientiert-strategisch, dass er Fehler macht und bringt ihn dann allgemein-strategisch dazu, sich einmal zurückzulehnen und neu anzufangen. Dem Schüler gelingt daraufhin die erneute ruhige und nun auch erfolgreiche Auseinandersetzung mit dem Problem.

Andere Kontexte

In der folgenden Tabelle sind zeilenabschnittsweise die Szenen aufgelistet, die derselben Kategorie zuzordnen sind. Die einzelnen Interventionen innerhalb des Gesprächsmusters wurden ihren verschiedenen Ebenen zugeordnet und sind durch die Nummerierung in ihrer Reihenfolge gekennzeichnet.

Tabelle 11.6 Über potentielle Fehler und Irrwege sprechen – Fehler im bisherigen Lösungsverlauf thematisieren

allgemein	*strategieorientiert*	*inhaltsorientiert*	*Abschnitt*
(1) Auf Unvollständigkeit hinweisen		(2) konkretes Beispiel nennen	S41Tu-234-262
(3) Auf Unvollständigkeit hinweisen	(4) Ausprobieren lassen (Beispiele)		
(2) Starte noch einmal neu	(1) Die Strategie wurde nicht sauber durchgeführt		R31Ei-51-73
	(1) Überprüf mal diese Fälle auf Fehler	(2) konkreten Fall nennen	R11Sp-61-77

Die anderen Gespräche, in denen Fehlendes oder Fehlerhaftes im zurückliegenden Lösungsprozess thematisiert wird, sind S41Tu234-262 und R11Sp61-77.

Im Gespräch mit Sara hat die Schülerin zur Turm-Aufgabe bereits ein Teilergebnis gefunden. Ihre allgemeine Beschreibung der Anzahl der Steine in Abhängigkeit von der Turmhöhe lautet $4 \cdot \hat{n} + n$. Seit zwei Minuten versucht Sara die Schülerin auf inhaltlicher Ebene anzustoßen, das Problem wahrzunehmen, dass $\hat{n}$ in diesem Ausdruck noch nicht direkt ermittelt werden kann. Nun interveniert Sara auf allgemein-strategischer Ebene.

> I: *(lacht) (Pause 4 sec)* Bei deiner Überlegung ist jetzt … sind ja total super … aber wo ist noch der Knackpunkt' … Da müssen wir noch dran arbeiten.   S41Tu234

Im Gespräch mit Robert hat eine andere Schülerin den ersten Teil der Steinplatten-Aufgabe (Anzahl der Platten im Muster Nummer 4) bearbeitet. Die Schülerin wirkte bisher unsicher im Umgang mit der Bedeutung der Variable n. Robert hat ihr erklärt, dass n für eine beliebige Zahl steht. Die Schülerin deutet auf die erste Figur und sagt, dass dort für $n = 1$ eine helle Platte liegt. Dann deutet sie auf die zweite Figur und sagt, dass dort für $n = 2$ zwei helle Platten liegen. Für n müssten also n mal eine Platte dort liegen.

Robert interveniert erst auf strategieorientiert-strategischer Ebene und dann auf inhaltsorientiert-strategischer Ebene.

> I: Du denkst in die richtige Richtung … hast nur noch so nen kleinen … kleinen Fehler dabei *(Pause 2 sec)* schau dir einfach mal die ersten Fälle hier an *(zeigt dabei auf das Arbeitsblatt)* du sagst, wenn du für zwei Platten hast … dann hast du zweimal n' — R11Sp61

Den Interventionen gemeinsam ist, dass sie den potentiellen Fehler sprachlich zu verniedlichen versuchen (Knackpunkt, kleiner Dreher, kleiner Fehler). In allen Ausgangsinterventionen wird zudem die positive Grundtendenz der Arbeit der Schülerin bzw. des Schülers herausgestellt (Du denkst in die richtige Richtung).

Das Gespräch kann dadurch kompetenzorientiert fortgeführt werden. Die nachfolgenden Interventionen richten sich danach, wie schnell der potentielle Fehler von den Schülerinnen und Schülern aus dem Weg geräumt werden kann.

Im zuerst vorgestellten Beispiel von Robert (R31Ei51-73) reichen eine strategieorientiert-strategische und eine allgemein-strategische Intervention aus, die den Schüler dazu veranlassen ruhiger und strukturierter vorzugehen.

Sara muss erst einige Male dazu auffordern, das Problem zu finden, bis die Schülerin es entdeckt. In der Szene R11Sp61-77 interveniert Robert auf strategieorientiert-strategischer Ebene und lässt die Schülerin ihre Idee überprüfen. Das erkannte Problem muss im nächsten Schritt angegangen werden, wozu die zweite strategische Intervention nützlich ist.

Sprachliche Umsetzung

Im Folgenden finden sich die Originalwortlaute der für dieses Muster zentralen strategischen Intervention „Fehler im Lösungsverlauf thematisieren".

> I: Was jetzt noch' – I: Unser letztes Problem was wir haben — S41Tu242-244

> I: *(atmet laut schnell aus)* *(Pause 5 sec)* Du denkst in die richtige Richtung … hattest allerdings gerade noch nen kleinen Drehe drin … einmal zurücklehnen — R31Ei51-73

> I: Du denkst in die richtige Richtung … hast nur noch so nen kleinen … kleinen Fehler dabei — R11Sp61-77

11.6.3 Weg als mögliche Sackgasse bewerten

Schließlich folgt in dieser Kategorie der letzte Fall: Der von der Schülerin oder dem Schüler intendierte Weg wird von der Lehrpersonen als Sackgasse wahrgenommen. Der Fokus der Lehrperson richtet sich dabei chronologisch in die Zukunft.

Szene

Die Szene, die ausgewählt wurde, um dieses Gesprächsmuster genauer zu beleuchten, entstand im Rahmen des Einzelgespräches von Robert mit einem Schüler (R41Tu113-139). Die zugrundeliegende Aufgabenstellung ist die Turm-Aufgabe.

Der Schüler hatte als Formel für den Turm-Boden $(n \cdot 2 - 1) \cdot 2 - 1$ vorgeschlagen. Diese Formel ist richtig, aber sie bezieht sich nur auf die unterste Lage des Bodenkreuzes. Robert hatte schon angemerkt, dass die Formel richtig sei, aber noch eine Formel für die Anzahl *aller* Steine im Turm gesucht werden müsse. Der Schüler ist darauf nicht eingegangen, findet aber momentan keine weiteren Ideen. Nun interveniert Robert auf strategieorientiert-strategischer Ebene.

> I: / *(holt laut Luft)* Ich glaub zwar ... dass uns das weiter   R41Tu113
> bringen ... würde / ... aber ich glaub das wär ein bisschen
> kompliziert *(holt laut Luft)*

Der Schüler verteidigt daraufhin sein Ergebnis und meint: So schwer ist die doch gar nicht. Robert interveniert auf inhaltsorientiert-strategischer Ebene.

> I: Ja gut okay dann ... machen wir weiter ... vielleicht seh ich   R41Tu116
> auch nicht weit genug

Der Schüler sagt: Dreizehn ist ja eigentlich jetzt in dem Fall ... n mal drei plus eins. Robert interveniert auf strategieorientiert-strategischer Ebene.

> I: N mal drei plus ... dann schreib das mal kurz auf   R41Tu127

Der Schüler notiert $n \cdot 3 + 1 =$ und fragt: Wäre das jetzt nicht der gesamte Boden' Robert interveniert auf inhaltsorientiert-strategischer Ebene.

> I: Hmm. *(schaut auf die Figur 9 sec) (holt laut Luft)* Ich bin   R41Tu130
> da gerad noch ein wenig skeptisch ... also das Problem ... was
> ich an der Stelle habe *(räuspert sich)* ist das wir momentan
> nur an diesem einzelnen Fall ... arbeiten ... also genau an dem
> ... den wir da haben

Der Schüler äußert unsicher, dass er es auch erstmal bei der Formel belassen könne. Robert entgegnet, dass nach einer Formel für *alle* Steine gefragt sei.

Daraufhin erklärt der Schüler, wie er strategisch vorgehen würde. Er will für jede Schicht eine Formel finden und diese dann zusammenpacken. Es fehlt ihm nur ein geeigneter Ansatz für die algebraische Notation.

Analyse

Zu Beginn der Szene ist Robert nicht klar, ob der Schüler den eingeschlagenen Weg selbst gut durchdacht hat. Zu vermuten ist, dass Robert in diesem Moment auch nicht sofort weiß, ob eine Addition der Schichten geschickt zu einer expliziten Formel für alle Steine führen kann. Robert äußert zunächst seine Skepsis, regt den Schüler aber dazu an, an seinem Lösungsweg weiterzuarbeiten. Nach einiger Zeit äußert er wieder seine Skepsis. Dann erklärt der Schüler, welche Strategie hinter seinem Vorgehen steckt. Aus epistemologischer Sicht kann an dieser Stelle festgehalten werden, dass der Schüler eine arithmetische Struktur zur Beschreibung der Raumstruktur erfasst. Im Gesprächsprozess erfolgt nach den Äußerungen von Robert die (unvermittelte) Erklärung des Schülers, wie er den zukünftigen Lösungsweg intendiert.

Andere Kontexte

In der folgenden Tabelle sind zeilenabschnittsweise die Szenen aufgelistet, die derselben Kategorie zuzordnen sind. Die einzelnen Interventionen innerhalb des Gesprächsmusters wurden ihren verschiedenen Ebenen zugeordnet und sind durch die Nummerierung in ihrer Reihenfolge gekennzeichnet.

Tabelle 11.7   Über potentielle Fehler und Irrwege sprechen – Weg als mögliche Sackgasse bewerten

allgemein	*strategieorientiert*	*inhaltsorientiert*	*Abschnitt*
	(1) Das wird mit dieser Strategie passieren	(2) Konkretes Problem aufzeigen	S51Ra-365-381
(4) Zeit geben	(3) Strategie abbrechen	(5) Lösungsweg der Schülerin vorschlagen	
(2) Reflektiere deine Strategien	(1) Deine Strategie ist jetzt diese hier	(3) Sachverhalt veranschaulichen	R11Sp-88-101

Tabelle 11.7   Über potentielle Fehler und Irrwege sprechen – Weg als mögliche Sackgasse bewerten

allgemein	*strategieorientiert*	*inhaltsorientiert*	*Abschnitt*
	(1) Deine Strategie halte ich für problematisch (3) Schreib das kurz auf (4) Deine Strategie halte ich für problematisch	(2) Verfolge deinen Weg	R41Tu-113-139
(2) Weitere Ideen?	(1) Gute Strategie, aber mit deinen Mitteln nicht durchführbar		B71Tu-34-49

Weitere Szenen, in denen dieses Gesprächsmuster beobachtet wurde, waren S51Ra365-381, R11Sp88-101 und B71Tu34-49. Die jeweiligen Interventionen sind so unterschiedlich wie die Probleme der Schülerinnen und Schüler. Alle Lehrpersonen äußern sich allerdings zunächst auf strategieorientiert-strategischer Ebene.

Die Schülerin in Gespräch S51Ra365-381 hatte in Bezug auf die Rasenaufgabe einen Algorithmus entdeckt. Mit dem Papier als Anschauungsmaterial argumentierte sie immer im Wechsel für Anna und Lisa. Zunächst wurde für Lisa die Hälfte des Papiers reserviert und dann für Anna der Teil abgetragen, den Anna (die Schnellere) in der gleichen Zeit mäht. Die Schülerin war mit dem Algorithmus bereits zweimal ins Stocken geraten. Jetzt ist sie noch einmal neu gestartet und versucht ein mittlerweile sehr kleines Kästchen aufzuteilen. Es entstehen immer wieder Pausen. Die Schülerin wirkt unsicher, als sie sagt: ...so noch mal gegittert. Sara fragt: In Sechzehntel? Die Schülerin antwortet: Ja. Sara interveniert auf strategieorientiert-strategischer Ebene.

I: Ja. Ähm ich muss noch ein bisschen voraussagen was jetzt passiert ... jetzt machst du das Gleiche noch mal ganz von vorne und landest wieder dabei, dass dieses Kästchen hier übrig bleibt *(zeigt mit dem Stift auf das 3. Papierquadrat)* ... verstehst du'   S51Ra365

Sara interveniert danach noch einige Male auf verschiedenen strategischen Ebenen, bevor die Schülerin das Problem erkennt und einen anderen Lösungsweg verfolgt.

Auch Bettina versucht zunächst das Problem darzustellen. Der Schüler hat gerade mit der Turmaufgabe begonnen und direkt $n + 4 \cdot (n - 1 - 2$ notiert. Hier gerät er ins Stocken und fragt sich, wie man dies weiter „aufschreiben" könne. Seine Frage steht 17 Sekunden im Raum. Bettina interveniert auf strategieorientiert-strategischer Ebene

> I: *(holt laut Luft)* Also äh du hast das schon ... richtig erkannt du müsstest jetzt überlegen ... wie man da anders dran geht *(Pause 5 sec)*   B71Tu34

> I: Weil das *(zeigt auf die Notizen des Schülers)* kann man zwar aufschreiben ... aber das habt ihr noch nicht gehabt ... man müsste das jetzt irgendwie ... versuchen anders zu lösen   B71Tu37

Auch hier benötigt der Schüler einige Zeit, um sowohl das Problem zu erkennen als sich auch dafür zu öffnen, neue Wege einzuschlagen.

In der Szene R11Sp88-101 hat die Schülerin im Rahmen der Steinplatten-Aufgabe die Idee, die Anzahl der hellen Platten rekursiv zu bestimmen. Robert und die Schülerin stimmen überein, dass der Faktor sich in diesem Fall ja von Figur-Übergang zu Figur-Übergang ändern würde.

Robert interveniert, nur unterbrochen von Zustimmungsäußerungen der Schülerin, auf strategieorientiert-strategischer Ebene du machst es ein bisschen kompliziert und du versuchst gerade von zu überlegen wie du von einem Bild auf das nächste kommst. Dann interveniert er auf allgemein-strategischer Ebene Also überleg dir das so weshalb wir das suchen, um direkt inhaltsorientiert-strategisch fortzufahren stell dir vor stellt dir vor du bist ein Fliesenleger. Die Schülerin kann ihm während der Interventionen gut folgen und findet direkt im Anschluss einen neuen inhaltlichen Zugang zu dem Problem.

Die Szenen verdeutlichen, wie schwierig es ist, erstens problematische Strategien als Lehrperson weiterzudenken und inhaltlich zu bewerten, zweitens Schülerinnen und Schülern aufzuzeigen, wo und wieso ihre Lösungsansätze nicht zum Ziel führen werden, und drittens und ganz besonders, Schülerinnen und Schüler zum Wechsel der Lösungswege zu bewegen. Da allen Schülerinnen und Schülern am Ende dieser Szenen Lernen gelingt, zeigt sich hier auf der anderen Seite auch die Sinnhaftigkeit der umfassenden Auseinandersetzung im Dialog. Die strategischen Interventionen eignen sich in diesen Fällen insbesondere dafür, die potentiellen

Sackgassen zu erkennen und zu diagnostizieren. Darüber hinaus ermöglichen sie ein sanftes Hinweisen auf zukünftige Probleme.

Sprachliche Umsetzung

Im Folgenden finden sich die Originalwortlaute der für dieses Muster zentralen strategischen Intervention „Weg als mögliche Sackgasse bewerten".

> I: Ja. Ähm ich muss noch ein bisschen voraussagen was jetzt passiert ... jetzt machst du das Gleiche noch mal ganz von vorne und landest wieder dabei, dass dieses Kästchen hier übrig bleibt *(zeigt mit dem Stift auf das 3. Papierquadrat)* ... verstehst du'   S51Ra365

> I: *(holt Luft)* Das ist ... soweit richtig, aber du machst es n bisschen kompliziert *(holt Luft)* ich überleg gerade ob das .. *(unverständlich)* da ... nee ... hier *(zeigt auf die Notizen der Schülerin)* würd das ja schon wieder nicht so ganz hinhauen.   R11Sp88

> I: / *(holt laut Luft)* Ich glaub zwar ... dass uns das weiter bringen ... würde / ... aber ich glaub das wär ein bisschen kompliziert *(holt laut Luft)*   R41Tu113

> I: (holt laut Luft) Also äh du hast das schon ... richtig erkannt du müsstest jetzt überlegen ... wie man da anders dran geht *(Pause 5 sec)* – I: Weil das *(zeigt auf die Notizen des Schülers)* kann man zwar aufschreiben ... aber das habt ihr noch nicht gehabt ... man müsste das jetzt irgendwie ... versuchen anders zu lösen   B71Tu34-37

11.7 Zum Validieren anregen

Als „Validieren" wird auch der letzte Schritt im Modellierungskreislauf bezeichnet (vgl. Abb. 2.2 auf Seite 20). In diesem Kapitel wird der Begriff benutzt, um das konkrete Überprüfen der Ergebnisse innerhalb des Problemlöseprozesses zu beschreiben. In den vorliegenden Daten zeigt sich, dass die Anregung zum Validieren aus unterschiedlichen Kontexten heraus erfolgt und insbesondere keine alleinstehende, einzelne Intervention bleiben sollte, damit sie Lernen ermöglichen kann.

Szene

Die Szene, die ausgewählt wurde, um dieses Gesprächsmuster genauer zu beleuchten, entstand im Rahmen des Einzelgespräches von Sara mit einer Schülerin (S51Ra101-112). Die zugrundeliegende Aufgabenstellung ist die Rasen-Aufgabe.

Die Schülerin arbeitet an der Rasen-Aufgabe. Sie hat sich das grüne Faltpapier als Anschauungsmaterial genommen und es zunächst halbiert. Ihren letzten inhaltlichen Lösungsvorschlag, dass Anna und Lisa zusammen eineinhalb Stunden zum Mähen brauchen, versucht sie seit einiger Zeit zu erklären. Sie äußert sich fragend, ob der bisher noch nicht erklärte Rest dann von Lisa sein müsste. Sara interveniert allgemein-strategisch.

> I: Mmh. ... Könnte sein ... jetzt musst du ... ja was müsste man S51Ra101
> sich jetzt fragen um zu überprüfen ob dein Ergebnis stimmt'

Nach einer Pause von 7 Sekunden antwortet die Schülerin, dass man das richtige Ergebnis wissen müsse. Sara lacht, wiederholt das bisherige Ergebnis der Schülerin. Sie sagt: Okay ... und du hast das ja jetzt hier eingezeichnet *(zeigtaufdas1. Papierquadrat)* was Anna in anderthalb Stunden mäht. Nach einer Pause von 5 Sekunden interveniert Sara auf strategieorientiert-strategischer Ebene.

> I: Ist ja alles gar nicht so falsch *(lacht)* ... das müsste man S51Ra111
> jetzt überprüfen um zu gucken ob das stimmt

Die Schülerin äußert nun die Vermutung, dass das verbleibende Stück zu klein für Lisa sei, und findet einen neuen Anlauf der Ideenfindung.

Analyse

Die Schülerin ist sich in ihrem Lösungsergebnis unsicher und bittet indirekt um Hilfe. Sara spielt die Frage ganz einfach allgemein-strategisch zurück, indem sie fragt, was denn in so einem Fall zu tun sei. Die Schülerin scheint dafür keine wirksame Strategie zu wissen. Sara nennt ihr eine solche Strategie (an diesem Ort überprüfen).

Andere Kontexte

In der folgenden Tabelle sind zeilenabschnittsweise die Szenen aufgelistet, die derselben Kategorie zuzordnen sind. Die einzelnen Interventionen innerhalb des Gesprächsmusters wurden ihren verschiedenen Ebenen zugeordnet und sind durch die Nummerierung in ihrer Reihenfolge gekennzeichnet.

Tabelle 11.8   Zum Validieren anregen

allgemein	strategieorientiert	inhaltsorientiert	Abschnitt
(1) Wie kann man überprüfen	(2) Hier kannst du etwas überprüfen		S51Ra-101-112
(3) Nicht irritieren lassen	(1) Überprüfe deine Lösung (2) Nutze das Aufschreiben zum Überprüfen		R41Tu-72-110
	(1) Überprüfe an dieser Stelle (4) Muster verlangen	(2) Hinweis auf eine andere Stelle zum überprüfen (3) Zu diesem konkreten Fehler führt deine Strategie	B11Sp-146-169
(1) Wie kann man das überprüfen (2) Auf Unvollständigkeit hinweisen			B31Ei-49-59

Die anderen Szenen, die mehrstufig mit dem Hinweis auf Überprüfung eingeleitet wurden und an deren Ende ein Lernmoment seitens der Schülerin bzw. des Schülers lag, sind R41Tu72-110, B11Sp146-169 und B31Ei49-59. In allen Fällen wird zunächst darauf hingewiesen, *dass* überprüft werden sollte, und gegebenenfalls gefragt, *wie* man dies durchführen kann. Lediglich in Szene B11Sp146-169 äußert Bettina direkt das Überprüfen an Figur zwei und drei als inhaltsorientiertstrategische Intervention. Die weiteren Interventionen richten sich auch danach, wie erfolgreich das Überprüfen war.

Im vorgestellten Beispiel von Sara erkennt die Schülerin unmittelbar, dass ihre Idee nicht richtig ist.

In Szene B31Ei49-59 reicht die allgemein-strategische Intervention Ich glaube es fehlt noch was. (B31Ei58), um den Schüler auf die Unvollständigkeit seiner Aufzeichnungen aufmerksam zu machen.

In Szene B11Sp146-169 erklärt Bettina die Auswirkungen der Schülerstrategie auf inhaltsorientiert-strategischer Ebene, nachdem zwei Hinweise auf Überprüfung nicht zum Erkennen des Problems seitens des Schülers geführt haben.

Die Szene R41Tu72-110 ist in gewisser Weise ein Sonderfall, da die inhaltlichen Äußerungen des Schülers zu Beginn der Szene bruchstückhaft sind. Der Schüler schlägt eine neue Lösungsidee vor. Er sagt: Könnte ich vielleicht damit arbeiten dass n mal zwei minus eins die Breite und die Länge wär'.

Robert interveniert auf strategieorientiert-strategischer Ebene.

> I: Entscheide du. Kommt das in allen Fällen hin'   R41Tu72

Im Folgenden gibt er dem Schüler den Hinweis, dass er die Formel aufschreiben solle. Einige Zeit später deutet er wieder darauf hin, dass nun die Formel überprüft werden müsse. Es wird im Kontext des Gesprächs deutlich, dass Robert Zeit benötigt, um die Idee des Schülers zu durchschauen und sich diesen zeitlichen Freiraum durch wiederholtes strategisches Fragen schaffen kann.

Gemeinsam ist allen Szenen, dass sie mit einer Unsicherheit seitens der Schülerin bzw. des Schülers beginnen. Diese Unsicherheit wird mit einer Frage („Ist das richtig?") an die Lehrperson herangetragen. Die strategische Intervention „Überprüfen" scheint hier unter anderem die Rolle zu übernehmen, die Verantwortung im Lösungsprozess an die Schülerin bzw. den Schüler zurückzugeben. Gleichzeitig beinhaltet das Überprüfen implizit das Aufschreiben bzw. Verbalisieren der Lösung und bietet damit der Lehrperson die Möglichkeit, die Ideen der Schülerin bzw. des Schülers breiter und tiefer oder überhaupt erst einmal zu verstehen.

Sprachliche Umsetzung

Im Folgenden finden sich die Originalwortlaute der für dieses Muster zentralen strategischen Intervention „Zum selbstständigen Überprüfen anregen".

> I: Mmh. ... Könnte sein ... jetzt musst du ... ja was müsste man   S51Ra101
> sich jetzt fragen um zu überprüfen ob dein Ergebnis stimmt'

> I: *(holt laut Luft) (Pause 2 sec)* Entscheide du ... Kommt das   R41Tu72
> in allen Fällen hin'

> I: Dann überprüf das mal an Figur zwei und drei   B11Sp146-169

> I: Mmh und wie kann man das jetzt überprüfn ob das ... äh   B31Ei49-59
> doppelt oder nicht ist'

11.8 Zum Aufschreiben anregen

Mathematische Notation ist ein mächtiges Instrument zur Kodierung von Gedanken. Die isolierte strategie-orientiert strategische Intervention „Aufschreiben" ist in den Daten auffällig häufig anzutreffen. Allerdings zeigte sich, dass sich in den Situationen, wo das Aufschreiben schwierig für die Schülerinnen und Schüler wurde, es also eine Barriere im Problemlöseprozess darstellte, mehrstufige strategische Interventionen nötig wurden. Mit diesen und über das Aufschreiben gelang es den Schülerinnen und Schülern, Begriffsaspekte auszubilden.

Szenen

Die Szenen, die ausgewählt wurden, um dieses Gesprächsmuster genauer zu beleuchten, entstanden im Rahmen der Einzelgespräche von Sara mit einer Schülerin (S41Tu384-431) über die Turm-Aufgabe bzw. von Bettina mit einem Schüler (B21Ta146-166) über die Tangram-Aufgabe.

Die Schülerin, mit der Sara spricht, versucht schon seit einiger Zeit im Rahmen der Turm-Aufgabe die Abhängigkeit der Anzahl der Steine eines Seitenteils des Turms von der Turmhöhe zu bestimmen. Die Schülerin hat in ihren Worten die Idee geäußert, die Treppen in Form der Gaußsumme zu addieren. Ihr gelingt es allerdings noch nicht, dies mathematisch formal umzusetzen. Sara interveniert, unterbrochen von Pausen und organisatorischen Bemerkungen, auf strategieorientiert-strategischer Ebene.

> I: Mmh. *(nickt)* ... *(holt laut Luft)* Jetzt müssen wir das noch in eine Formel packen ... wo dieses n drin steht   S41Tu384

> I: So was erkennt man immer ganz gut *(räuspert sich)* wenn man sich ein paar Beispiele aufmalt ... die helfen ... für zehn *(zeigt auf die Notizen der Schülerin)* hast du es ja jetzt schon ... für zehn ... schreib hier mal ne zehn hin ... n gleich zehn *(zeigt auf die Notizen der Schülerin während sie spricht)*   S41Tu389

> I: /Genau./ ... Und jetzt mach dir mal noch ein paar Beispiele ... vielleicht siehst du es ja dann schon   S41Tu391

Die Schülerin zeichnet und schreibt etwa eineinhalb Minuten. Sara begleitet sie während dessen durch Nachfragen („Was steht da?", „Ist doch super!"). Dann interveniert Sara auf allgemein-strategischer Ebene.

> I: So ... in dem Fall hast du gesagt ... rechnest du neun plus
> eins acht plus zwei ... schreib das mal bitte da drunter *(zeigt
> auf die Notizen der Schülerin während sie spricht)* wir ma-
> chen das jetzt ... weißt du warum ich das sage ... das mit dem
> Hinschreiben´   S41Tu416

Die Schülerin schüttelt den Kopf.

> I: Das ist ganz wichtig ... denn dann können wir wenn du ..
> *(zeigt auf verschieden Stellen auf den Notizen der Schülerin)*
> die ganzen Rechnungen miteinander vergleichen ... vielleicht
> finden wir Regeln   S41Tu420

Nach der Reaktion „Ach so" setzt die Schülerin das Aufschreiben fort und erkennt in ihren Notizen eine Struktur, die eine geschlossene algebraische Darstellung der Gaußsumme möglich macht.

Im zweiten Gespräch hat der Schüler, mit dem sich Bettina über die Rasen-
Aufgabe unterhält, bisher gesehen, dass die beiden großen Dreiecke zusammen
zweihundert Quadratzentimeter ergeben und eines davon dann hundert Quadrat-
zentimeter groß sein muss. Nun deutet er auf irgendetwas auf dem Blatt und meint:
Das wärn dann fünf ... fünfundzwanzig Prozent.
Bettina interveniert auf strategieorientiert-strategischer Ebene:

> I: Kannst du auch einzeichnen.. wenn du das da möchtest   B21Ta146

Der Schüler notiert 25% in die großen Dreiecke, legt sein Geodreieck in der Zeichnung an und probiert 12 Sekunden aus. Dann sagt er: [...] so klein kann ich's ja
nicht machen werden die Teile hier ganz anders ... Bettina antwortet auf strategieorientiert-strategischer Ebene.

> I: Überprüf doch mal.. wie kann man das überprüfen ob die
> Teile dann ganz anders sind'   B21Ta149

Der Schüler erklärt daraufhin, dass, wenn man die einzelnen Figuren weiter
zerlegen könne, einzelne Dreiecke entstehen würden. Er zeichnet durch den Mittelpunkt des Quadrats eine Seitenparallele durch das kleine Quadrat ein und sagt:
weil durch das Parallelogramm entsteht dann ja was ist das tja .. das ist irgenden
Viereck. Bettina interveniert auf inhaltsorientiert-strategischer Ebene.

> I: Du hast ja auch die ähm die ähm Stücke hier liegen viel-
> leicht kannst dus daran noch überprüfen   B21Ta159

Im Folgenden hantiert der Schüler mit dem Material. Es wird deutlich, dass er
das ganze Tangram gleichmäßig und symmetrisch in kleine Dreiecke zerlegt.

Analyse

In der ersten der vorgestellten Szenen gelingt es der Schülerin nicht, ihre gute Idee algebraisch zu notieren. Sara schlägt die Strategie „Beispiele machen" vor und fordert die Schülerin zum Aufschreiben der Beispiele auf. Sara ergänzt allerdings die strategieorientierte Aufforderung zum Aufschreiben um eine allgemein-strategische Erklärung des Suchens nach übergeordneten Zusammenhängen. Dies kann im Kontext als Begründung für die mühevolle Auseinandersetzung mit dem Aufschreiben interpretiert werden.

Die Bezüge zwischen den Interventionen von Bettina und den Reaktionen des Schülers im zweiten vorgestellten Gespräch sind undeutlich. Auch Bettinas Bezug auf den Schüler ist nicht unmittelbar ersichtlich. Die Aufforderung zum Einzeichnen wirkt wie eine diagnostische Frage. Der Schüler erwidert, dass er der Aufforderung des Einzeichnens nicht nachkommen kann, weil die „Teile unterschiedlich" seien. Bettina bittet ihn um Validierung dieser Aussage: Wie kann man das überprüfen ob die Teile ganz anders sind, und ergänzt die Überprüfungs-Aufforderung um das Nutzen des Materials. Doch auch ohne direkten Bezug scheinen sich die strategie- und inhaltsorientierten Aufforderungen als Impulse zu bewähren. Es stellt sich heraus, dass der Grund für die Unmöglichkeit, seine Idee zu notieren daran festzumachen ist, dass der Schüler sich noch nicht sicher bezüglich seines Lösungsansatzes. Es gelingt ihm aber im Folgenden, seine Idee am Material zu überprüfen.

Andere Kontexte

In der folgenden Tabelle sind zeilenabschnittsweise die Szenen aufgelistet, die derselben Kategorie zuzordnen sind. Die einzelnen Interventionen innerhalb des Gesprächsmusters wurden ihren verschiedenen Ebenen zugeordnet und sind durch die Nummerierung in ihrer Reihenfolge gekennzeichnet.

Tabelle 11.9   Zum Aufschreiben anregen

allgemein	*strategieorientiert*	*inhaltsorientiert*	*Abschnitt*
(2) Sich die Sache vor Augen führen	(1) Zum Aufschreiben anregen		S41Tu-97-98
(2) Die Sache öffentlich machen	(1) Zum Aufschreiben anregen	(3) Am eigenen Weg weitermachen	S41Tu168-176

Tabelle 11.9 Zum Aufschreiben anregen

allgemein	strategieorientiert	inhaltsorientiert	Abschnitt
(2) Zusammen-hänge sehen	(1) Zum Aufschrei-ben anregen		S41Tu-384-431
(2) Muster suchen	(1) Zum Aufschrei-ben anregen		B51Tu-107-110
(2) Idee überprüfen lassen	(1) Zum Einzeich-nen anregen		B21Ta-146-166
	(1) Zum Aufschrei-ben anregen (2) Zum Überprü-fen anregen		B61Sp36-40

Auch die Szenen S41Tu97-98, S41Tu168-176, B51Tu107-110 und B61Sp36-40 zeigen solche mehrstufigen Interventionsmuster, die mit der Aufforderung zum eigenständigen Notieren der Ideen beginnen. Die folgenden Interventionen sind entweder allgemeine Begründungen für das Aufschreiben und somit allgemein-strategische Interventionen oder sie führen das Aufschreiben weiter mit der strategieorientiert-strategischen Begründung, dass man die aufgeschriebene Idee nun besser überprüfen könne.

Deutlich wird in allen Gesprächsmustern, dass die strategieorientiert-strategische Intervention „Aufschreiben" nicht zu verwechseln ist mit der Aufforderung einer Lehrperson, dass die Schülerin oder der Schüler kurz, im Stile eines Diktats, etwas notieren solle. Vielmehr ist die Entwicklung eigener Notationen bzw. die Nutzung bekannter Notationen beim Problemlösen zentraler Bestandteil des Lösungs- und Begriffsbildungsprozesses.

Die strategische Intervention „Aufschreiben" dient in den Beispielen dazu, den Arbeitsprozess voranzutreiben und die Schülerinnen und Schüler mit einer, möglicherweise schwierigen, Aufgabe zu konfrontieren. Von mindestens gleichwertiger Bedeutung sind die folgenden Interventionen, die die Rolle eines Verstärkers einnehmen. Das Aufschreiben wird durch sie weiter und auf allgemein-strategischer Ebene thematisiert und begründet. Diese Interventionen geben dem Prozess des Aufschreibens zum einen eine Bedeutung und zum anderen geben sie der Schülerin bzw. dem Schüler zeitlich Raum zum eigenständigen Weiterarbeiten.

Sprachliche Umsetzung

Im Folgenden finden sich die Originalwortlaute der für dieses Muster zentralen strategischen Intervention „Zum Aufschreiben anregen".

I: Wie hast du denn erstmal eine Seite zusammen ... schreib das mal ganz Schritt für Schritt erstmal hin ... dann wird dir vielleicht einiges klarer   S41Tu97

I: *(lacht) (holt laut Luft)* Am Besten ... äh ist es immer wenn du deine Gedanken so ein bisschen aufschreibst ... *(flüstert:)* damit ich das besser nachvollziehen kann   S41Tu168

I: So ... in dem Fall hast du gesagt ... rechnest du neun plus eins acht plus zwei ... schreib das mal bitte da drunter *(zeigt auf die Notizen der Schülerin während sie spricht)* wir machen das jetzt ... weißt du warum ich das sage ... das mit dem Hinschreiben´ – I: Das ist ganz wichtig ... denn dann können wir wenn du *(zeigt auf verschieden Stellen auf den Notizen der Schülerin)* die ganzen Rechnungen miteinander vergleichen ... vielleicht finden wir Regeln   S41Tu416-420

I: Ja, ist gar nicht so schlecht ... äh schreib doch einfach auf, was du dir jetzt überlegt hast ... erstmal ... und dann können wir daraus ... äh vielleicht ne Formel basteln   B51Tu107

I: Kannst du auch einzeichnen ... wenn du das da möchtest.   B21Ta146

I: / Kannst du erst mal aufschreiben und dann ... kannst du es vielleicht noch mal überprüfen./   B61Sp36-40

11.9 Kontexte und Bedeutungen strategischer Interventionen

Über die epistemologische Interpretation der Eins-zu-Eins-Gespräche und die Kodierung der Lehrerinterventionen war es möglich, aus den Gesprächen Szenen herauszufiltern, die eine Hypothesenbildung über die Kontexte und Bedeutungen strategischer Interventionen zulassen.

Zunächst wird innerhalb einer solchen Szene *mehrfach* versucht, mit strategischen Interventionen das Gespräch weiterzuentwickeln. Es muss also von strategischen Interventions*mustern* gesprochen werden, die die Kategorien auszeichnen.

Die dabei entwickelten Kategorien, die verschiedene Muster voneinander abgrenzen, finden sich Aufgaben- und Lehrperson-übergreifend. Dies deutet einen gewissen Allgemeinheitsgrad der Interventionsmuster an.

Innerhalb eines strategischen Interventionsmusters lassen sich die einzelnen Interventionen den drei verschiedenen Allgemeinheitsstufen zuordnen: allgemein-, strategieorientiert- bzw. inhaltsorientiert-strategisch (vgl. Tabelle 11.1 auf Seite 176).

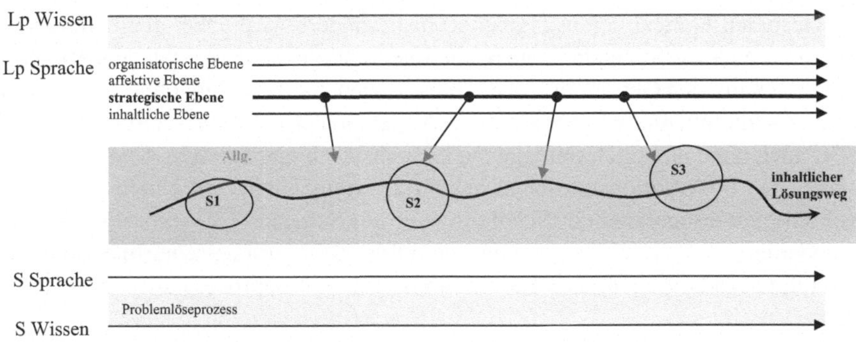

Abbildung 11.3   Illustration der Steuerungsmöglichkeit eines Gespräches durch strategische Interventionen durch die verschiedenen Ebenen und chronologisch variierbare Bezugsmöglichkeiten. Der inhaltliche Lösungsweg ist als Kurve dargestellt, mögliche Strategien als Ellipsen (S1 bis S3).

Je nach Allgemeinheitsstufe der einzelnen Intervention ist der Bezug zur Aufgabe mehr oder weniger deutlich (vgl. Abb. 11.3). Einzelne *allgemein*-strategische Interventionen wie „Zeit geben", „Den zukünftigen Weg erfragen", „Auf Unvollständigkeit hinweisen", „Einen Neustart anregen", „Das Aufschreiben begründen" oder „Nach Überprüfungsmöglichkeiten fragen", lassen sich über alle Aufgaben hinweg anwenden. Für den Einsatz einzelner strategieorientiert-strategischer oder inhaltsorientiert-strategischer Interventionen muss die Lehrperson den Kontext der Aufgabe und den bisher gegangenen Lösungsweg gut kennen. *Strategieorientiert*-strategische Interventionen waren in den vorliegenden Gesprächen unter anderem „Den bisherigen Lösungsweg reflektieren lassen", „Muster suchen lassen", „Probleme in verwendeten Strategien aufzeigen", „Überprüfen" und „Aufschreiben". Die einzelnen *inhaltsorientiert*-strategischen Interventionen beziehen sich immer auf eine konkrete inhaltliche Stelle innerhalb der Aufgabenstellung oder des Lösungswegs und sind dadurch grundsätzlich an diese gebunden. Sie besitzen also nicht das Potential, Aufgaben-übergreifend einsetzbar zu sein.

Die Bedeutung der einzelnen strategischen Interventionen wird jedoch in den vorliegenden Daten erst im Kontext der Interventionsmuster ersichtlich. Sie wird schon zum Teil durch die Benennung der gefundenen Kategorien angedeutet. *Zeit geben, Reflektieren, Fehler thematisieren, Validieren* und *Aufschreiben* sind die in den vorliegenden Daten beobachteten Muster, wobei nicht ausgeschlossen werden kann, dass weitere Interventionsmuster möglich sind.

In den Kapiteln 11.4 bis 11.8 wurden diese Kategorien vorgestellt und die Bedeutungen der einzelnen strategischen Interventionen eines Interventionsmusters im Gesprächskontext herausgearbeitet. Insbesondere wird dabei deutlich, dass es durch aufeinanderfolgende strategische Interventionen auf verschiedenen Ebenen möglich wird, den Gesprächsprozess immer wieder anzustoßen, ohne auf fragwürdige (de-)motivierende Interventionen wie „Du machst das gut!" zurückzugreifen, aber auch ohne inhaltlich mit eigenen Lösungsideen einzugreifen. Darüber hinaus stehen die Interventionsmuster in engem Zusammenhang mit einem konstruktiven Problemlöseprozess der Schülerin bzw. des Schülers. Es kann also festgehalten werden, dass es Interventionsmuster auf der Basis strategischer Interventionen gibt, die dazu beitragen, dass Barrieren im Problemlöseprozess überwunden werden.

Inwieweit die Interventionsmuster dazu beitragen, dass kognitive (heuristische) oder metakognitive Strategien bei den Schülerinnen und Schülern angeregt werden, kann im Rahmen dieser Analyse nicht geklärt werden (vgl. Kap. 5.3). Darüber hinaus lässt sich ebensowenig feststellen, ob andere Interventionsmuster besser oder schlechter zur Überwindung von Barrieren im Problemlöseprozess beitragen.

Umgekehrt ist es allerdings durchaus möglich, die in Kapitel 4.8 aus der Literatur zusammengefassten Beispiele einzelner Interventionen in die gefundenen Muster einzuordnen.

Im Rückblick lässt sich feststellen, dass sich die Relevanz der gefundenen Kategorien durch Forschungsergebnisse anderer Studien stützen lässt.

Die Bedeutung von Pausen im Gespräch wurde bereits in der Lehrerfortbildung thematisiert (vgl. Kapitel 7.3). Daher scheint es zunächst fragwürdig, dass hier eine eigene Kategorie entwickelt wurde. Die theoretischen Grundlagen zum Umgang mit Pausen deuteten jedoch a priori nicht daraufhin, dass dies eine solch zentrale Stellung im Gesprächsprozess einnehmen könnte. Dass Pausen eine gewisse Bedeutung im Gespräch haben, schien eher ein einzelner Aspekt zu sein, der sich zudem auf das Schweigen der Lehrperson in einer gewissen Zeitspanne bezieht (Krainer 1988; Jüngst 1987) und nicht auf das aktive Verbalisieren der

Lehrperson: „Lass dir Zeit!", wie es in den vorliegenden Daten zu finden war. Die genauere Betrachtung des Interventionsmusters „Zeit geben" führt jedoch vor Augen, dass die Umsetzung solcher Pausen im Gespräch durch die Lehrperson zusätzlich eingebettet sein sollte in andere Ansätze strategischer Interventionen, damit die Pause auch ihre Bedeutung behält.

Das Reflektieren im Problemlöseprozess wird als Möglichkeit der Förderung einer „geistigen Beweglichkeit" genannt (Bruder 2000b). Auch abseits einer Theorie des Problemlösens wird das Reflektieren als wichtiger Bestandteil der Konversation über Mathematik beschrieben und in seiner Funktion theoretisch begründet (Neubrand 2000).

Den konstruktive Umgang mit Fehlern im Mathematikunterricht rekonstruieren Leinhardt und Steele (2005, S. 140) als wichtigen Bestandteil eines Unterrichtsgespräch: „Another element of an effective explanation is that potential errors are anticipated and revealed as ways to further understanding."

Die Kommunikation der Mathematik in der Wissenschaft geschieht heute in der Regel auf formalem Weg, die Notation ist einheitlich (Heintz 2000). Die Art der Notation muss allerdings im Laufe des Schulunterrichts in ein konzeptuelles mathematisches Verständnis eingebettet werden, um sie sinnvoll nutzen zu können (vgl. Britt und Irwin 2008; Steele 2008). Andererseits gelten „informative Figuren" als „das zentrale heuristische Hilfsmittel" in Problemlöseprozessen (Bruder 2000b). Untersuchungen der letzten zehn Jahre zeigen, dass selbst junge Schülerinnen und Schüler in der Lage sind, eigene Notationen zu mathematischen Inhalten zu entwickeln, ältere sogar in der Lage sind, ihre Repräsentationsformen nach einer Diskussion mit *peers* zu überarbeiten (Lesh und Zawojewski 2007). Insbesondere die Differenz zwischen den Schwierigkeiten der Schülerinnen und Schüler, konventionelle Repräsentationen zu lernen und damit umzugehen, gegenüber ihren Fähigkeiten in Bezug auf die Konstruktion eigener Repräsentationen scheint bemerkenswert (Lesh und Zawojewski 2007).

Über alle strategischen Interventionsmuster hinweg wird deutlich, dass die Nutzung der strategischen Interventionsmuster dazu beiträgt, den Arbeitsauftrag „Problemlösen" konsequent an die Schülerin bzw. den Schüler zurückzugeben. Die Rückgabe der Weiterarbeit an die Schülerinnen und Schüler ohne zusätzliche inhaltliche Informationen bedeutet auch ein Übertragen von Verantwortung für die Aufgabenlösung.

Zwei weitere Gesichtspunkte strategischer Interventionsmuster, die an den Gesprächen deutlich werden, sind ihre Funktion in Bezug auf die zeitliche Dynamik des Gespräches und seine inhaltliche Nähe (vgl. Abb. 11.4). Die strategischen Interventionen der Lehrperson können sich auf Vergangenes und Zukünftiges beziehen, aber ebenso den drei Ebenen Inhalt, Strategie bzw. allgemeines Vorgehen zugeordnet werden. Das flexible Verändern dieser Komponenten kann als Zoomen bezeichnet werden.

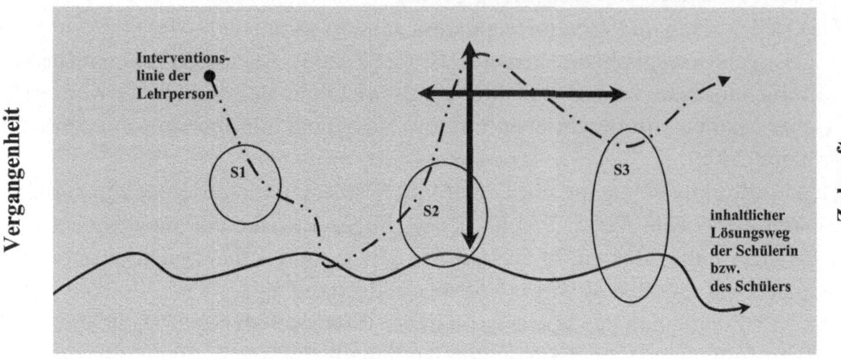

Abbildung 11.4   Illustration der zeitlichen und inhaltlichen Gestaltungsmöglichkeiten, die durch den Einsatz strategischer Interventionsmuster entstehen, dargestellt durch ein Pfeilkreuz.

Der Lösungsweg der Schülerin bzw. des Schülers ist durch eine Kurve dargestellt. Strategien sind örtlich begrenzt durch Ellipsen (S1, S2, S3) dargestellt. Möglichkeiten der Lehrerintervention sind durch eine gestrichelte Linie angedeutet. Dort, wo diese Linie nicht auf den inhaltlichen Lösungsweg oder auf Strategien trifft, sind allgemein-strategische Interventionen möglich.

Schülerinnen und Schülern Zeit zu geben, kann auf explizitem Wege erfolgen (vgl. Kap. 11.4). Darüber hinaus kann aber auch ein Abgeben der Verantwortung zur Aufgabenlösung mit anschließender Gesprächspause implizit die Rolle übernehmen, der Schülerin oder dem Schüler Zeit und Ruhe zu verschaffen. Dies finden wir im Interventionsmuster Validieren (11.7). Die Aufforderung zur Überprüfung dient hier auch zur Rückgabe der Zuständigkeit im Lösungsverlauf von der Lehrperson zur Schülerin bzw. zum Schüler. Auch die Aufforderung zum Aufschreiben (11.8) kann dazu dienen, der Schülerin bzw. dem Schüler Zeit zum eigenständigen Weiterarbeiten zu verschaffen. Im Fall der Thematisierung des zukünftigen Vorgehens (11.5) dient die strategische Intervention zum Stoppen der inhaltlichen Weiterarbeit. Nach einer Meta-Betrachtung des Lösungsverlaufs werden wieder strategische Interventionen genutzt, um den konkreten Lösungsweg zu fokussieren und anzustoßen. Wie schwierig diese Lenkung ist, zeigt sich in den Gesprächen um das Thematisieren von möglichen Sackgassen (11.6).

Eine zweite Funktion der strategischen Interventionen auf unterschiedlichen Ebenen ist das „Hinein-" und „Hinaus-Zoomen" aus dem bzw. in den konkreten Lösungsweg bzw. den Arbeitsprozess. Diese implizite Steuerung der verschiedenen Arbeitsebenen findet sich in verschiedenen Szenen. Im Rahmen der Reflexion vergangener Lösungswege wird beispielsweise zum Ende der Szene wieder die Perspektive geöffnet und der gegangene Lösungsweg im Rahmen der Aufgabenstellung betrachtet (11.5). Auch bei Problemen mit dem Aufgabenverständnis (11.6) wird der inhaltsorientiert-strategischen Beschreibung des Aufgabenziels eine strategische Intervention auf allgemeiner Ebene nachgeschoben und damit die Perspektive auf die gesamte Frage geöffnet.

Die Nutzung des Zoomens und der dynamischen zeitlichen Anstöße wird in Abbildung 11.3 veranschaulicht. Die Möglichkeit des Hinein- und Heraus-Zoomens wird von den Lehrpersonen implizit unterschiedlich genutzt. In den Interventionsmustern zu Problemen im Aufgabenverständnis (vgl. Kap. 11.6) finden sich Anschlussinterventionen auf verschiedenen Ebenen. Diese zweiten Interventionen ergeben sich jeweils sinnvoll aus dem Kontext des Gesprächs.

Im Rahmen der vorliegenden Daten stellt sich als wichtige Eigenschaft strategischer Interventionen heraus, dass sie offenbar dazu anregen, Gedanken erneut zu formulieren. In einigen Gesprächen gibt es explizite Äußerungen dieser Art („Denk mal laut"). In den Szenen zu potentiellen Sackgassen (vgl. Kap. 11.6) finden sich skeptische Äußerungen auf strategischer Ebene in Bezug auf den Lösungsweg. Die Schülerinnen und Schüler nehmen dies zum Anlass, ihren eigenen Weg zu erklären und gegebenenfalls zu begründen und zu verteidigen. Dies wiederum ermöglicht der Lehrperson erst eine Diagnose des Lösungsweges. Auch im Rahmen des Validierens (vgl. Kap. 11.7) beginnen die Schülerinnen und Schüler eine Erklärung ihres Lösungsansatzes. Das Aufschreiben (vgl. Kap. 11.8) ist, sofern es gelingt, auch eine Gelegenheit für die Lehrperson, Gedanken und Ideen zu verstehen.

Die positive Wirkung dieser extrinsischen Anreize zum Formulieren der Gedanken in Bezug auf Wissenskonstruktion lassen sich über die Studien zu Selbsterklärungen plausibel machen (Neber 2006). Dort wird auch von positiven Effekten des Ich-bezogenen Fragestellens in Bezug auf die Lernmotivation und die metakognitiven Fertigkeiten berichtet (Neber 2006).

12 Zusammenfassung und Ausblick

Zum Abschluss möchte ich die Argumentationslinie zur Anlage der Studie noch einmal zusammenfassen und die Ergebnisse in den Forschungsstand eingliedern.

12.1 Zusammenfassung

Unter mathematischen Problemlöseaufgaben verstehe ich Aufgaben, die auf innermathematisch reichhaltige Begriffsnetze führen (Kap. 2.7). Dieses Verständnis entnehme ich auch den Schriften von Polya (Kap. 2.1) und den Problemfeldern, die (auch) im Rahmen der Begabtenförderung thematisiert werden (Kap. 2.5).

In dieser Perspektive lässt sich Problemlösen vom Modellieren trennen (Kap. 2.3). Problemlöseaufgaben sind demnach Aufgaben mit innermathematischem Kontext, Modellierungsaufgaben beschäftigen sich (auch) mit dem „Rest der Welt".

Die Überlegungen zum Problemlösen und dessen Prozesshaftigkeit wiederum führen zu einem weiteren Kompetenzbegriff als dem, der in *large scale* Untersuchungen zugelassen werden kann. Kompetenz kann (noch) nicht ausreichend über beobachtbare Phänomene messbar gemacht werden (Kap. 2.2.2). Zudem kann eine starke Fixierung auf die Messung von Kompetenzen meines Erachtens dazu führen, dass eine prozessorientierte Haltung der Lehrpersonen, die für den Einsatz von Problemlöseaufgaben und die Begleitung von Problemlöseprozessen wichtig ist, unterlaufen wird (Kap. 2.6.3).

In der Auseinandersetzung mit der Beschreibung von Problemlöseprozessen verlasse ich außerdem (in Anlehnung an Bauersfeld (1994)) den Standpunkt, dass sich die Kognition des Einzelnen direkt in seinen sprachlichen Äußerungen zeigt. Dies bedeutet konsequenterweise eine mangelhafte Beobachtbarkeit von Heurismen (Kap. 3.4). Meines Erachtens sollte generell sehr vorsichtig damit umgegangen werden, von sprachlichen Äußerungen auf kognitive Prozesse zu schließen. Die epistemologische Interpretation nach Steinbring, die ich für die Lernprozessanalyse im Rahmen der Gespräche nutze, basiert auf der semiotischen Sichtweise von Gesprächen, in der eine sprachliche Äußerung immer nur ein Indiz für etwas (möglicherweise) Gedachtes darstellt (Kap. 3.7). Dieses Modell bezieht sich jedoch auf Begriffsbildungsprozesse. In Kapitel 5.1 habe ich dargelegt, dass Begriffsbildungsprozesse meines Erachtens (unter gewissen Rahmenbedingungen) mit Problemlöseprozessen identifiziert werden können.

Ich entferne mich damit weitest möglich von psychometrischen oder kognitionspsychologischen Ansätzen und begebe mich in ein Verständnis von Lernen im Rahmen von Kommunikation und Interaktion, wie es Miller (1986) vorschlägt (vgl. Kap. 3.6).

Diesen Ansatz der Untersuchung von Lehr-Lern-Gesprächen als einzige theoretische Grundlage erscheint mir jedoch als wenig gewinnbringend für die Entwicklung des Lehrverhaltens (Kap. 5.3). Für eine Auseinandersetzung mit den Beiträgen der Lehrperson breche ich damit bewusst diese sozial-interaktive Perspektive wieder auf, um Lehrerinterventionen Kategorien zuzuordnen (Kap. 4.7). Es wurde dargelegt, dass dies auf theoretischer (und methodischer) Ebene keinen Bruch mit der interaktiven Grundposition darstellt (Kap. 5.3).

Um die von mir als bedeutsam vermuteten (Kap. 4.8) strategischen Interventionen in Gesprächen beobachten zu können, waren gezielte Überlegungen zum Untersuchungsdesign nötig (Kap. 6). Die Lehrpersonen wurden mit ihrer Rolle im Rahmen von Problemlösegesprächen vertraut gemacht, ohne auf den Begriff strategischer Interventionen vorzugreifen. Es muss offen bleiben, ob die Fortbildung der Lehrpersonen oder schon deren Auswahl Einfluss darauf hatte, dass die für die Untersuchung aufgezeichneten Gespräche (im Vergleich zu bisherigen Studien, vgl. Kap. 11 und 4.7) reich an strategischen Interventionen waren.

Die eingenommene Perspektive auf das Problemlösen in Hinblick auf die zentrale Stellung geeigneter Aufgaben zieht sich durch die gesamte Arbeit. Dazu gehört neben der Auswahl einer Sammlung von Problemlöseaufgaben, in der Schülerlösungen zu finden sind und die inhaltliche Auseinandersetzung mit den Aufgaben in Form einer Stoffanalyse (Kap. 6.3). In der Lehrerfortbildung wurden Aufgaben, Lösungswege und Schülerlösungen thematisiert, um die Lehrpersonen adäquat auf die Gespräche vorbereiten zu können (Kap. 7.3). Die Auswertung der Daten begann wiederum mit einem Vergleich der zuvor gewonnenen Informationen über die Begriffsbildungsmöglichkeiten, die die Aufgaben bereitstellen, mit den in den Gesprächen tatsächlich entwickelten Begriffen (Kap. 10).

Dieser Vergleich ist aufschlussreich in Bezug auf die tatsächlich aufgetretenen Schwierigkeiten der Schülerinnen und Schüler in der Auseinandersetzung mit den ausgewählten Aufgaben und ermöglicht einen Einblick in den Ablauf der Gespräche, der über eine Beschreibung von Lösungswegen hinaus geht. Die Auseinandersetzung mit den empirisch gefundenen Begriffsbildungs-Barrieren im Problemlöseprozess ist, in Kombination mit der Kategorisierung der Interventionen, Grundlage für die (Struktur-) Analyse der Gespräche, die über den Prozess des Datenvergleichs (Grounded Theory, Kap. 8.3) stattfand.

In der abschließend vorgestellten Analyse der Gespräche wurden Interventionsmuster gefunden, die strategische Interventionen beinhalten und in engem Zusammenhang mit dem Lernprozess der Schülerin bzw. des Schülers stehen (Kap. 11.4ff.). Festgestellt wurde, dass in diesen Szenen strategische Interventionen nicht einzeln auftreten, sondern in Form mehrstufiger, zusammenhängender bzw. aufeinander aufbauender strategischer Interventionen vorliegen (Kap. 11.3).

Die Kontexte und Bedeutungen dieser Interventionsmuster, aber auch das Potential einzelner strategischer Interventionen wurde abschließend herausgearbeitet (Kap. 11.9). Die gefundenen strategischen Interventionen konnten drei Ebenen zugeordnet werden: Der allgemein-, der strategieorientiert- und der inhaltsorientiert-strategischen Ebene.

Diese Unterscheidung zeigt Substrukturen der aufeinanderfolgenden strategischen Interventionen. Die einzelnen Interventionen innerhalb einer Szene finden meist abwechselnd auf diesen drei unterschiedlichen Ebenen statt.

In Kapitel 4.6 werden einige konkrete Vorschläge für (strategische) Interventionen in Problemlöseprozessen vorgestellt. Diese Beispiele können im Rahmen des erarbeiteten Kategoriensystems eingebettet werden (Kap. 4.8). Es zeigt sich jedoch in der Analyse der vorliegenden Daten, dass strategische Interventionen in erfolgreichen Begriffsbildungskontexten nicht (immer sinnvoll) einzeln auftreten (Kap. 11.3). Folglich sollten sie auch nicht isoliert (wie in Kap. 4.6) betrachtet werden.

Das Wechseln der Interventionsebene innerhalb der strategischen Interventionen schließt eine Lücke im Rahmen der Fragestellung nach einer geeigneten Art und Abfolge von Impulsen im Problemlöseprozess, die bisher nicht ausreichend geklärt wurde (Kap. 4.6).

Ein weiteres Problem, das vorgestellt wurde, ist die Fixierung der Interventionen für Problemlöseprozesse auf die heuristischen Strategien, wie sie von Bruder (2002) oder Milgram (2007) vorgeschlagen wird, und die Fixierung auf den Problemlöseplan von Polya, den auch Mason et al. (2006) den drei Phasen Planung, Durchführung und Rückblick zugrunde legen (Kap. 2.1 und 4.6). Problematisch an der aktiven Orientierung der Lehrperson an Heurismen ist die Tatsache, dass selbst in der Laborsituation die Lehrperson stark gefordert ist, die Ideen und Gedanken der Schülerinnen und Schüler zu diagnostizieren. Es fehlt die Zeit und die Information, sich am abstrakten Gefüge eines Problemlöseplans zu orientieren.

Die in dieser Arbeit (empirisch) gefundenen Kategorien strategischer Interventionsmuster beziehen sich auf Bereiche, die Lehrpersonen konstruktiv einsetzen können: Gespräche zeitlich strukturieren, zum Reflektieren anregen, potentielle Fehler thematisieren, zum Validieren anregen und zum Aufschreiben anregen.

Diese gefundenen Interventionsmuster lassen sich andersherum als Interventionen interpretieren, die durchaus auch heuristische Strategien anregen können. Auch bei Mason et al. (2006) findet man zwischen dem (starren) Überbau der Richtlinie „Problemlöseplan" die folgenden Themen: Spezialfälle finden, verallgemeinern, sich Notizen machen, sich konstruktiv mit Schwierigkeiten auseinandersetzen, zurückblicken und vorausschauen und überprüfen (Abb. 2.1 auf Seite 13). Diese als wesentlich (aber relativ unsystematisch) beschriebenen Tätigkeiten decken sich mit den Ergebnissen dieser Arbeit.

In Kapitel 11.9 wurde dargelegt, dass jede einzelne der Kategorien in ihrer Relevanz durch verschiedene mathematikdidaktische Forschungsergebnisse gestützt wird. An dieser Stelle wird auch die Komplexität des Forschungsbereiches Problemlösen in der in dieser Arbeit eingenommenen Perspektive besonders deutlich. Eine Aufarbeitung all der verschiedenen Forschungsansätze in diesen Bereichen kann im Rahmen der vorliegenden Arbeit nicht bewältigt werden.

In Bezug auf die im theoretischen Teil der Arbeit aufgeworfenen Fragen, lassen die Ergebnisse der vorliegenden Arbeit jedoch einige Erklärungsansätze zu oder werfen weitere Fragen auf.

Die von Holton und Thomas (2001) angeführten Interventionen im Rahmen der Scaffolding-Methode decken sich mit einigen der gefundenen strategischen Interventionen (Kap. 4.6). Aus den Beschreibungen von Holton und Thomas geht hervor, dass die Lehrpersonen gehalten sind, grundsätzlich diese Interventionen einzusetzen. Es kann also davon ausgegangen werden, dass Scaffolding gleichzusetzen ist mit einem kontinuierlichen Einsatz von strategischen Interventionen. Im Rahmen des Scaffolding wird allerdings nicht mit einem Wechsel der Ebene der strategischen Intervention gearbeitet, der nach den Ergebnissen in der vorliegenden Arbeit ein wesentlicher Bestandteil (sinnvoller) strategischer Interventionsmuster zu sein scheint.

Auch einige der in Kapitel 4.5 vorgestellten Fragen können durch die Interventionsmuster beantwortet werden. Die strategischen Interventionen übernehmen beispielsweise die dort von Polya (1966) geforderte Rolle, die Studierenden „zum Denken zu bewegen", indem beispielsweise Zeit dazu zur Verfügung gestellt wird oder zum Reflektieren angeregt wird.

Auch die von Winter (1989) formulierte Frage danach, wie die Lehrperson „Inkubation" erkennen kann, wird zum Teil durch die gefundenen Interventionsmuster beantwortet. Strategische Interventionen eignen sich dafür, die Schülerinnen und Schüler zum Formulieren und Notieren ihrer Gedanken zu bewegen, auch wenn dies nicht explizit gefordert wird (Kap. 11.9). Auch Bruners Forderung nach einem sensiblen Umgang mit Fehlern lässt sich mit den gefundenen Interventionsmustern zu potentiell Fehlerhaftem umsetzen (Bruner 1960). Strategische Interventionen im Rahmen der gefundenen Muster scheinen somit nützlich zu sein für die Umsetzung den Bedingungen, die an günstiges Lehrerhandeln im Rahmen von Entdeckungsprozessen gestellt werden.

Dies verdeutlicht auch, dass relativ „starre" Interventions-Konzepte, wie das von Zech (1977) als unpassend für Lehrerinterventionen in Problemlöseprozessen gelten müssen (vgl. Kapitel 4.6). Insbesondere ist die Linearität der Abfolge der vorgeschlagenen Interventionen in den vorliegenden Daten nicht anzutreffen. Vielmehr zeigt sich in den Interventionsmustern, dass die Lehrpersonen sehr flexibel innerhalb ihres Interventionsrepertoires agieren. In den Gesprächen zeigt sich, dass (trotz fast ausschließlich strategischer Interventionen) der Problemlöseprozess der Schülerin bzw. des Schülers fortläuft. Vor diesem Hintergrund müssen die von Zech in letzter Instanz geforderten inhaltlichen Interventionen in Problemlöseprozessen überdacht werden.

In Bezug auf die (aktuellen) Ergebnisse von Leiss (2007) und Krammer (2009) zu Kategorisierungsmöglichkeiten von Lehrerinterventionen, liefern die hier gewonnenen Ergebnisse einen Einblick in mögliche *Zusammenhänge* von Interventionen und Begriffsbildungen im Prozess und tragen somit zur Fortentwicklung des Verständnisses von Gesprächsmustern unter einer ähnlichen Verwendung der Kategorisierung von Lehrerinterventionen bei.

Das Potential strategischer Interventionen ist, wie dargestellt, hoch, und dennoch werden sie in der Praxis noch viel zu wenig umgesetzt (vgl. Leiss 2007, S. 281). Voraussetzung für die spezielle Theorie der strategischen Interventionen ist meines Erachtens jedoch das Verständnis für Problemlöseprozesse und allgemeine Grundlagen der Gesprächskultur, wie sie in Kapitel 4.5 von einigen Autorinnen und Autoren gefordert werden und im Rahmen dieser Arbeit in den Fortbildungen vermittelt wurden (vgl. Kapitel 7.3). Grundlage ist außerdem die Beobachtung von Problemlöseprozessen, wie sie in der vorliegenden Arbeit intendiert sind. In anders intendierten Lehr-Lern-Prozessen könnten sich andere Interventionsmuster als geeigneter erweisen (vgl. Sierpinska und Lerman in Kap. 5.3).

Ich halte, neben der beschriebenen Entwicklung von Kategorien von strategischen Interventionsmustern, zwei Ergebnisse dieser Arbeit abschließend für besonders erwähnenswert.

Die entwickelte Perspektive des Problemlöseprozesses (nach Polya) als epistemischer Struktur ist im Bereich der Mathematikdidaktik relativ neu (vgl. Kap. 3.5). Bereits Dörner (1976) wies jedoch auf die Unterscheidung des Prozesses in heuristischer und epistemischer Sicht hin.

> „Zunächst muß betont werden, daß nicht jede beobachtbare Verbesserung oder Verschlechterung des Problemlöseverhaltens ihre Ursache

in einer Veränderung der heuristischen Struktur haben muß. Vielmehr kann man die meisten in der Literatur berichteten Veränderungen des Denkablaufs zurückführen auf Veränderungen in der *epistemischen Struktur*" (Dörner 1976, S. 129).

Problematisch in Bezug auf die *normative* Sicht auf den Mathematikunterricht ist jedoch die Schlussfolgerung Dörners, die epistemische Struktur durch inhaltliche Trainings zu fördern. Dies passt mit dem Konzept des Problemlösens nach Polya nicht zusammen. Es mag sein, dass dies ein Grund dafür war, weshalb die oben genannte Bemerkung Dörners offenbar in der mathematikdidaktischen Disziplin zunächst übergangen wurde und die Forschung zum mathematischen Problemlösen in den Jahren darauf auf die heuristischen Strukturen fokussierte (vgl. Kap. 3.4).

Auch in der vorliegenden Arbeit stellt es (mangels vorliegender theoretischer Modelle) einigen Aufwand dar, die epistemische Struktur des Problemlösens mit der prozessorientierten Sichtweise auf das Problemlösen und den sozialen Austausch über mathematische Probleme auf theoretischer Ebene in Einklang zu bringen.

Als zweites zentrales Ergebnis möchte ich die Entwicklung eines theoretischen Modells für die Untersuchung von Interventionen im Rahmen der interaktionistischen Theorie nennen.

Im Rahmen des symbolischen Interaktionismus wird nach Ursachen des Handelns einzelner Personen gesucht, wobei die Bedeutung der Handlung für die Person für wichtig erachtet wird (vgl. Kap. 5.3). Steinbring gelingt es unter anderem durch die Einnahme dieser Perspektive, das mathematische Handeln von Lehrpersonen, Schülerinnen und Schülern darzustellen und die Bedeutungen der Begriffe, die sich darüber entwickeln, in Zusammenhang mit dem Gesprächsverlauf zu bringen (vgl. Kap. 3.7). Diese Untersuchungen sind deskriptiver Art.

Auf einer anderen Ebene entwickelt sich derzeit eine Beschreibung von mathematischen Unterrichtsgesprächen, die sich an verschiedenen Kategorien von Interventionen orientiert (vgl. Kap. 4.7). Die Kategorien haben hohen normativen Wert, da sie sprachliche Äußerungen der Lehrperson einfach zuordnen lassen. Somit könnten sie die Grundlage für ein (empirisch begründetes) normatives Modell für Lehrerinterventionen bilden. Bisher blieb die Beschreibung von Gesprächen im Mathematikunterricht jedoch auf einer deskriptiven Ebene mit dem Ansatz, das Lehrerhandeln auf Ebene der Interventionen zu modellieren. Eine Anbindung der Lehrerinterventionen an den Lernprozess der Schülerinnen und Schüler kann durch Zuordnung der Interventionen zu Kategorien meines Erachtens nicht erreicht werden.

Die vorliegende Arbeit stellt insofern in Ansätzen einen Beitrag zur Entwicklung des Mathematikunterrichts dar, dass die als normativ wertvoll erachtete Zuordnung von Lehrerinterventionen zu Kategorien in Zusammenhang gebracht wurde mit der deskriptiven Analyse von mathematischen Lernprozessen. Dabei wurde der Widerspruch zwischen normativer und deskriptiver Beschreibung von Problemlöseprozessen dadurch umgangen, dass das Normative (Interventionsmodelle, die für Lehrpersonen als spätere Handlungsgrundlage sinnvoll sein können) im Rahmen der vorliegenden Arbeit nach wie vor ein fernes Ziel bleibt. Die Darstellung der Interventionsmuster bleibt daher stets auf deskriptiver Ebene.

In der vorliegenden Arbeit ist es gelungen, die Kontexte und Bedeutungen strategischer Interventionen in Problemlöseprozessen genauer zu beschreiben. Es wurde nach Impulsen gesucht wird, die dazu beitragen, dass die in Kapitel 10 vorgestellten Begriffsbildungen angeregt werden. Die ab den Kapiteln 11.3 vorgestellten Interventionsmuster stehen damit in Zusammenhang.

12.2 Ausblick auf praktischen Nutzen

Die Nutzung der Laborsituation als Setting für die Datenerhebung wurde in Kapitel 7.1 begründet, schränkt aber den direkten praktischen Nutzen der Arbeit ein. Dem entgegen wurde die Arbeit allerdings bewusst so angelegt, dass ein konstruktives Potential der Ergebnisse in Bezug auf die Praxis des Unterrichts vorhanden ist (vgl. Kap. 5.3).

Hierzu zählen die Auseinandersetzung mit der Begriffsbildung im Rahmen der Lösungsprozesse traditioneller Problemlöseaufgaben und die Bedeutung des Beherrschens von Grundlagen allgemeiner Gesprächsführung im Problemlöseprozess seitens der Lehrpersonen.

Strategische Interventionen stehen grundsätzlich im Einklang mit Forderungen, die Mathematikdidaktikerinnen und -didaktiker an Lehrpersonen stellen. Dazu gehören die Diagnose von Schülergedanken, zeitliche und inhaltliche Zurückhaltung, inhaltliche Impulse an den „richtigen" Stellen und schließlich Offenheit und Aufmerksamkeit dem oder der Lernenden gegenüber (Kap. 7.3).

Im Wesentlichen sind dies Dinge, die schon immer für den Unterricht in der Schule relevant schienen. Für den Bereich der Vermittlung des Problemlösens besitzen sie aber zusätzliche Bedeutung. Eine direkte Instruktion sollte im Rahmen des Problemlöseprozesses ausgeschlossen werden. Die Aufmerksamkeit kann im prozessbegleitenden Gespräch nicht nur auf dem intersubjektiven mathematischen Inhalt liegen, sondern muss die intrasubjektiven Schülergedanken und -ideen mit einbeziehen. Die Ausbildung und Fortbildung von Lehrpersonen in diesen Fähigkeiten ist immer noch Forschungsanlass (vgl. Kapitel 2.6.4).

Die gefundenen Interventionsmuster können zur besseren Darstellung geeigneter Interventionen in Problemlöseprozessen als Anschauungsmaterial dienen. Dazu eignen sich sowohl Szenen der Videoaufnahmen als auch die Konfrontation mit authentischen sprachlichen Äußerungen. Der Wert solcher Maßnahmen wurde in Kapitel 2.6.4 diskutiert.

Die fünf gefundenen Kategorien bilden über die ihnen zugeordneten Themen auch Hilfen für die Lehrpersonen, zu konkreten Anlässen geeignete Interventionen zu finden. Die Lehrperson kann sich daran orientieren, was sie selbst im Lösungsprozess für wichtig hält und zugleich potentiell hilfreich für die Schülerin oder den Schüler sein könnte.

Die drei Ebenen und das Wechseln zwischen diesen Interventionen können im Folgenden als Stütze dienen, nicht bei der Ausgangsintervention zu einem Thema zu bleiben, sondern auf strategischer Ebene Inhalte, Strategien oder Allgemeinstrategisches zu thematisieren.

12.3 Ausblick auf weitere Forschungsfragen

Interventionsmuster, die aus strategischen Interventionen bestehen, wurden in der vorliegenden Arbeit erstmals erkundet. Das Fokussieren von strategischen Interventionen als Untersuchungsgegenstand ist mir aus anderen Arbeiten nicht bekannt. Daher, und da diese strategischen Interventionen, wie mittlerweile mehrfach erwähnt, in natura nur selten anzutreffen sind, müssen an dieser Stelle Fragen offen bleiben.

Diese Arbeit umfasst mehrere, häufig unabhängig voneinander behandelte Forschungszweige der Mathematikdidaktik. Dazu gehören das Problemlösen, die mathematischen Lernprozesse und die Lehrerinterventionen im Mathematikunterricht.

Die zugrundeliegenden Problemlöseaufgaben beinhalten unterschiedliche mathematische Themen. Die Begriffsbildung wurde im Rahmen der Studie in diesen Bereichen untersucht, aber nicht in die Forschungsliteratur zu den jeweiligen Bereichen (Lernprozesse in Algebra, Stochastik, Funktionen oder Geometrie) eingebettet. Dies hätte den Rahmen der vorliegenden Arbeit deutlich überschritten. Die Frage, ob die genutzten Problemaufgaben im Rahmen der Kenntnisse über z. B. Lernprozesse im Rahmen der Algebra einen Mehrwert darstellen, bleibt offen.

Ebenso bleibt offen, welche Rolle die einzelnen Kategorien für Lehrerinterventionen in der jeweiligen Literatur spielen. „Reflexionen im Mathematikunterricht“

stellen ein eigenes Forschungsfeld dar, ebenso das „Aufschreiben" im Sinne der „Visualisierung" von Sachverhalten. Dass Lehrpersonen zum „Validieren" anregen sollen, wird im Rahmen von Modellierungsprozessen immer wieder betont. Ich hoffe, dass die Forschungen in den einzelnen dieser Bereiche dazu beitragen können, die Relevanz der hier gefundenen Interventionsstrukturen zu unterstreichen. Dennoch bleibt auch diese Frage zunächst unbeantwortet.

Im Anschluss an das vorige Kapitel ergibt sich die Frage, ob die neuen Forschungsergebnisse ihre Intention erfüllen und sich zur Aus- und Fortbildung von Lehrpersonen eignen. Hier wäre denkbar, die vorgestellte Fortbildung (Kapitel 7.3) um die Interventionsmuster zu erweitern und anschließend die Lehrpersonen in Laborsituationen mit Schülerinnen und Schülern zu konfrontieren, die die vorgestellten Aufgaben bearbeiten sollen.

Außerhalb der beobachteten Laborsituation des Einzelgesprächs interessiert sicher in Zukunft auch die Rolle strategischer Interventionen in Gesprächen mit mehreren Teilnehmerinnen und Teilnehmern, etwa in Laborsitzungen mit zwei Lernenden, bei Interventionen in Gruppenarbeitsphasen oder möglicherweise sogar im Klassengespräch. Möglich wäre aber auch, die Interventionsmuster im Zusammenhang mit diagnostischen Gesprächen zu erproben.

Interessant wäre auch die Erprobung der gefundenen Interventionsmuster in unterschiedlichen Schulstufen und Schulformen. Da nicht nur die mathematische Gesprächskompetenz bei den Schülerinnen und Schülern von ihrem Alter und ihrer Teilnahme an möglicherweise unterschiedlichen Gesprächskulturen in verschiedenen Schulformen abhängt, sondern auch die Fähigkeiten im Bereich der Metakognition und der Notation variieren, ist eine entsprechend andere sprachliche Umsetzung der Interventionsmuster denkbar.

Das Grundverständnis der Begleitung mathematischer Problemlöseprozesse ist jedoch im Rahmen der vorliegenden Arbeit die Selbstständigkeitsorientierung. Denkbar ist also eine Verbesserung der Selbstständigkeit im Problemlöseprozess der Schülerinnen und Schüler durch den Einsatz der strategischen Interventionsmuster seitens der Lehrperson.

Abschließend lässt sich feststellen, dass die vorliegende Arbeit eine Forschungslücke im Bereich der strategischen Interventionen unter mathematikdidaktischer Perspektive hat schließen können und weitere Untersuchungen in diesem Bereich lohnenswert erscheinen.

Anhang

Literaturverzeichnis

a Campo, A. & Elschenbroich, H. - J. (2007). Empfehlungen zur Evaluation von Schüler-kompetenzen im Fach Mathematik auf der Grundlage der Bildungsstandards der KMK. In MNU e.V. (Hrsg.), *Bildungsstandards Mathematik* (S. 17-23). Neuss: Klaus Seeberger.

Aebli, H., Ruthemann, U. & Staub, F. (1986). Sind Regeln des Problemlösens lehrbar? *Zeitschrift für Pädagogik, 32* (5), 617-638.

Artelt, C. (2000). *Strategisches Lernen.* Münster: Waxmann.

Artelt, C. (2006). Lernstrategien in der Schule. In Mandl, H. (Hrsg.), *Handbuch Lernstrategien* (S. 337-351). Göttingen [u. a.]: Hogrefe.

Ausubel, D. P., Novak, J. D. & Hanesian, H. (1981). Psychologische und pädagogische Grenzen entdeckenden Lernens. In Neber, H. (Hrsg.), *Entdeckendes Lernen* (S. 30-44). Weinheim [u. a.]: Beltz.

Bartmann, T. (1966). *Denkerziehung im Programmierten Unterricht.* München: Manz.

Barzel, B., Büchter, A. & Leuders, T. (2007). *Mathematik-Methodik.* Berlin: Cornelsen Scriptor.

Bauersfeld, H. (1978). Kommunikationsmuster im Mathematikunterricht. In Bauersfeld, H. (Hrsg.), *Fallstudien und Analysen zum Mathematikunterricht* (S. 158-170). Hannover: Schroedel.

Bauersfeld, H. (1988). Interaction, Construction, and Knowledge. In Grouws, D. A. (Hrsg.), *Perspectives on research on effective mathematics teaching* (S. 27-46). Reston, Va: National Council of Teachers of Mathematics.

Bauersfeld, H. (1994). Theoretical perspectives on interaction in the mathematical classroom. In Biehler, R. (Hrsg.), *Didactics of mathematics as a scientific discipline* (S. 133-146). Dordrecht [u. a.]: Kluwer.

Baumert, J. (1993). Lernstrategien, motivationale Orientierung und Selbstwirksamkeitsüberzeugungen im Kontext schulischen Lernens. *Unterrichtswissenschaft, 21* (4), 327-354.

Baumert, J., Stanat, P. & Demmrich, A. (2001). PISA 2000: Untersuchungsgegenstand, theoretische Grundlagen und Durchführung der Studie. In Baumert, J. & Neubrand, M. (Hrsg.), *PISA 2000 – Basiskompetenzen von Schülerinnen und Schülern im internationalen Vergleich* (S. 15-68). Opladen: Leske + Budrich.

Beck, C. & Jungwirth, H. (1999). Deutungshypothesen in der interpretativen Forschung. *JMD, 20* (4), 231-259.

Becker, J. P. & Shimada, S. (1997). *The open-ended approach.* Reston, Va: National Council of Teachers of Mathematics.

Blum, W. & Leiss, D. (2003). Diagnose- und Interventionsformen für einen selbstständig-keitsorientierten Unterricht am Beispiel Mathematik. *Beiträge zum Mathematikunterricht 2003* (S. 129-132). Hildesheim: Franzbecker.

Blum, W. (2006). Modellierungsaufgaben im Mathematikunterricht. In Büchter, A., Humenberger, H., Hußmann, S. & Prediger, S. (Hrsg.), *Realitätsnaher Mathematikunterricht – vom Fach aus und für die Praxis* (S. 8-23). Hildesheim [u. a.]: Franzbecker.

Blum, W., Drüke-Noe, C., Hartung, R. & Köller, O. (2006). *Bildungsstandards Mathematik: konkret.* Berlin: Cornelsen Scriptor.

Blumer, H. (1969/2004). Der methodologische Standpunkt des symbolischen Interaktionismus. In Strübing, J. & Schnettler, B. (Hrsg.), *Methodologie interpretativer Sozialforschung – Klassische Grundlagentexte* (S. 321-385). Konstanz: UVK.

Böhm, A. (2005). Theoretisches Codieren. In Flick, U., Kardorff, E. v. & Steinke, I. (Hrsg.), *Qualitative Forschung – ein Handbuch* (S. 475-485). Reinbek bei Hamburg: Rowohlt.

Borromeo Ferri, R. (2010). On the Influence of Mathematical Thinking Styles on Learners' Modeling Behavior. *JMD, 31,* 99-118.

Britt, M. S. & Irwin, K. C. (2008). Algebraic thinking with and without algebraic representation. *ZDM Mathematics Education, 40,* 39-53.

Bruder, R. (1992). Problemlösen lernen – aber wie? *mathematik lehren, 52,* 6-10.

Bruder, R. (2000a). Akzentuierte Aufgaben und heuristische Erfahrungen. In Flade, L. (Hrsg.), *Mathematik lehren und lernen nach TIMSS – Anregungen für die Sekundarstufen* (S. 69-78). Berlin: Volk und Wissen.

Bruder, R. (2000b). Problemlösen im Mathematikunterricht. *Mathematische Unterrichtspraxis, 1,* 2-11.

Bruder, R. (2002). Lernen, geeignete Fragen zu stellen. *mathematik lehren, 115,* 4-8.

Bruder, R., Gürtler, T., Schmitz, B. & Perels, F. (2002). Problemlösenlernen in Verbindung mit Selbstregulation. *mathematik lehren, 115,* 59-62.

Bruner, J. S. (1960). On learning mathematics. *The Mathematics Teacher, 53* (12), 610-619.

Bruner, J. S. (1973). *Der Prozeß der Erziehung.* Berlin [u. a.]: Berlin-Verlag.

Bruner, J. S. (1981). Der Akt der Entdeckung. In Neber, H. (Hrsg.), *Entdeckendes Lernen* (S. 15-29).

Büchter, A. & Henn, H. - W. (2010). *Elementare Analysis.* Heidelberg: Spektrum.

Büchter, A. & Leuders, T. (2005). *Mathematikaufgaben selbst entwickeln.* Berlin: Cornelsen Scriptor.

Burkhardt, H. & Bell, A. (2007). Problem solving in the United Kingdom. *ZDM Mathematics Education, 39* (5-6), 395-403.

Burkhardt, H. (1988). Teaching problem solving. *Problem solving – A world view (Proceedings of the problem solving theme group, ICME 5)* (S. 17-42). Nottingham: Shell Centre.

Chi, M. T. H. (1984). Bereichsspezifisches Wissen und Metakognition. In Weinert, F. E., Kluwe, R. H. & Brown, A. L. (Hrsg.), *Metakognition, Motivation und Lernen* (S. 211-232). Stuttgart [u. a.]: Kohlhammer.

Clarke, D., Goos, M. & Morony, W. (2007). Problem solving and Working Mathematically: an Australian perspective. *ZDM Mathematics Education, 39* (5-6), 475-490.

Cobb, P. & Yackel, E. (1996). Constructivist, Emergent and Sociocultural Perspectives in the Context of Developmental Research. *Educational Psychologist, 31* (3/4), 175-190.

Cobb, P., Wood, T. & Yackel, E. (1993). Discourse, Mathematical Thinking, and Classroom Practice. In Forman, E. A., Stone, C. A. & Minick, N. (Hrsg.), *Contexts for learning – sociocultural dynamics in children's development* (S. 91-119). Oxford [u. a.]: Oxford Univ. Press Inc.

Cronbach, L. J. (1975). Beyond the two disciplines of scientific psychology. *American Psychologist, 30* (2), 116-127.

Dann, H. - D., Diegritz, T. & Rosenbusch, H. S. (1999). *Gruppenunterricht im Schulalltag.* Erlangen: Universitätsbibliothek.

De Corte, E. (2003). Designing Learning Environments that Foster the Productive Use of Acquired Knowledge and Skills. In De Corte, E., Verschaffel, L., Entwistle, N. & Merrienboer, J. J. G. v. (Hrsg.), *Powerful learning environments - unravelling basic components and dimensions* (S. 21-33). Amsterdam [u. a.]: Pergamon.

Dekker, R. & Elshout-Mohr, M. (2004). Teacher Interventions aimed at Mathematical Level raising during Collaborative Learning. *Educational Studies in Mathematics, 56*, 39-65.

Dewey, J. (1933). *How we think.* Lexington: C.D. Heath.

Diegritz, T., Rosenbusch, H. S. & Dann, H. - D. (1999). Neue Aspekte einer Didaktik des Gruppenunterrichts. In Dann, H. - D., Diegritz, T. & Rosenbusch, H. S. (Hrsg.), *Gruppenunterricht im Schulalltag – Realität und Chancen*, Bd.90, (S. 331-356). Erlangen: Universitätsbibliothek.

Dörner, D. (1976). *Problemlösen als Informationsverarbeitung.* Stuttgart [u. a.]: Kohlhammer.

Duncker, K. (1935/1963). *Zur Psychologie des produktiven Denkens.* Berlin: Springer.

Flavell, J. H. (1976). Metacognitive Aspects of Problem Solving. In Resnick, L. B. (Hrsg.), *The nature of intelligence* (S. 231-235). New York: Wiley. Flewelling, G. (2004). Reichhaltige Lernsituationen. *mathematik lehren, 126*, 8-10.

Flick, U. (2007). *Qualitative Sozialforschung.* Reinbek bei Hamburg: Rowohlt. Forman, E. A., Larreamendy-Joerns, J., Stein, M. K. & Brown, C. A. (1998). „You're going to want to find out which and prove it". *Learning and Instruction, 8* (6), 527-548.

Friedrich, H. F. & Mandl, H. (2006). Lernstrategien: Zur Strukturierung des Forschungsfeldes. In Mandl, H. (Hrsg.), *Handbuch Lernstrategien* (S. 1-23). Göttingen [u. a.]: Hogrefe.

Fürst, C. (1999). Die Rolle der Lehrkraft im Gruppenunterricht. In Dann, H. - D., Diegritz, T. & Rosenbusch, H. S. (Hrsg.), *Gruppenunterricht im Schulalltag*, Bd.90, (S. 105-150). Erlangen: Universitätsbibliothek.

Funke, J. & Zumbach, J. (2006). Problemlösen. In Mandl, H. (Hrsg.), *Handbuch Lernstrategien* (S. 206-220). Göttingen [u. a.]: Hogrefe.

Funke, J. (2003). *Problemlösendes Denken*. Stuttgart: Kohlhammer.

Galbraith, P. & Stillman, G. (2006). A Framework for Identifying Student Blockages during Transition in the Modelling Process. *ZDM, 38* (2), 143-162.

Glaser, B. G. & Strauss, A. L. (2005). *Grounded theory*. Bern: Huber.

Götze, D. (2007). *Mathematische Gespräche unter Kindern*. Hildesheim [u. a.]: Franzbecker.

Goos, M., Galbraith, P. & Renshaw, P. (2002). Socially Mediated Metacognition. *Educational Studies in Mathematics, 49*, 193-223.

Grandsard, F. (1995). Teaching control. *Int. J. Math. Educ. Sci. Technol., 26* (4), 523-530.

Hadamard, J. (1954). *An essay on the psychology of invention in the mathematical field*. New York, NY: Dover.

Hagland, K., Hedren, R. & Taflin, E. (2005). *Rika matematiska problem*. Stockholm: Liber.

Hasselhorn, M. (2001). Metakognition. In Rost, D. H. (Hrsg.), *Handwörterbuch Pädagogische Psychologie* (S. 466-471). Weinheim: Beltz.

Hedren, R., Taflin, E. & Hagland, K. (2003). *What Do Teachers and Pupils Learn by Means of Rich Problems?*. Växjö: http://urn.kb.se/resolve?urn=urn:nbn:se:du-287, Stand: Mai 2010.

Heinrich, F. (2004). *Strategische Flexibilität beim Lösen mathematischer Probleme*. Hamburg: Kovac.

Heinrich, F. (2008). Defizitäre Verhaltensweisen beim Bearbeiten mathematischer Probleme. In Fuchs, M. & Käpnick, F. (Hrsg.), *Mathematisch begabte Kinder: Eine Herausforderung für Schule und Wissenschaft* (S. 22-33). Berlin: Lit.

Heintz, B. (2000). *Die Innenwelt der Mathematik*. Wien [u. a.]: Springer.

Henn, H. - W. (2001). Kreativität in einer neuen Unterrichtskultur. *mathematik lehren, 106*, 14-18.

Henning, H. & Schuster, E. (2000). Entdeckendes Lernen als Problemlösen. In Flade, L. (Hrsg.), *Mathematik lehren und lernen nach TIMSS – Anregungen für die Sekundarstufen* (S. 79-86). Berlin: Volk und Wissen.

Hino, K. (2007). Toward the problem-centered classroom: trends in mathematical problem solving in Japan. *ZDM Mathematics Education, 39* (5-6), 503-514.

Holton, D. & Thomas, G. (2001). Mathematical Interactions and Their Influence on Learning. In Clarke, D. (Hrsg.), *Perspectives on practice and meaning in mathematics and science classrooms* (S. 75-104).

Hugener, I., Krammer, K. & Reusser, K. (2007). Problemlösen im Mathematikunterricht (mit DVD). In Reusser, K., Pauli, C. & Krammer, K. (Hrsg.), *Unterrichtsvideos mit Begleitmaterial für die Aus- und Weiterbildung von Lehrpersonen, DVD* 2.Zürich: Pädagogisches Institut der Universität.

Hugener, I., Pauli, C., Reusser, K., Lipowsky, F., Rakoczy, K. & Klieme, E. (2009). Teaching patterns and learning quality in Swiss and German mathematic lessons. *Learning and Instruction, 19*, 66-78.

Hußmann, S. (2002a). *Konstruktivistisches Lernen an intentionalen Problemen*. Hildesheim [u. a.]: Franzbecker.

Hußmann, S. (2002b). Konstruktivistisches Lernen an Intentionalen Problemen (KLIP). *JMD, 23* (1), 75-76.

Jahnke-Klein, S. (2001). *Sinnstiftender Mathematikunterricht für Mädchen und Jungen.* Baltmannsweiler: Schneider Hohengehren.

Jüngst, K. L. (1987). Lehrertätigkeiten zur Förderung des Problemlösens. In Neber, H. (Hrsg.), *Angewandte Problemlösepsychologie*, Bd.18, (S. 152-172). Münster: Aschendorff.

Jungwirth, H. (2005). Interpretative Mathematikdidaktik. (S. 1-9). Saarbrücken: Saarländische Universitäts- und Landesbibliothek, http://psydok.sulb.uni-saarland.de/.

Kaartinen, S. & Kumpulainen, K. (2004). On Participation in Communities of Practice. In Linden, J. & Renshaw, P. (Hrsg.), *Dialogic Learning – Shifting Perspectives to Learning, Instruction, and Teaching* (S. 171-189). Dordrecht: Kluwer.

Kießwetter, K. (1985). Die Förderung von mathematisch besonders begabten und interessierten Schülern. *MNU, 38* (5), 300-306.

King, A., Staffieri, A. & Adelgais, A. (1998). Mutual Peer Tutoring. *Journal of Educational Psychology, 90* (1), 134-152.

Klieme, E., Avenarius, H., Blum, W., Döbrich, P., Gruber, H., Prenzel, M., Reiss, K., Riquarts, K., Rost, J., Tenorth, H. & Vollmer, H. J. (2007). Zur Entwicklung nationaler Bildungsstandards. , Bd.1, Bonn, Berlin: Bundesministerium für Bildung und Forschung (BMBF).

Klieme, E., Neubrand, M. & Lüdtke, O. (2001). Mathematische Grundbildung: Testkonzeption und Ergebnisse. In Baumert, J. & Neubrand, M. (Hrsg.), *PISA 2000 – Basiskompetenzen von Schülerinnen und Schülern im internationalen Vergleich* (S. 139-191). Opladen: Leske + Budrich.

KMK (2003). *Bildungsstandards im Fach Mathematik für den Mittleren Schulabschluss.* München: Wolters Kluwer.

KMK (2004). *Bildungsstandards im Fach Mathematik für den Hauptschulabschluss.* München: Wolters Kluwer.

Köbberling, A. (1971). *Effektiveres Lehren durch programmierten Unterricht?.* Weinheim [u. a.]: Beltz.

Komorek, E., Bruder, R. & Schmitz, B. (2004a). Integration evaluierter Trainingskonzepte für Problemlösen und Selbstregulation in den Mathematikunterricht. In Doll, J. & Prenzel, M. (Hrsg.), *Lehrerprofessionalisierung, Unterrichtsentwicklung und Schülerförderung als Strategien der Qualitätsverbesserung* (S. 54-76). Münster [u. a.]: Waxmann.

Komorek, E., Bruder, R. & Schmitz, B. (2004b). Möglichkeiten zur Förderung von Problemlösen in Verbindung mit Selbstregulation im Mathematikunterricht der Sekundarstufe I. *Beiträge zum Mathematikunterricht*, Augsburg, 305-308.

Komorek, E., Bruder, R., Collet, C. & Schmitz, B. (2006). Inhalte und Ergebnisse einer Intervention im Mathematikunterricht der Sekundarstufe I mit einem Unterrichtskonzept zur Förderung mathematischen Problemlösens und von Selbstregulationskompetenzen. In Prenzel, M. & Allolio-Näcke, L. (Hrsg.), *Untersuchungen zur*

Bildungsqualität von Schule. Abschlussbericht des DFG-Schwerpunktprogramms (S. 240-267). Münster: Waxmann.

Kovalainen, M. & Kumpulainen, K. (2005). The discursive Practice of Participants in an Elementary Classroom Community. *Instructional Science, 33*, 213-250.

Kovalainen, M., Kumpulainen, K. & Vasama, S. (2001). Orchestration Classroom Interaction in a Community of Inquiry. *Journal of Classroom Interaction, 36* (2), 17-28.

Kowal, S. & O'Connell, D. C. (2005). Zur Transkription von Gesprächen. In Flick, U., Kardorff, E. v. & Steinke, I. (Hrsg.), *Qualitative Forschung – ein Handbuch* (S. 437-447). Reinbek bei Hamburg: Rowohlt.

Krainer, K. (1988). *Interviewen – eine Forschungsmethode zur Beobachtung und Analyse von Denkprozessen bei Schülern.* Manuskript für einen Vortrag im Rahmen von Seminar I des Hochschullehrgangs PFL-Mathematik. Mariazell.

Krammer, K. & Hugener, I. (2005). Netzbasierte Reflexion von Unterrichtsvideos in der Ausbildung von Lehrpersonen. *Beiträge zur Lehrerbildung, 23* (1), 51-61.

Krammer, K. & Reusser, K. (2005). Unterrichtsvideos als Medium der Aus- und Weiterbildung von Lehrpersonen. *Beiträge zur Lehrerbildung, 23* (1), 35-50.

Krammer, K. (2009). *Individuelle Lernunterstützung in Schülerarbeitsphasen.* Münster [u. a.]: Waxmann.

Krapp, A. (1993). Lernstrategien: Konzepte, Methoden und Befunde. *Unterrichtswissenschaft. Zeitschrift für Lernforschung, 21*, 291-310.

Krummheuer, G. & Fetzer, M. (2005). *Der Alltag im Mathematikunterricht.* München: Elsevier.

Krummheuer, G. & Voigt, J. (1991). Interaktionsanalysen von Mathematikunterricht. In Maier, H. & Voigt, J. (Hrsg.), *Interpretative Unterrichtsforschung*, Bd.17, (S. 13-32). Köln: Aulis Deubner.

Leinhardt, G. & Steele, M. D. (2005). Seeing the Complexity of Standing to the Side. *Cognition and Instruction, 23* (1), 87-163.

Leiss, D. & Wiegand, B. (2005). A classification of teacher interventions in mathematics teaching. *ZDM, 37* (3), 240-245.

Leiss, D. (2007). *„Hilf mir es selbst zu tun".* Hildesheim [u. a.]: Franzbecker.

Leiss, D. (2010). Adaptive Lehrerinterventionen beim mathematischen Modellieren. *JMD, 31* (2), 197-226.

Leiss, D., Blum, W. & Messner, R. (2007). Die Förderung selbständigen Lernens im Mathematikunterricht. *JMD, 28* (3/4), 224-248.

Lesh, R. & Harel, G. (2003). Problem Solving, Modeling, and Local Conceptual Development. *Mathematical thinking and learning, 5* (2&3), 157-189.

Lesh, R. & Zawojewski, J. (2007). Problem solving and modeling. In Lester, F. K. (Hrsg.), *Second handbook of research on mathematics teaching and learning – a project of the National Council of Teachers of Mathematics* (S. 763-804). Charlotte, NC: Information Age Pub.

Lester, F. K. (1985). Methodological Considerations in Research on Mathematical Problem-Solving Instruction. In Silver, E. A. (Hrsg.), *Teaching and learning mathematical problem solving – multiple research perspectives* (S. 41-69). Hillsdale, N. J. u. a: Erlbaum.

Lester, F. K. J. (1982). Building Bridges Between Psychological and Mathematics Education Research on Problem Solving. In Lester, F. K. & Garofalo, J. (Hrsg.), *Mathematical Problem Solving – issues in research; Revisions of Papers prepared for a Conference* (S. 55-85). Philadelphia, Pa: Franklin Institute Press.

Lester, F. K. J. (1994). Musings about mathematical problem-solving research: 1970 - 1994. *Journal for Research in Mathematics Education, 25* (6), 660-675.

Leuders, T. (2003). Problemlösen. In Leuders, T. (Hrsg.), *Mathematik-Didaktik – Praxishandbuch für die Sekundarstufe I und II* (S. 119-135). Berlin: Cornelsen-Scriptor.

Lompscher, J. (1992). Zum Problem der Lernstrategien. *LLF-Berichte, 1,* 18-53.

Lompscher, J. (1996). Lernstrategien – eine Komponente der Lerntätigkeit. *LLF-Berichte, 31,* 1-9.

Lompscher, J. (2001). Lehrstrategien. In Rost, D. H. (Hrsg.), *Handwörterbuch pädagogische Psychologie* (S. 394-401). Weinheim: Beltz PVU.

Loser, F. (1964). *Lernmaschinen und programmierter Unterricht aus didaktischer Sicht.* Esslingen: Burgbücherei Wilhelm Schneider.

Loska, R. (1995). *Lehren ohne Belehrung.* Bad Heilbrunn: Klinkhardt.

Maier, H. (1991). Analyse von Schülerverstehen im Unterrichtsgeschehen. In Maier, H. & Voigt, J. (Hrsg.), *Interpretative Unterrichtsforschung,* Bd.17, (S. 117-151). Köln: Aulis Deubner.

Mason, J. (1991). Mathematical problem solving. *ZDM, 1,* 14-19.

Mason, J., Burton, L. & Stacey, K. (2006). *Mathematisch denken.* München [u. a.]: Oldenbourg.

Mayer, R. E. (1998). Cognitive, metacognitive, and motivational aspects of problem solving. *Instructional Science, 26,* 49-63.

Meier, S. (2009). Identifying Modelling Tasks. In Paditz, L. & Rogerson, A. (Hrsg.), *Proceedings of the 10th International Conference Models in Developing Mathematics Education - September 11-17, 2009 Dresden, Saxony, Germany* (S. 399-403).

Milgram, R. J. (2007). What is Mathematical Proficiency? In Schoenfeld, A. H. (Hrsg.), *Assessing mathematical proficiency,* Bd.53, (S. 31-58). Cambridge [u. a.]: Cambridge Univ. Press.

Miller, M. (1986). *Kollektive Lernprozesse.* Frankfurt am Main: Suhrkamp.

Mortimer, E. F. & Scott, P. (2003). *Meaning making in secondary science classrooms.* Maidenhead [u. a.]: Open University Press.

Neber, H. (2006). Fragenstellen. In Mandl, H. (Hrsg.), *Handbuch Lernstrategien* (S. 50-58). Göttingen [u. a.]: Hogrefe.

Nelson, L. (1916/1972). *Gesammelte Schriften / 4 : Vorlesungen über die Grundlagen der Ethik ; 1.* Hamburg: Meiner.

Neubrand, M. (2000). Reflecting as a Didaktik Construction. In Westbury, I. (Hrsg.), *the German Didaktik tradition* (S. 251-266). Mahwah, NJ [u. a.]: Erlbaum.

Nolte, M. (2008). Herausfordernde und fördernde Aufgaben für alle? In Fuchs, M. & Käpnick, F. (Hrsg.), *Mathematisch begabte Kinder – eine Herausforderung für Schule und Wissenschaft*, Bd.8, (S. 149-161). Berlin [u. a.]: Lit.

Pamperien, K. (2008). Herausfordernde und fördernde Aufgaben für alle? In Fuchs, M. & Käpnick, F. (Hrsg.), *Mathematisch begabte Kinder – eine Herausforderung für Schule und Wissenschaft*, Bd.8, (S. 162-172). Berlin [u. a.]: Lit.

Pehkonen, E. (1991). Developments in the understanding of problem solving. *ZDM, 2*, 46-50.

Perels, F., Schmitz, B. & Bruder, R. (2003). Trainingsprogramm zur Förderung der Selbstregulationskompetenz von Schülern der achten Gymnasialklasse. *Unterrichtswissenschaft, 31*, 23-38.

Pollak, H. O. (1979). The interaction between mathematics and other school subjects. In ICMI (Hrsg.), *New trends in mathematics teaching*, Bd.4, (S. 232-248). Paris: Unesco.

Polya, G. (1966). *Vom Lösen mathematischer Aufgaben*. Basel: Birkhäuser.

Ratzka, N., Lipowsky, F., Krammer, K. & Pauli, C. (2005). Lernen mit Unterrichtsvideos. *Pädagogik, 5/05*, 30-33.

Reiss, K. & Törner, G. (2007). Problem solving in the mathematics classroom: the German perspective. *ZDM Mathematics Education, 39* (5-6), 431-441.

Reusser, K. (2005). Problemorientiertes Lernen. *Beiträge zur Lehrerbildung, 23* (2), 159-182.

Rheinberg, F. (2006). Paradoxe Effekte von Lob und Tadel. In Rost, D. H. (Hrsg.), *Handwörterbuch Pädagogische Psychologie* (S. 569-575). Weinheim: PVU.

Riedel, K. (1973). *Lehrhilfen zum entdeckenden Lernen*. Hannover: Schroedel.

Schiefele, U. & Köller, O. (2006). Intrinsische und extrinsische Motivation. In Rost, D. H. (Hrsg.), *Handwörterbuch Pädagogische Psychologie* (S. 304-310). Weinheim: PVU.

Schiemann, S. (2009). *Talentförderung Mathematik*. Berlin: Lit.

Schneeberger, M. (2008). Diskursiver Mathematikunterricht. In Vásárhelyi, E. (Hrsg.), *Beiträge zum Mathematikunterricht 2008*, (S. 709-712). Münster: Martin Stein.

Schoenfeld, A. H. (1982). Some Thoughts on Problem-solving Research and Mathematics Education. In Lester, F. K. & Garofalo, J. (Hrsg.), *Mathematical Problem Solving – Issues in Research; Revisions of Papers prepared for a Conference* (S. 27-37). Philadelphia: Franklin Institute Press.

Schoenfeld, A. H. (1988). *Mathematical problem solving*. San Diego [u. a.]: Academic Press.

Schoenfeld, A. H. (1992). Learning to think mathematically. In Grouws, D. A. (Hrsg.), *Handbook of research on mathematics teaching and learning – a project of the National Council of Teachers of Mathematics* (S. 334-370). New York [u. a.]: Macmillan.

Schoenfeld, A. H. (2007a). Problem solving in the United States, 1970-2008: research and theory, practice and politics. *ZDM Mathematics Education, 39* (5-6), 537-551.

Schoenfeld, A. H. (2007b). Reflections on an Assessment Interview. In Schoenfeld, A. H. (Hrsg.), *Assessing mathematical proficiency*, Bd.53, (S. 269-281). Cambridge [u. a.]: Cambridge University Press.

Scholze-Stubenrecht, W. (1997). Duden – Fremdwörterbuch. In Drosdowski, G. (Hrsg.), *Der Duden*, Bd.5, Mannheim [u. a.]: Duden.

Seiffge-Krenke, I. (1974). *Probleme und Ergebnisse der Kreativitätsforschung*. Bern [u. a.]: Huber.

Seiler, T. B. (1994). Zur Entwicklung des Verstehens. In Reusser, K. & Reusser-Weyeneth, M. (Hrsg.), *Verstehen – psychologischer Prozess und didaktische Aufgabe* (S. 69-88). Bern [u. a.]: Huber.

Selter, C. & Spiegel, H. (1997). *Wie Kinder rechnen*. Leipzig: Klett.

Sierpinska, A. & Lerman, S. (1996). Epistemologies of Mathematics and of Mathematics Education. In Bishop, A. J. (Hrsg.), *International handbook of mathematics education*, Bd.4, (S. 827-876). Dordrecht [u. a.]: Kluwer.

Sjuts, J. (2003). Metakognition per didaktisch-sozialem Vertrag. *JMD, 24* (1), 18-40.

Stacey, K. (1992). Mathematical Problem Solving in Groups. *Journal of Mathematical Behaviour, 11*, 261-275.

Stacey, K. (1995). The challenges of keeping open problem-solving open in school mathematics. *ZDM, 2*, 62-67.

Stacey, K. (2005). The place of problem solving in contemporary mathematics curriculum documents. *Journal of Mathematical Behavior, 24*, 341-350.

Stebler, R., Reusser, K. & Pauli, C. (1994). Interaktive Lehr-Lern-Umgebungen. In Reusser, K. & Reusser-Weyeneth, M. (Hrsg.), *Verstehen – psychologischer Prozess und didaktische Aufgabe* (S. 227-259). Bern [u. a.]: Huber.

Steele, D. (2008). Seventh-grade students' representations for pictorial growth and change problems. *ZDM Mathematics Education, 40*, 97-110.

Stein, M. (1995). Elementare Bausteine von Problemlöseprozessen – Gestaltorientierte Verhaltensweisen. *mathematica didactica, 18* (2), 59-84.

Stein, M. (1996). Elementare Bausteine der Problemlösefähigkeit – Problemlösetechniken. *JMD, 17* (2), 123-146.

Stein, M. (1999). Elementare Bausteine der Problemlösefähigkeit – logisches Denken und Argumentieren. *JMD, 20* (1), 3-27.

Steinbring, H. (1991). Mathematics in Teaching Processes. *Recherches en Didactiques des Mathématiques, 11* (1), 65-108.

Steinbring, H. (1994). Dialogue Between Theory and Practice in Mathematics Education. In Biehler, R. (Hrsg.), *Didactics of mathematics as a scientific discipline* (S. 89-102). Dordrecht [u. a.]: Kluwer.

Steinbring, H. (1999). Epistemologische Analyse mathematischer Kommunikation. *Beiträge zum Mathematikunterricht* (S. 515-518). Hildesheim: Franzbecker.

Steinbring, H. (2000). Mathematische Bedeutung als eine soziale Konstruktion. *JMD, 21* (1), 28-49.

Steinbring, H. (2005). *The construction of new mathematical knowledge in classroom interaction.* New York, NY: Springer.

Steinbring, H. (2006). What makes a sign a *mathematical sign? Educational Studies in Mathematics, 61,* 133-162.

Steinbring, H. (2008). Changed views on mathematical knowledge in the course of didactical theory development. *ZDM, 40,* 303-316.

Störig, H. J. (1997). *Kleine Weltgeschichte der Philosophie.* Frankfurt am Main: Fischer.

Strauss, A. (1987/2004). Methodologische Grundlagen der Grounded Theory. In Strübing, J. & Schnettler, B. (Hrsg.), *Methodologie interpretativer Sozialforschung – Klassische Grundlagentexte* (S. 429-451). Konstanz: UVK.

Strauss, A. L. & Corbin, J. (1996). *Grounded theory.* Weinheim: Beltz.

Strübing, J. & Schnettler, B. (2004). *Methodologie interpretativer Sozialforschung.* Konstanz: UVK.

Strübing, J. (2008). *Grounded theory.* Wiesbaden: VS.

Taflin, E., Hagland, K. & Hedren, R. (2002). *Vad lär lärare och elever i år 7-9 via rika problem?.* Norrköping: Skrifter från Svensk Förening för MatematikDidaktisk Forskning.

Törner, G. & Zielinski, U. (1992). Problemlösen als integraler Bestandteil des Mathematikunterrichts. *JMD, 13* (2/3), 253-270.

Törner, G., Schoenfeld, A. & Reiss, K. M. (2007). Problem solving around the world: summing up the state of the art. *ZDM Mathematics Education, 39* (5-6), 353.

Tulodziecki, G. (1975). *Einführung in die Theorie und Praxis objektivierter Lehrverfahren.* Stuttgart: Klett.

Voigt, J. (1984a). Der kurztaktige, fragend-entwickelnde Mathematikunterricht. *mathematica didactica, 7,* 161-186.

Voigt, J. (1984b). *Interaktionsmuster und Routinen im Mathematikunterricht.* Weinheim, Basel: Beltz.

Voigt, J. (1991). Die mikroethnographische Erkundung von Mathematikunterricht. In Maier, H. & Voigt, J. (Hrsg.), *Interpretative Unterrichtsforschung,* Bd.17, (S. 153-175). Köln: Aulis Deubner.

Voigt, J. (1994). Entwicklung mathematischer Themen und Normen im Unterricht. In Maier, H. & Voigt, J. (Hrsg.), *Verstehen und Verständigung – Arbeiten zur interpretativen Unterrichtsforschung* (S. 77-111). Köln: Aulis Deubner.

Wälti-Scolari, B. (2001). *Problemlösen macht Schule.* Zug: Klett und Balmer.

Wagner, A. C., Uttendorfer-Marek, I. & Weidle, R. (1977). Die Analyse von Unterrichtsstrategien mit der Methode des „Nachträglichen Lauten Denkens" von Lehrern und Schülern zu ihrem unterrichtlichen Handeln. *Unterrichtswissenschaft, 5* (3), 244-250.

Waldmann, M. R. & Weinert, F. E. (1990). *Intelligenz und Denken.* Göttingen [u. a.]: Hogrefe.

Webb, N. M. & Mastergeorge, A. (2003a). The Development of Students' Helping Behavior and Learning in Peer-Directed Small Groups. *Cognition and Instruction, 21* (4), 361-428.

Webb, N. M. & Mastergeorge, A. (2003b). Promoting effective helping behavior in peer-directed groups. *International Journal of Educational Research, 39*, 73-97.

Webb, N. M., Nemer, K. M. & Ing, M. (2006). Small-Group Reflections: Parallels Between Teacher Discourse and Student Behavior in Peer-Directed Groups. *The Journal of the Learning Sciences, 15* (1), 63-119.

Weinert, F. E. & Helmke, A. (1996). Der gute Lehrer. In Leschinsky, A. (Hrsg.), *Die Institutionalisierung von Lehren und Lernen, Beiträge zu einer Theorie der Schule. 34. Beiheft der Zeitschrift für Pädagogik* (S. 223-233).

Weinert, F. E. (1994). Lernen lernen und das eigene Lernen verstehen. In Reusser, K. & Reusser-Weyeneth, M. (Hrsg.), *Verstehen – psychologischer Prozess und didaktische Aufgabe* (S. 183-205). Bern [u. a.]: Huber.

Weinert, F. E. (1996a). Lerntheorien und Instruktionsmodelle. In Weinert, F. E. (Hrsg.), *Psychologie des Lernens und der Instruktion. Enzyklopädie der Psychologie, Serie Pädagogische Psychologie*, Bd.2, (S. 1-48). Göttingen: Hogrefe.

Weinert, F. E. (1996b). Für und Wider die ‚neuen Lerntheorien' als Grundlagen pädagogisch-psychologischer Forschung. *Zeitschrift für Pädagogische Psychologie, 10* (1), 1-12.

Weinert, F. E. (1999). *Konzepte der Kompetenz (Unveröffentlichtes Gutachten zum OECD-Projekt „Definition and selection of competencies", DeSeCo).* München: Max-Planck-Institut für Psychologische Forschung.

Weinert, F. E. (2000). Lehr-Lernforschung an einer kalendarischen Zeitenwende. *Unterrichtswissenschaft, 28* (1), 44-48.

Weinert, F. E. (2002). Vergleichende Leistungsmessung in Schulen – eine umstrittene Selbstverständlichkeit. In Weinert, F. E. (Hrsg.), *Leistungsmessungen in Schulen* (S. 17-31). Weinheim [u. a.]: Beltz.

Werning, R. & Kriwet, I. (1999). Problemlösendes Lernen. *Pädagogik, 10*, 7-11.

Winter, H. (1972). Vorstellungen zur Entwicklung von Curricula für den Mathematikunterricht der Gesamtschule. In Schriftenreihe des Kultusministers (Hrsg.), *Beiträge zum Lernzielproblem*, Bd.16, (S. 67-95).

Winter, H. (1975). Allgemeine Lernziele für den Mathematikunterricht? *ZDM, 7* (3), 106-116.

Winter, H. (1984). Begriff und Bedeutung des Übens im Mathematikunterricht. *mathematik lehren, 2*, 4-16.

Winter, H. (1985). Reduktionistische Ansätze in der Mathematikdidaktik. *MU, 31* (5), 75-88.

Winter, H. (1989). *Entdeckendes Lernen im Mathematikunterricht.* Braunschweig: Vieweg.

Winter, H. (1996). Mathematikunterricht und Allgemeinbildung. *Mitteilungen der Gesellschaft für Didaktik der Mathematik, 61*, 37-46.

Winter, H. (1999). Perspektiven eines kreativen Mathematikunterrichts in der allgemeinbildenden Schule. In Zimmermann, B. & Althöfer, I. (Hrsg.), *Kreatives Denken und Innovation in mathematischen Wissenschaften* (S. 213-225). Jena: Friedrich-Schiller-Universität Jena.

Winter, H. (2003). Mathematikunterricht und Allgemeinbildung. In Henn, H. - W. & Maaß, K. (Hrsg.), *Materialien für einen realitätsbezogenen Mathematikunterricht* (S. 6-15). Hildesheim [u. a.]: Franzbecker.

Wittmann, E. (1973). Mutter-Strategien der Heuristik. *Die Schulwarte, 26* (8), 53-65.

Wittmann, E. (2002). *Grundfragen des Mathematikunterrichts.* Braunschweig [u. a.]: Vieweg.

Wittmann, E. C. (1987). *Elementargeometrie und Wirklichkeit.* Braunschweig, Wiesbaden: Vieweg.

Wood, D., Bruner, J. S. & Ross, G. (1976). The role of tutoring in problem solving. *J. Child. Psychol. Psychiat., 17,* 89-100.

Yimer, A. & Ellerton, N. F. (2006). Cognitive and Metacognitive Aspects of Mathematical Problem Solving. *MERGA, Conference Proceedings* (S. 575-582).

Zech, F. (1977). *Grundkurs Mathematikdidaktik.* Weinheim [u. a.]: Beltz.

Zech, F. (1998). *Grundkurs Mathematikdidaktik.* Weinheim [u. a.]: Beltz.

Zimmermann, B. (1983). Problemlösen als eine Leitidee für den Mathematikunterricht. *MU, 3,* 5-45.

Zimmermann, B. (1991). Offene Probleme für den Mathematikunterricht und ein Ausblick auf Forschungsfragen. *ZDM, 2,* 38-46.

Zimmermann, B. (2003). Mathematisches Problemlösen und Heuristik in einem Schulbuch. *MU, 1,* 42-57.